高等学校理工类课程学习辅导丛书

"十二五"普通高等教育本科国家级规划教材配套参考书

郭硕鸿

电动力学（第三版）学习辅导书

Diandong Lixue Xuexi Fudaoshu

黄迺本　方奕忠　主编

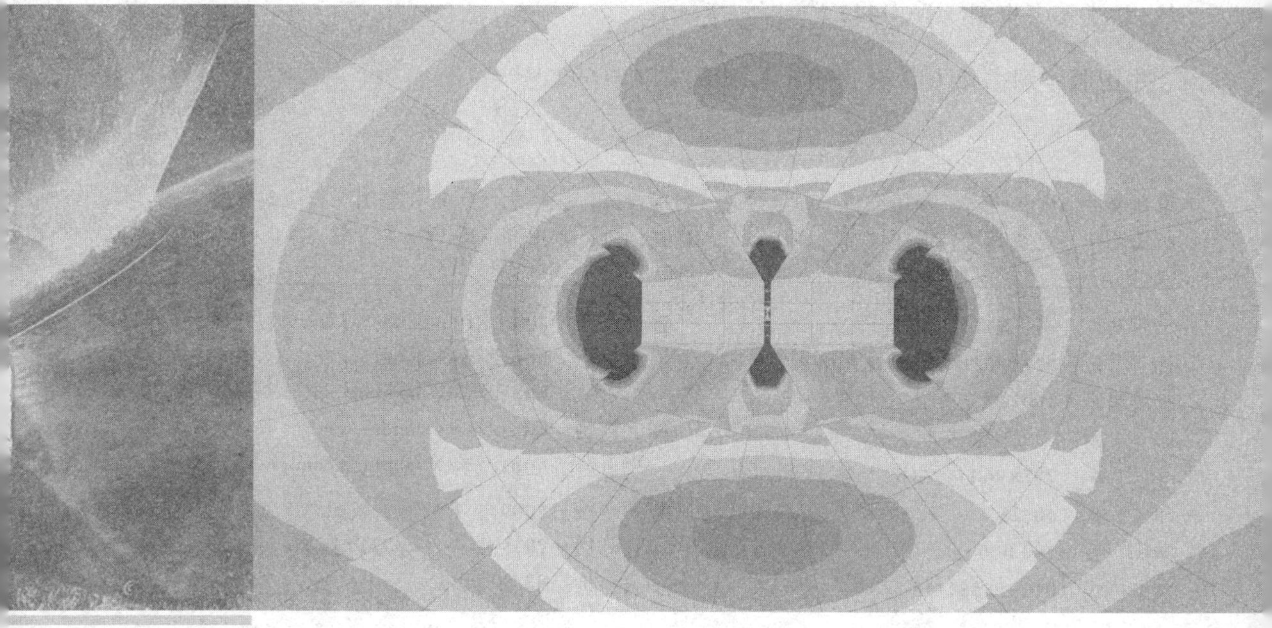

高等教育出版社·北京

内容简介

本书是为配合郭硕鸿所著《电动力学》(第三版)而编写的学习辅导书。本书按原教材的章节顺序对每一章涉及的基本概念和基本理论均做出概述，使读者可以从中抓住经典电动力学的主要物理思想与方法。书中对习题的解题过程，着重于对问题做出简要的物理分析，给出解决问题的思路，指出结果的物理意义；而将一些基本的数学运算留给读者。除了原教材的习题外，书中还增加了少量补充题。

本书可供使用郭硕鸿所著《电动力学》(第三版)的师生在教学和学习中使用,亦可供采用其他电动力学教材的读者参考。

图书在版编目(CIP)数据

电动力学(第3版)学习辅导书/黄迺本,方奕忠主编.
北京:高等教育出版社,2009.1 (2023.4 重印)
ISBN 978-7-04-024873-9

Ⅰ.电…　Ⅱ.①黄…②方…　Ⅲ.电动力学-高等学校-教学参考资料　Ⅳ.O442

中国版本图书馆 CIP 数据核字(2008)第191692号

策划编辑　高　建　　责任编辑　高　建　　封面设计　张　志　　责任绘图　尹　莉
版式设计　史新薇　　责任校对　杨凤玲　　责任印制　刘思涵

出版发行　高等教育出版社
社　　址　北京市西城区德外大街4号
邮政编码　100120
印　　刷　中农印务有限公司
开　　本　787×960　1/16
印　　张　10.25
字　　数　180 000
购书热线　010-58581118

咨询电话　400-810-0598
网　　址　http://www.hep.com.cn
　　　　　http://www.hep.com.cn
网上订购　http://www.landraco.com
　　　　　http://www.landraco.com.cn
版　　次　2009年1月第1版
印　　次　2023年4月第22次印刷
定　　价　22.80元

物 料 号　24873-C0

序　言

本书主要为配合郭硕鸿教授所著《电动力学》(北京:高等教育出版社)的教学而编写,亦可供采用其他电动力学教材的读者参考。

对经典电动力学的基本概念、基本理论和基本方法有清楚的理解,是学好这门课程的前提。因此,我们对每一章涉及的基本概念和基本理论均做出概述,希望读者从中可以抓住经典电动力学的主要物理思想与方法。本书除收入郭先生书中的习题之外,增加了少量补充题。在解题过程中,我们着重于对问题做出简要的物理分析,提出解决问题的思路,指出结果的物理意义,而将其中一些基本的数学运算留给读者。因为,提高数学运算能力的唯一途径只有多练。书后附录给出基本的数学工具,以便于读者查阅。

郭硕鸿教授的《电动力学》教材,经修订后已于 2008 年 6 月出版了第三版。为同步配合这本教材的教学,我们在 2004 年出版的《电动力学(第二版)学习辅导书》的基础上进行了修订:修改了一些章节的要点概述,改正了已经发现的一些错误,第三章重写了“超导体的电磁性质”一节的要点概述,增加了与超导体有关的几道习题的分析和解答,第四章增加了一维光子晶体中 TM 波传播问题的分析和解答。

北京师范大学田晓岑教授曾审阅了原书的书稿并提出有益建议。作者的学生们和各地读者在使用原书的过程中发现了一些错误,这对本次修订大有裨益。中山大学李志兵教授和林琼桂教授为本次修订提供了宝贵意见。高等教育出版社以及本书的策划编辑和责任编辑,为我们提供了多方面的支持。谨此一并致谢。

欢迎读者继续给予批评指正。

黄迺本　方奕忠

2008 年 8 月于中山大学

目　　录

第一章　电磁现象的普遍规律 …… 1
要点概述 …… 1
1.1　麦克斯韦方程组和洛伦兹力公式 …… 1
1.2　电磁场的能量和动量 …… 3
1.3　介质中的场方程与介质的电磁性质 …… 4
1.4　电磁场的边值关系 …… 6
习题与解答 …… 7
补充题 …… 17

第二章　静电场 …… 25
要点概述 …… 25
2.1　静电场和静电势 …… 25
2.2　电势多极展开 …… 26
2.3　静电场边值问题 …… 27
2.4　静电能　外电场对电荷体系的作用能 …… 29
习题与解答 …… 30
补充题 …… 46

第三章　静磁场 …… 50
要点概述 …… 50
3.1　静磁场方程和矢势 …… 50
3.2　磁偶极矩的势和磁场 …… 51
3.3　静磁场边值问题 …… 51
3.4　静磁能　外磁场对电流的作用能 …… 52
3.5　矢势的量子效应 …… 53
3.6　超导体的电磁性质 …… 53
习题与解答 …… 57
补充题 …… 70

第四章　电磁波的传播 …… 72
要点概述 …… 72

4.1 真空中的波动方程 …… 72
4.2 时谐波 亥姆霍兹方程和边值关系 …… 72
4.3 真空中和均匀绝缘介质内的平面波 …… 73
4.4 导体内的电磁波 …… 74
4.5 电磁波在界面的反射和折射 …… 75
4.6 谐振腔和波导 …… 76
4.7 等离子体中的电磁波 …… 77
习题与解答 …… 78
补充题 …… 92

第五章 电磁波的辐射 …… 94
要点概述 …… 94
5.1 电磁势与规范变换 达朗贝尔方程 …… 94
5.2 推迟势和辐射场 …… 95
5.3 辐射场的多极展开 …… 96
5.4 电磁波的衍射 …… 97
5.5 电磁波的动量和动量流 辐射压力 …… 98
习题与解答 …… 98
补充题 …… 109

第六章 狭义相对论 …… 110
要点概述 …… 110
6.1 相对论的基本原理和时空理论 …… 110
6.2 洛伦兹变换的四维形式 四维协变量 …… 112
6.3 相对论力学 …… 113
6.4 电动力学的相对论协变性 …… 114
6.5 电磁场中带电粒子的拉格朗日量和哈密顿量 …… 116
习题与解答 …… 117

第七章 带电粒子和电磁场的相互作用 …… 135
要点概述 …… 135
7.1 李纳-维谢尔势 任意运动带电粒子的电磁场 …… 135
7.2 带电粒子的辐射频谱 …… 137
7.3 切连柯夫辐射 …… 138
7.4 带电粒子的电磁场对粒子的反作用 …… 138
7.5 电磁波的散射和吸收 介质的色散 …… 138
习题与解答 …… 141

补充题 …… 147

附录 …… 149

Ⅰ. 三维空间中的矢量和二阶张量 …… 149
Ⅱ. 算符运算 …… 150
Ⅲ. 积分变换 …… 151
Ⅳ. δ 函数 …… 152
Ⅴ. 曲线正交坐标系 …… 152
Ⅵ. 轴对称下拉普拉斯方程的通解 …… 154

第一章　电磁现象的普遍规律

要点概述

1.1　麦克斯韦方程组和洛伦兹力公式

以电荷守恒定律、库仑定律、安培定律、毕奥-萨伐尔定律和法拉第定律为主要实验基础的麦克斯韦方程组和洛伦兹力公式，集中地反映了电磁相互作用的普遍规律，是电动力学最主要的理论基础.

电荷守恒定律　电流是电荷的运动效应.电荷守恒是物理和化学过程都遵从的基本规律，其微分形式

$$\nabla \cdot \boldsymbol{J}+\frac{\partial \rho}{\partial t}=0 \tag{1.1}$$

称为电流连续性方程.其中电荷体密度 ρ 表示单位体积内的净电荷量，电流密度矢量 $\boldsymbol{J}$ 的方向表示电流的流向，其数值等于单位时间垂直通过单位面积的电荷量.在电流恒定的情形下，(1.1)式变为$\nabla \cdot \boldsymbol{J}=0$，即恒定电流（直流电流）是无源的，其流线是连续、闭合的曲线.

库仑定律与静电场　库仑定律是关于静电力的实验定律——两个静止点电荷的相互作用力与它们的电荷量乘积成正比，与两者距离的平方成反比.近代物理认为，电荷激发电场，电力通过电场传递，因此库仑定律的物理本质是

$$\boldsymbol{F}=q_0\boldsymbol{E} \tag{1.2}$$

$\boldsymbol{F}$ 是电荷 q_0 在电场中受到的作用力，$\boldsymbol{E}$ 是 q_0 所在点的电场强度.在国际单位制中，孤立而且静止的点电荷 q 在其周围空间任一点激发的电场强度为

$$\boldsymbol{E}=\frac{q\boldsymbol{r}}{4\pi\varepsilon_0 r^3} \tag{1.3}$$

ε_0 是真空电容率.$\boldsymbol{r}$ 是从电荷所在点到场点的矢径.电场遵从叠加原理，若体积 V 内电荷密度函数为 $\rho(\boldsymbol{x}')$，则任一点 $\boldsymbol{x}$ 的电场强度 $\boldsymbol{E}$，是所有电荷元 $\mathrm{d}q=\rho(\boldsymbol{x}')\mathrm{d}V'$在该点的电场强度之矢量和，即

$$\boldsymbol{E}(\boldsymbol{x})=\frac{1}{4\pi\varepsilon_0}\int_V \frac{\rho(\boldsymbol{x}')\boldsymbol{r}}{r^3}\mathrm{d}V' \tag{1.4}$$

$\boldsymbol{r}$ 是电荷分布点 $\boldsymbol{x}'$ 到场点 $\boldsymbol{x}$ 的矢径，r 是两者的距离，积分遍及全部电荷分布区域 V.从(1.4)式可导出静电场两个微分方程：

$$\nabla \cdot \boldsymbol{E}=\rho/\varepsilon_0, \quad \nabla\times\boldsymbol{E}=0 \tag{1.5}$$

散度方程表示电荷只直接激发它附近的电场，其积分形式是电场的高斯定理；旋度方程表示静电场是无旋场，$\boldsymbol{E}$ 线始发于正电荷并终止于负电荷，即 $\boldsymbol{E}$ 线无涡旋状结构，这方程的积分形式表示静电场是保守力场.

安培定律、毕奥-萨伐尔定律与静磁场 安培定律是关于恒定电流之间相互作用力的实验定律.电流之间的相互作用实质上通过电流的磁场传递，恒定电流中一个电流元 $I\mathrm{d}\boldsymbol{l}$(或 $\boldsymbol{J}\mathrm{d}V$)在磁场中受到的力为

$$\mathrm{d}\boldsymbol{F}=I\mathrm{d}\boldsymbol{l}\times\boldsymbol{B} \tag{1.6}$$

$\boldsymbol{B}$ 是电流元所在处的磁感应强度.毕奥-萨伐尔定律是恒定电流激发磁场的规律，若体积 V 内电流密度函数为 $\boldsymbol{J}(\boldsymbol{x}')$，则任一点 $\boldsymbol{x}$ 的磁感应强度为

$$\boldsymbol{B}(\boldsymbol{x})=\frac{\mu_0}{4\pi}\int_V \frac{\boldsymbol{J}(\boldsymbol{x}')\times\boldsymbol{r}}{r^3}\mathrm{d}V' \tag{1.7}$$

μ_0 为真空磁导率，$\boldsymbol{r}$ 是电流分布点 $\boldsymbol{x}'$ 到场点 $\boldsymbol{x}$ 的矢径，r 是两者的距离，积分遍及全部电流分布区域 V，这意味着磁场也遵从叠加原理.从(1.7)式可导出静磁场两个微分方程：

$$\nabla\times\boldsymbol{B}=\mu_0\boldsymbol{J}, \quad \nabla \cdot \boldsymbol{B}=0 \tag{1.8}$$

旋度方程表示电流只直接激发它附近的磁场，$\boldsymbol{B}$ 线在电流分布点周围形成涡旋状结构，其积分形式为静磁场的安培环路定理；散度方程及其积分形式表明静磁场的 $\boldsymbol{B}$ 线总是连续的，即磁通有连续性.由于迄今仍未找到自由磁荷(磁单极)存在的可靠证据，电荷是电磁场唯一的激发源，因此方程 $\nabla \cdot \boldsymbol{B}=0$ 对于时变磁场也成立.

法拉第定律与感应电场 法拉第定律的物理本质是随时间变化的磁场激发电场，感应电场强度 $\boldsymbol{E}$ 沿任意闭合回路 L 的积分，正比于通过该回路所围面积 S 的磁通量之时变率：

$$\oint_L \boldsymbol{E}\cdot\mathrm{d}\boldsymbol{l}=-\frac{\mathrm{d}}{\mathrm{d}t}\int_S \boldsymbol{B}\cdot\mathrm{d}\boldsymbol{S} \tag{1.9}$$

其微分形式

$$\nabla\times\boldsymbol{E}=-\frac{\partial\boldsymbol{B}}{\partial t} \tag{1.10}$$

表示变化磁场激发的电场是有旋场(非保守场)，$\boldsymbol{E}$ 线呈涡旋状结构，这一性质与电荷直接激发的电场有明显差别.

麦克斯韦方程组 麦克斯韦将上述实验定律推广到普遍情形，并引入位移电流假设，得出一组描述电磁现象普遍规律的方程.这组方程现在写成

$$\nabla \cdot \boldsymbol{E}=\rho/\varepsilon_0,\quad \nabla\times\boldsymbol{E}=-\frac{\partial \boldsymbol{B}}{\partial t}$$

$$\nabla \cdot \boldsymbol{B}=0,\quad \nabla\times\boldsymbol{B}=\mu_0\boldsymbol{J}+\mu_0\varepsilon_0\frac{\partial \boldsymbol{E}}{\partial t} \tag{1.11}$$

在 $\boldsymbol{B}$ 的旋度方程中，$\boldsymbol{J}_d=\varepsilon_0\partial\boldsymbol{E}/\partial t$ 就是“位移电流密度”，其实质是随时间变化的电场激发磁场.在激发源之外的真空中，这组方程表现为

$$\nabla \cdot \boldsymbol{E}=0,\quad \nabla\times\boldsymbol{E}=-\frac{\partial \boldsymbol{B}}{\partial t}$$

$$\nabla \cdot \boldsymbol{B}=0,\quad \nabla\times\boldsymbol{B}=\mu_0\varepsilon_0\frac{\partial \boldsymbol{E}}{\partial t} \tag{1.12}$$

它揭示了变化的电场与磁场互相激发转化的规律，这是时变电磁场可以脱离作为激发源的电荷电流，并以波的形式独立运动的原因.从这组方程可以导出 $\boldsymbol{E}$ 和 $\boldsymbol{B}$ 的齐次波动方程.电磁波在真空中的传播速度为

$$c=1/\sqrt{\mu_0\varepsilon_0} \tag{1.13}$$

若将 $\boldsymbol{E}=c\boldsymbol{B}$，$\boldsymbol{B}=-\boldsymbol{E}/c$ 代入(1.12)中 $\boldsymbol{E}$ 的散度和旋度方程，将给出 $\boldsymbol{B}$ 的散度和旋度方程，这表明，变化的电场与磁场本质上存在着对称性和统一性.

洛伦兹力公式 洛伦兹将库仑定律和安培定律推广到普遍情形，给出带电粒子在电磁场中受力的规律：

$$\boldsymbol{F}=q\boldsymbol{E}+q\boldsymbol{v}\times\boldsymbol{B} \tag{1.14}$$

$\boldsymbol{q}$ 是粒子的电荷量，$\boldsymbol{v}$ 是其运动速度.电荷系统在电磁场中受到的力密度为

$$\boldsymbol{f}=\rho\boldsymbol{E}+\rho\boldsymbol{v}\times\boldsymbol{B}=\rho\boldsymbol{E}+\boldsymbol{J}\times\boldsymbol{B} \tag{1.15}$$

$\boldsymbol{J}=\rho\boldsymbol{v}$ 为电流密度.电磁场对电荷系统作功的功率密度为

$$\boldsymbol{f}\cdot\boldsymbol{v}=(\rho\boldsymbol{E}+\boldsymbol{J}\times\boldsymbol{B})\cdot\boldsymbol{v}=\rho\boldsymbol{E}\cdot\boldsymbol{v}=\boldsymbol{E}\cdot\boldsymbol{J} \tag{1.16}$$

这表明磁场并不直接对电荷作功.

麦克斯韦方程组和洛伦兹力公式所描写的电磁相互作用理论，是一个线性理论，而且是局域作用理论——电荷电流只与其所在处的 $\boldsymbol{E}$ 和 $\boldsymbol{B}$ 直接发生作用.

1.2 电磁场的能量和动量

经典理论把电磁场描述成连续分布的物质，它以波的形式运动.$\boldsymbol{E}$ 和 $\boldsymbol{B}$ 是描写这种物质分布的两个基本物理量.设想体积 V 内存在电荷，电磁场通过 V 的界面 S 向 V 内运动，由麦克斯韦方程组(1.11)和洛伦兹力公式(1.15)，可以导出电磁场与电荷系统相互作用的能量守恒表达式：

$$-\oint_S \boldsymbol{S}\cdot\mathrm{d}\boldsymbol{s}=\frac{\mathrm{d}}{\mathrm{d}t}\int_V w\mathrm{d}V+\int_V \boldsymbol{f}\cdot\boldsymbol{v}\mathrm{d}V \tag{1.17}$$

和动量守恒表达式

$$-\oint_S \mathrm{d}\boldsymbol{s}\cdot\overleftrightarrow{T}=\frac{\mathrm{d}}{\mathrm{d}t}\int_V \boldsymbol{g}\mathrm{d}V+\int_V \boldsymbol{f}\mathrm{d}V \tag{1.18}$$

相应的微分形式为

$$-\nabla\cdot\boldsymbol{S}=\frac{\partial w}{\partial t}+\boldsymbol{f}\cdot\boldsymbol{v} \tag{1.19}$$

$$-\nabla\cdot\overleftrightarrow{T}=\frac{\partial \boldsymbol{g}}{\partial t}+\boldsymbol{f} \tag{1.20}$$

电磁场的能量密度 w，能流密度 $\boldsymbol{S}$，动量密度 $\boldsymbol{g}$ 和动量流密度张量 $\overleftrightarrow{T}$ 分别是

$$w=\frac{1}{2}\varepsilon_0E^2+\frac{1}{2\mu_0}B^2 \tag{1.21}$$

$$\boldsymbol{S}=\frac{1}{\mu_0}\boldsymbol{E}\times\boldsymbol{B} \tag{1.22}$$

$$\boldsymbol{g}=\varepsilon_0\boldsymbol{E}\times\boldsymbol{B} \tag{1.23}$$

$$\overleftrightarrow{T}=-\varepsilon_0\boldsymbol{E}\boldsymbol{E}-\frac{1}{\mu_0}\boldsymbol{B}\boldsymbol{B}+w\overleftrightarrow{I} \tag{1.24}$$

(1.21)式表明，电磁场的能量密度与基本场量 $\boldsymbol{E}$ 和 $\boldsymbol{B}$ 的平方成正比.从(1.22)和(1.23)两式可看出，电磁场的能流密度 $\boldsymbol{S}$ 与动量密度 $\boldsymbol{g}$ 不仅空间取向一致，而且数值上也紧密关联，即 $\boldsymbol{g}=\boldsymbol{S}/c^2$.事实上，真空中电磁波的能量和动量都以光速 c 沿着波的传播方向转移.从(1.18)式看到，电磁场动量流密度张量 $\overleftrightarrow{T}$ 与作用在单位面积上的力有相同的量纲，因此也称之为电磁场应力张量，其表达式(1.24)中的 w 是(1.21)式表示的电磁场能量密度，$\overleftrightarrow{I}$ 为单位张量. $\overleftrightarrow{T}$ 的分量

$$T_{ij}=\boldsymbol{e}_i\cdot\overleftrightarrow{T}\cdot\boldsymbol{e}_j=-\varepsilon_0E_iE_j-\frac{1}{\mu_0}B_iB_j+w\delta_{ij} \tag{1.25}$$

表示单位时间通过垂直于坐标系 i 轴的单位面积上电磁场动量流的 j 分量，即作用在单位面积上的电磁场应力，当电磁场作用于宏观物体时，它描写物体表面受到的电磁场应力，包括法向应力和切向应力，例如静电场对导体表面施加的法向张力，磁场对磁性体表面的压力(磁压)，电磁波对物体表面的辐射压力(光压).

1.3 介质中的场方程与介质的电磁性质

电磁场作用于介质，是场与介质内大量微观带电粒子相互作用相互制约的过程.经典电磁理论对介质极化与磁化的描述，并未涉及其中的微观动力学机制，仅以两个唯象模型——分子电偶极矩 $\boldsymbol{p}=q\boldsymbol{l}$ 和分子电流磁矩 $\boldsymbol{m}=i\boldsymbol{a}$ 为基础.介质极化强度 $\boldsymbol{P}$ 和磁化强度 $\boldsymbol{M}$ 分别定义为

$$\boldsymbol{P}=\sum\boldsymbol{p}/\Delta V,\quad \boldsymbol{M}=\sum\boldsymbol{m}/\Delta V \tag{1.26}$$

ΔV 表示介质内任意一个小体积，$\sum\boldsymbol{p}$ 和 $\sum\boldsymbol{m}$ 分别表示这体积内总的分子电偶极

矩和分子磁矩.介质内束缚(极化)电荷体密度ρ_{p}和磁化电流密度 $\boldsymbol{J}_{\mathrm{M}}$ 分别由下述两式描述:

$$\rho_{\mathrm{p}}=-\nabla\cdot\boldsymbol{P},\quad \boldsymbol{J}_{\mathrm{M}}=\nabla\times\boldsymbol{M} \tag{1.27}$$

当电磁场随时间变化时,将引起介质分子内束缚电荷的振动而形成极化电流.由电流连续性方程(1.1)和(1.27)的第一式,得极化电流密度:

$$\boldsymbol{J}_{\mathrm{p}}=\frac{\partial\boldsymbol{P}}{\partial t} \tag{1.28}$$

一般地,介质内电荷体密度 $\rho=\rho_{\mathrm{f}}+\rho_{\mathrm{p}}$,电流密度 $\boldsymbol{J}=\boldsymbol{J}_{\mathrm{f}}+\boldsymbol{J}_{\mathrm{M}}+\boldsymbol{J}_{\mathrm{p}}$,$\rho_{\mathrm{f}}$ 是自由电荷密度,$\boldsymbol{J}_{\mathrm{f}}$ 是传导电流密度.为使不容易被实验直接测量的 ρ_{p},$\boldsymbol{J}_{\mathrm{p}}$ 和 $\boldsymbol{J}_{\mathrm{M}}$ 不出现在麦克斯韦方程组中,定义辅助场量——电位移矢量 $\boldsymbol{D}$ 和磁场强度 $\boldsymbol{H}$:

$$\boldsymbol{D}=\varepsilon_0\boldsymbol{E}+\boldsymbol{P},\quad \boldsymbol{H}=\frac{\boldsymbol{B}}{\mu_0}-\boldsymbol{M} \tag{1.29}$$

即 $\boldsymbol{D}$、$\boldsymbol{P}$ 和 $\varepsilon_0\boldsymbol{E}$ 有相同的量纲,$\boldsymbol{H}$、$\boldsymbol{M}$ 和 $\boldsymbol{B}/\mu_0$ 有相同的量纲.将(1.27)、(1.28)和(1.29)代入(1.11),得介质中的麦克斯韦方程组:

$$\begin{gathered}\nabla\cdot\boldsymbol{D}=\rho_{\mathrm{f}},\quad \nabla\times\boldsymbol{E}=-\frac{\partial\boldsymbol{B}}{\partial t}\\ \nabla\cdot\boldsymbol{B}=0,\quad \nabla\times\boldsymbol{H}=\boldsymbol{J}_{\mathrm{f}}+\frac{\partial\boldsymbol{D}}{\partial t}\end{gathered} \tag{1.30}$$

这组方程虽然形式上与真空中的麦克斯韦方程组(1.11)相似,但它出现四个场量 $\boldsymbol{E}$,$\boldsymbol{D}$,$\boldsymbol{B}$ 和 $\boldsymbol{H}$,即使给定 ρ_{f} 和 $\boldsymbol{J}_{\mathrm{f}}$ 的分布函数,以及一定的初始条件和边界条件,从这组方程也无法解出电磁场,因而它不是完备的.原因是介质内 $\boldsymbol{D}$ 与 $\boldsymbol{E}$,$\boldsymbol{H}$ 与 $\boldsymbol{B}$ 的关系没有给定,这些关系需由实验测量.

在各向同性的线性介质内,实验给出

$$\boldsymbol{P}=\chi_{\mathrm{e}}\varepsilon_0\boldsymbol{E},\quad \boldsymbol{D}=(1+\chi_{\mathrm{e}})\varepsilon_0\boldsymbol{E}=\varepsilon_{\mathrm{r}}\varepsilon_0\boldsymbol{E}=\varepsilon\boldsymbol{E} \tag{1.31}$$

$$\boldsymbol{M}=\chi_{\mathrm{m}}\boldsymbol{H},\quad \boldsymbol{B}=(1+\chi_{\mathrm{m}})\mu_0\boldsymbol{H}=\mu_{\mathrm{r}}\mu_0\boldsymbol{H}=\mu\boldsymbol{H} \tag{1.32}$$

介质的极化率χ_{e} 和相对电容率 $\varepsilon_{\mathrm{r}}=1+\chi_{\mathrm{e}}$ 均为与介质自身性质相关的纯数,$\varepsilon=\varepsilon_{\mathrm{r}}\varepsilon_0$ 是介质的电容率.介质的磁化率χ_{m} 和相对磁导率 $\mu_{\mathrm{r}}=1+\chi_{\mathrm{m}}$ 也是与介质自身性质相关的纯数,$\mu=\mu_{\mathrm{r}}\mu_0$ 是介质的磁导率.

在电磁场作用下,导体内大量自由电子漂移运动的宏观效应使它显示出导电性.各种介质的导电性能由实验测定.线性均匀导体的导电规律由欧姆定律

$$\boldsymbol{J}_{\mathrm{f}}=\sigma\boldsymbol{E} \tag{1.33}$$

描述,σ 是导体的电导率.电磁场还使导体分子中的束缚电荷极化和磁化,因此导体也有其电容率和磁导率.

各向异性介质,例如晶体,即使作用电磁场的强度相同,若 $\boldsymbol{E}$ 和 $\boldsymbol{B}$ 的方向不同,其极化与磁化的取向也不同,极化率和磁化率表现为张量.铁磁质 $\boldsymbol{B}$ 和 $\boldsymbol{H}$ 的关系是非线性而且是非单值的,需由实验测定磁化曲线和磁滞回线才能确定两

者的函数关系.非线性介质的极化与磁化效应,不仅与场强 $\boldsymbol{E}$ 和 $\boldsymbol{B}$ 的一次幂有关,与场强的二次幂甚至高次幂也有关.

从介质中的场方程(1.30)和自由电荷受到的力密度 $\boldsymbol{f}=\rho_{\mathrm{f}}\boldsymbol{E}+\rho_{\mathrm{f}}\boldsymbol{v}\times\boldsymbol{B}$,可以导出如同(1.19)那样的能量关系式:

$$-\nabla\cdot\boldsymbol{S}=\frac{\partial w}{\partial t}+\boldsymbol{f}\cdot\boldsymbol{v} \tag{1.34}$$

这里 $\boldsymbol{f}\cdot\boldsymbol{v}=\boldsymbol{E}\cdot\boldsymbol{J}_{\mathrm{f}}$ 是场对介质内自由电荷作的功率密度,由于自由电荷在漂移过程中不断与晶格碰撞,这部分能量通常转化成介质的热损耗.介质中的能流密度 $\boldsymbol{S}$ 和能量密度的时变率分别为

$$\boldsymbol{S}=\boldsymbol{E}\times\boldsymbol{H} \tag{1.35}$$

$$\frac{\partial w}{\partial t}=\boldsymbol{E}\cdot\frac{\partial\boldsymbol{D}}{\partial t}+\boldsymbol{H}\cdot\frac{\partial\boldsymbol{B}}{\partial t} \tag{1.36}$$

将 $\boldsymbol{D}=\varepsilon\boldsymbol{E},\boldsymbol{B}=\mu\boldsymbol{H}$ 代入(1.36)式,得各向同性线性均匀介质内的电磁能量密度:

$$w=\frac{1}{2}\boldsymbol{E}\cdot\boldsymbol{D}+\frac{1}{2}\boldsymbol{B}\cdot\boldsymbol{H} \tag{1.37}$$

由 $\boldsymbol{D}$ 和 $\boldsymbol{H}$ 的定义(1.29),上式为

$$w=\frac{1}{2}(\varepsilon_0E^2+\mu_0H^2)+\frac{1}{2}\boldsymbol{E}\cdot\boldsymbol{P}+\frac{1}{2}\mu_0\boldsymbol{H}\cdot\boldsymbol{M} \tag{1.38}$$

右方第一项是介质内电磁场的能量密度,第二项是极化能量密度,第三项是磁化能量密度.

1.4 电磁场的边值关系

微分形式的麦氏方程组(1.30)适用于连续的介质内部.由于不同介质有不同的电磁性质,介质分界面上一般会出现面电荷和面电流分布,使得界面两边的场量发生跃变,因而微分形式的麦氏方程组在界面上不再适用.将这组方程的积分形式

$$\oint_S\boldsymbol{D}\cdot\mathrm{d}\boldsymbol{S}=\int_V\rho_{\mathrm{f}}\mathrm{d}V,\quad \oint_L\boldsymbol{E}\cdot\mathrm{d}\boldsymbol{l}=-\frac{\mathrm{d}}{\mathrm{d}t}\int_S\boldsymbol{B}\cdot\mathrm{d}\boldsymbol{S}$$

$$\oint_S\boldsymbol{B}\cdot\mathrm{d}\boldsymbol{S}=0,\quad \oint_L\boldsymbol{H}\cdot\mathrm{d}\boldsymbol{l}=\int_S\boldsymbol{J}_{\mathrm{f}}\cdot\mathrm{d}\boldsymbol{S}+\frac{\mathrm{d}}{\mathrm{d}t}\int_S\boldsymbol{D}\cdot\mathrm{d}\boldsymbol{S} \tag{1.39}$$

应用于两种介质的分界面上,可得到电磁场的边值关系:

$$\boldsymbol{e}_{\mathrm{n}}\cdot(\boldsymbol{D}_2-\boldsymbol{D}_1)=\sigma_{\mathrm{f}},\quad \boldsymbol{e}_{\mathrm{n}}\times(\boldsymbol{E}_2-\boldsymbol{E}_1)=0$$

$$\boldsymbol{e}_{\mathrm{n}}\cdot(\boldsymbol{B}_2-\boldsymbol{B}_1)=0,\quad \boldsymbol{e}_{\mathrm{n}}\times(\boldsymbol{H}_2-\boldsymbol{H}_1)=\boldsymbol{\alpha}_{\mathrm{f}} \tag{1.40}$$

$\boldsymbol{e}_{\mathrm{n}}$ 是从介质 1 指向介质 2 的法向单位矢量,σ_{f} 为界面上的自由电荷面密度,$\boldsymbol{\alpha}_{\mathrm{f}}$ 为传导电流面密度.第一式表示界面两边 $\boldsymbol{D}$ 的法向分量跃变由界面上的 σ_{f} 引

起,第二、三式分别表示界面两边 $\boldsymbol{E}$ 的切向分量和 $\boldsymbol{B}$ 的法向分量连续,第四式表示界面两边 $\boldsymbol{H}$ 的切向分量跃变由界面上的 $\boldsymbol{\alpha}_{\mathrm{f}}$ 引起.将(1.27)两式相应的积分形式

$$\oint_S \boldsymbol{P}\cdot \mathrm{d}\boldsymbol{S}=-\int_V \rho_{\mathrm{P}}\mathrm{d}V,\quad \oint_L \boldsymbol{M}\cdot \mathrm{d}\boldsymbol{l}=\int_S \boldsymbol{J}_{\mathrm{M}}\cdot \mathrm{d}\boldsymbol{S} \tag{1.41}$$

应用到界面上,可得界面两边极化强度 $\boldsymbol{P}$ 与磁化强度 $\boldsymbol{M}$ 的跃变关系:

$$\boldsymbol{e}_{\mathrm{n}}\cdot(\boldsymbol{P}_2-\boldsymbol{P}_1)=-\sigma_{\mathrm{p}},\quad \boldsymbol{e}_{\mathrm{n}}\times(\boldsymbol{M}_2-\boldsymbol{M}_1)=\boldsymbol{\alpha}_{\mathrm{M}} \tag{1.42}$$

σ_{p} 是界面束缚(极化)电荷面密度,$\boldsymbol{\alpha}_{\mathrm{M}}$ 是磁化电流面密度.将电流连续性方程(1.1)的积分形式应用于界面,可得边值关系:

$$\boldsymbol{e}_{\mathrm{n}}\cdot(\boldsymbol{J}_2-\boldsymbol{J}_1)=-\frac{\partial\sigma}{\partial t} \tag{1.43}$$

σ 是界面上包括自由电荷与极化电荷的面密度.电流恒定时,(1.43)式成为 $J_{2\mathrm{n}}=J_{1\mathrm{n}}$.

习题与解答

1.1 根据算符∇的微分性与矢量性,推导下列公式:

$$\nabla(\boldsymbol{A}\cdot\boldsymbol{B})=\boldsymbol{B}\times(\nabla\times\boldsymbol{A})+(\boldsymbol{B}\cdot\nabla)\boldsymbol{A}+\boldsymbol{A}\times(\nabla\times\boldsymbol{B})+(\boldsymbol{A}\cdot\nabla)\boldsymbol{B}$$

$$\boldsymbol{A}\times(\nabla\times\boldsymbol{A})=\frac{1}{2}\nabla A^2-(\boldsymbol{A}\cdot\nabla)\boldsymbol{A}$$

【解】 记$\nabla(\boldsymbol{A}\cdot\boldsymbol{B})=\nabla_A(\boldsymbol{A}\cdot\boldsymbol{B})+\nabla_B(\boldsymbol{A}\cdot\boldsymbol{B})$,$\nabla_A$ 是作用于 $\boldsymbol{A}$ 的算符,∇_B 是作用于 $\boldsymbol{B}$ 的算符,利用 $\boldsymbol{a}\times(\boldsymbol{b}\times\boldsymbol{c})=\boldsymbol{b}(\boldsymbol{c}\cdot\boldsymbol{a})-\boldsymbol{c}(\boldsymbol{a}\cdot\boldsymbol{b})$,有

$$\nabla_A(\boldsymbol{A}\cdot\boldsymbol{B})=\boldsymbol{B}\times(\nabla\times\boldsymbol{A})+(\boldsymbol{B}\cdot\nabla)\boldsymbol{A}$$

$$\nabla_B(\boldsymbol{A}\cdot\boldsymbol{B})=\boldsymbol{A}\times(\nabla\times\boldsymbol{B})+(\boldsymbol{A}\cdot\nabla)\boldsymbol{B}$$

$$\nabla(\boldsymbol{A}\cdot\boldsymbol{B})=\boldsymbol{B}\times(\nabla\times\boldsymbol{A})+(\boldsymbol{B}\cdot\nabla)\boldsymbol{A}+\boldsymbol{A}\times(\nabla\times\boldsymbol{B})+(\boldsymbol{A}\cdot\nabla)\boldsymbol{B}$$

在上式中令 $\boldsymbol{B}=\boldsymbol{A}$,即得

$$\boldsymbol{A}\times(\nabla\times\boldsymbol{A})=\frac{1}{2}\nabla A^2-(\boldsymbol{A}\cdot\nabla)\boldsymbol{A}$$

1.2 设 u 是空间坐标 x,y,z 的函数,证明:

$$\nabla f(u)=\frac{\mathrm{d}f}{\mathrm{d}u}\nabla u \tag{1}$$

$$\nabla\cdot\boldsymbol{A}(u)=\nabla u\cdot\frac{\mathrm{d}\boldsymbol{A}}{\mathrm{d}u} \tag{2}$$

$$\nabla\times\boldsymbol{A}(u)=\nabla u\times\frac{\mathrm{d}\boldsymbol{A}}{\mathrm{d}u} \tag{3}$$

【证】对于$\nabla f(u)$，注意到$\partial f/\partial u=\mathrm{d}f/\mathrm{d}u$，有

$$\nabla f(u)=\boldsymbol{e}_x\frac{\partial f}{\partial x}+\boldsymbol{e}_y\frac{\partial f}{\partial y}+\boldsymbol{e}_z\frac{\partial f}{\partial z}$$

$$=\frac{\mathrm{d}f}{\mathrm{d}u}\left(\boldsymbol{e}_x\frac{\partial u}{\partial x}+\boldsymbol{e}_y\frac{\partial u}{\partial y}+\boldsymbol{e}_z\frac{\partial u}{\partial z}\right)=\frac{\mathrm{d}f}{\mathrm{d}u}\nabla u$$

在直角坐标系中将算符∇和矢量$\boldsymbol{A}$写成分量形式，便可证明(2)式和(3)式.

1.3　从源点(即电荷电流分布点)$\boldsymbol{x}'$到场点$\boldsymbol{x}$的距离r，以及矢径$\boldsymbol{r}$分别为

$$r=\sqrt{(x-x')^2+(y-y')^2+(z-z')^2}$$

$$\boldsymbol{r}=(x-x')\boldsymbol{e}_x+(y-y')\boldsymbol{e}_y+(z-z')\boldsymbol{e}_z$$

对源变数$\boldsymbol{x}'$和场变数$\boldsymbol{x}$求微商的算符分别为

$$\nabla'=\boldsymbol{e}_x\frac{\partial}{\partial x'}+\boldsymbol{e}_y\frac{\partial}{\partial y'}+\boldsymbol{e}_z\frac{\partial}{\partial z'},\quad \nabla=\boldsymbol{e}_x\frac{\partial}{\partial x}+\boldsymbol{e}_y\frac{\partial}{\partial y}+\boldsymbol{e}_z\frac{\partial}{\partial z}$$

(1) 证明下列结果，并体会算符∇'与∇的关系：

$$\nabla r=-\nabla' r=\frac{\boldsymbol{r}}{r}\quad（单位矢量）\tag{1}$$

$$\nabla\cdot\boldsymbol{r}=-\nabla'\cdot\boldsymbol{r}=3\tag{2}$$

$$\nabla\times\boldsymbol{r}=-\nabla'\times\boldsymbol{r}=0\tag{3}$$

$$\nabla\boldsymbol{r}=-\nabla'\boldsymbol{r}=\overset{\leftrightarrow}{I}\quad（单位张量）\tag{4}$$

$$\nabla\frac{1}{r}=-\nabla'\frac{1}{r}=-\frac{\boldsymbol{r}}{r^3}\tag{5}$$

$$\nabla\cdot\frac{\boldsymbol{r}}{r^3}=-\nabla'\cdot\frac{\boldsymbol{r}}{r^3}=0\quad(r\neq0)\tag{6}$$

$$\nabla\times\frac{\boldsymbol{r}}{r^3}=-\nabla'\times\frac{\boldsymbol{r}}{r^3}=0\tag{7}$$

(2) 求$(\boldsymbol{a}\cdot\nabla)\boldsymbol{r}$，$\nabla(\boldsymbol{a}\cdot\boldsymbol{r})$，$\nabla\cdot[\boldsymbol{E}_0\sin(\boldsymbol{k}\cdot\boldsymbol{r})]$，$\nabla\times[\boldsymbol{E}_0\sin(\boldsymbol{k}\cdot\boldsymbol{r})]$，其中$\boldsymbol{a}$，$\boldsymbol{k}$和$\boldsymbol{E}_0$均为常矢量.

【解】(1) 将算符∇与∇'分别作用于距离r和矢径$\boldsymbol{r}$的表达式，可得到(1)至(4)式的结果，其中单位张量的定义见附录(Ⅰ.11)式.利用前面1.2题的第一式和本题(1)至(4)式的结果，得

$$\nabla\frac{1}{r}=\nabla(r^{-1})=\frac{\mathrm{d}(r^{-1})}{\mathrm{d}r}\nabla r=-\frac{1}{r^2}\frac{\boldsymbol{r}}{r}=-\frac{\boldsymbol{r}}{r^3}$$

$$\nabla\cdot\frac{\boldsymbol{r}}{r^3}=(\nabla r^{-3})\cdot\boldsymbol{r}+r^{-3}\nabla\cdot\boldsymbol{r}=0\quad(r\neq0)$$

$$\nabla\times\frac{\boldsymbol{r}}{r^3}=(\nabla r^{-3})\times\boldsymbol{r}+r^{-3}\nabla\times\boldsymbol{r}=0$$

同理可证$\nabla'\dfrac{1}{r}=\dfrac{\boldsymbol{r}}{r^3}$；$\nabla'\cdot\dfrac{\boldsymbol{r}}{r^3}=0(r\neq 0)$；$\nabla'\times\dfrac{\boldsymbol{r}}{r^3}=0$.事实上，对任意的标量函数$f(r)$和矢量函数$f(r)\boldsymbol{r}$，不难证明：

$$\nabla f(r)=-\nabla' f(r),\quad \nabla\cdot[f(r)\boldsymbol{r}]=-\nabla'\cdot[f(r)\boldsymbol{r}]$$

$$\nabla\times[f(r)\boldsymbol{r}]=-\nabla'\times[f(r)\boldsymbol{r}],\quad \nabla[f(r)\boldsymbol{r}]=-\nabla'[f(r)\boldsymbol{r}]$$

即对上述函数，算符存在代换关系$\nabla\to-\nabla'$.这一代换将经常用到.

(2) $\nabla\boldsymbol{r}$是单位张量，它与任何矢量点乘均给出原矢量，因此

$$(\boldsymbol{a}\cdot\nabla)\boldsymbol{r}=\boldsymbol{a}\cdot\nabla\boldsymbol{r}=\boldsymbol{a}\cdot\overleftrightarrow{I}=\boldsymbol{a}$$

利用1.1题第一式的结果，由于$\boldsymbol{a}$为常矢量，且$\nabla\times\boldsymbol{r}=0$，故有

$$\nabla(\boldsymbol{a}\cdot\boldsymbol{r})=(\boldsymbol{a}\cdot\nabla)\boldsymbol{r}=\boldsymbol{a}$$

因$\boldsymbol{k}$和$\boldsymbol{E}_0$均为常矢量，而$\sin(\boldsymbol{k}\cdot\boldsymbol{r})$是标量函数，因此

$$\begin{aligned}\nabla\cdot[\boldsymbol{E}_0\sin(\boldsymbol{k}\cdot\boldsymbol{r})]&=\nabla\sin(\boldsymbol{k}\cdot\boldsymbol{r})\cdot\boldsymbol{E}_0\\&=\frac{\mathrm{d}\sin(\boldsymbol{k}\cdot\boldsymbol{r})}{\mathrm{d}(\boldsymbol{k}\cdot\boldsymbol{r})}\nabla(\boldsymbol{k}\cdot\boldsymbol{r})\cdot\boldsymbol{E}_0\\&=\boldsymbol{k}\cdot\boldsymbol{E}_0\cos(\boldsymbol{k}\cdot\boldsymbol{r})\end{aligned}$$

$$\nabla\times[\boldsymbol{E}_0\sin(\boldsymbol{k}\cdot\boldsymbol{r})]=\boldsymbol{k}\times\boldsymbol{E}_0\cos(\boldsymbol{k}\cdot\boldsymbol{r})$$

1.4 应用高斯定理证明

$$\int_V \mathrm{d}V\,\nabla\times\boldsymbol{f}=\oint_S \mathrm{d}\boldsymbol{S}\times\boldsymbol{f}\tag{1}$$

应用斯托克斯定理证明

$$\int_S \mathrm{d}\boldsymbol{S}\times\nabla\varphi=\oint_L \varphi\mathrm{d}\boldsymbol{l}\tag{2}$$

【提示】 取任意常矢量$\boldsymbol{c}$，有

$$\nabla\cdot(\boldsymbol{f}\times\boldsymbol{c})=(\nabla\times\boldsymbol{f})\cdot\boldsymbol{c}-(\nabla\times\boldsymbol{c})\cdot\boldsymbol{f}=(\nabla\times\boldsymbol{f})\cdot\boldsymbol{c}\tag{3}$$

$$\nabla\times(\boldsymbol{c}\varphi)=(\nabla\times\boldsymbol{c})\varphi+\nabla\varphi\times\boldsymbol{c}=\nabla\varphi\times\boldsymbol{c}\tag{4}$$

将(3)式对任意体积V积分，由高斯定理(附录Ⅲ.1式)及$\boldsymbol{c}$的任意性，可证得(1)式；将(4)式对任意非闭合曲面S积分，由斯托克斯定理(附录Ⅲ.3式)及$\boldsymbol{c}$的任意性，可证得(2)式.

1.5 已知一个电荷系统的电偶极矩定义为$\boldsymbol{p}(t)=\int_V\rho(\boldsymbol{x}',t)\boldsymbol{x}'\mathrm{d}V'$，利用电荷守恒定律$\nabla'\cdot\boldsymbol{J}+\partial\rho/\partial t=0$，证明$\boldsymbol{p}$的时变率为

$$\frac{\mathrm{d}\boldsymbol{p}}{\mathrm{d}t}=\int_V \boldsymbol{J}(\boldsymbol{x}',t)\mathrm{d}V'$$

【证】 观察任一点x'处电荷密度的变化.记电流密度$\boldsymbol{J}(\boldsymbol{x}',t)=\boldsymbol{J}$，由$\nabla'\cdot\boldsymbol{J}+\partial\rho/\partial t=0$，有

$$\frac{d\boldsymbol{p}}{dt}=\int_V \frac{\partial\rho}{\partial t}\boldsymbol{x}'dV'=-\int_V(\nabla'\cdot\boldsymbol{J})\boldsymbol{x}'dV' \tag{1}$$

而

$$\nabla'\cdot(\boldsymbol{J}\boldsymbol{x}')=(\nabla'\cdot\boldsymbol{J})\boldsymbol{x}'+\boldsymbol{J}\cdot\nabla'\boldsymbol{x}'=(\nabla'\cdot\boldsymbol{J})\boldsymbol{x}'+\boldsymbol{J}$$

其中$\nabla'\boldsymbol{x}'$为单位张量.于是(1)式变为

$$\begin{aligned}\frac{d\boldsymbol{p}}{dt}&=-\int_V\nabla'\cdot(\boldsymbol{J}\boldsymbol{x}')dV'+\int_V\boldsymbol{J}dV'\\&=-\oint_S d\boldsymbol{S}'\cdot(\boldsymbol{J}\boldsymbol{x}')+\int_V\boldsymbol{J}dV'\end{aligned} \tag{2}$$

(2) 式第二步已将张量$\boldsymbol{J}\boldsymbol{x}'$的散度的体积分化成面积分(见附录Ⅲ.2 式).总可以将积分区域取得大于电荷分布区域 V,因而积分区域的界面 S 上有 $\boldsymbol{J}=0$,故(2)式右方第一项为零.于是得

$$\frac{d\boldsymbol{p}}{dt}=\int_V\boldsymbol{J}dV' \tag{3}$$

【另法】 电荷实际上以量子化形式存在.设第 i 个粒子的电荷量为 q_i,位矢为 $\boldsymbol{x}_i'$,系统的总电荷量和电偶极矩分别为

$$q=\sum q_i,\quad \boldsymbol{p}=\sum q_i\boldsymbol{x}_i' \tag{4}$$

每个粒子运动形成的电流元为 $\boldsymbol{J}dV'=q_i\boldsymbol{v}_i'$,$\boldsymbol{v}_i'=d\boldsymbol{x}_i'/dt$ 是其速度,而系统的总电荷量 q 是个守恒量,因此有

$$\frac{d\boldsymbol{p}}{dt}=\sum q_i\frac{d\boldsymbol{x}_i'}{dt}=\sum q_i\boldsymbol{v}_i'=\int_V\boldsymbol{J}dV' \tag{5}$$

1.6 若 $\boldsymbol{m}$ 是常矢量,证明除 $R=0$ 点以外,矢量 $\boldsymbol{A}=\boldsymbol{m}\times\boldsymbol{R}/R^3$ 的旋度等于标量 $\varphi=\boldsymbol{m}\cdot\boldsymbol{R}/R^3$ 的梯度的负值,即$\nabla\times\boldsymbol{A}=-\nabla\varphi$.

【证】 这是关于磁偶极矩 $\boldsymbol{m}$ 的静磁场问题(见第三章).$\boldsymbol{m}$ 是位于坐标原点即 $R=0$ 处的常矢量,而 $R\neq0$ 处$\nabla\cdot(\boldsymbol{R}/R^3)=0$,以及$\nabla\times(\boldsymbol{R}/R^3)=0$,因此

$$\begin{aligned}\nabla\times\boldsymbol{A}&=\nabla\times\left(\frac{\boldsymbol{m}\times\boldsymbol{R}}{R^3}\right)\\&=\left(\nabla\cdot\frac{\boldsymbol{R}}{R^3}\right)\boldsymbol{m}-(\boldsymbol{m}\cdot\nabla)\frac{\boldsymbol{R}}{R^3}=-(\boldsymbol{m}\cdot\nabla)\frac{\boldsymbol{R}}{R^3}\end{aligned}$$

$$\begin{aligned}\nabla\varphi&=\nabla\left(\frac{\boldsymbol{m}\cdot\boldsymbol{R}}{R^3}\right)\\&=\boldsymbol{m}\times\left(\nabla\times\frac{\boldsymbol{R}}{R^3}\right)+(\boldsymbol{m}\cdot\nabla)\frac{\boldsymbol{R}}{R^3}=(\boldsymbol{m}\cdot\nabla)\frac{\boldsymbol{R}}{R^3}\end{aligned}$$

而

$$\nabla\frac{\boldsymbol{R}}{R^3}=(\nabla R^{-3})\boldsymbol{R}+R^{-3}\nabla\boldsymbol{R}=-\frac{3\boldsymbol{R}\boldsymbol{R}}{R^5}+\frac{\overleftrightarrow{I}}{R^3}$$

于是有

$$\nabla\times\boldsymbol{A}=-\nabla\varphi=\frac{3(\boldsymbol{m}\cdot\boldsymbol{R})\boldsymbol{R}}{R^5}-\frac{\boldsymbol{m}}{R^3}$$

将上式乘以 $\mu_0/4\pi$,即得磁偶极矩的磁场:

$$\boldsymbol{B}=\frac{\mu_0}{4\pi}\left[\frac{3(\boldsymbol{m}\cdot\boldsymbol{R})\boldsymbol{R}}{R^5}-\frac{\boldsymbol{m}}{R^3}\right]$$

1.7 证明两个闭合的恒定电流圈之间的相互作用力大小相等,方向相反.但两个电流元之间的相互作用力一般并不服从牛顿第三定律.

【证】 据安培定律,电流圈 L_1 对另一电流圈 L_2 中一个电流元 $I_2\mathrm{d}\boldsymbol{l}_2$ 的作用力为

$$\mathrm{d}\boldsymbol{F}_{12}=I_2\mathrm{d}\boldsymbol{l}_2\times\boldsymbol{B}_1=I_2\mathrm{d}\boldsymbol{l}_2\times\frac{\mu_0}{4\pi}\oint_{L_1}\frac{I_1\mathrm{d}\boldsymbol{l}_1\times\boldsymbol{r}_{12}}{r_{12}{}^3}\tag{1}$$

$\boldsymbol{B}_1$ 是整个电流圈 L_1 在 $I_2\mathrm{d}\boldsymbol{l}_2$ 处产生的磁感应强度,$\boldsymbol{r}_{12}$是从电流圈 L_1 中每一个电流元 $I_1\mathrm{d}\boldsymbol{l}_1$ 到 $I_2\mathrm{d}\boldsymbol{l}_2$ 的矢径,将(1)式对电流圈 L_2 积分,得电流圈 L_1 对 L_2 的总作用力:

$$\begin{aligned}\boldsymbol{F}_{12}&=\frac{\mu_0I_1I_2}{4\pi}\oint_{L_2}\oint_{L_1}\frac{\mathrm{d}\boldsymbol{l}_2\times(\mathrm{d}\boldsymbol{l}_1\times\boldsymbol{r}_{12})}{r_{12}{}^3}\\&=\frac{\mu_0I_1I_2}{4\pi}\oint_{L_2}\oint_{L_1}\left[\frac{\mathrm{d}\boldsymbol{l}_1(\boldsymbol{r}_{12}\cdot\mathrm{d}\boldsymbol{l}_2)}{r_{12}{}^3}-\frac{\boldsymbol{r}_{12}(\mathrm{d}\boldsymbol{l}_1\cdot\mathrm{d}\boldsymbol{l}_2)}{r_{12}{}^3}\right]\end{aligned}\tag{2}$$

由斯托克斯定理,上式右方第一项对闭合路径 L_2 的积分,可化为 L_2 所围曲面 S_2 的面积分,而$\nabla\times(\boldsymbol{r}_{12}/r_{12}{}^3)=0$,故有

$$\oint_{L_2}\oint_{L_1}\frac{\mathrm{d}\boldsymbol{l}_1(\boldsymbol{r}_{12}\cdot\mathrm{d}\boldsymbol{l}_2)}{r_{12}{}^3}=\oint_{L_1}\mathrm{d}\boldsymbol{l}_1\int_{S_2}\left(\nabla\times\frac{\boldsymbol{r}_{12}}{r_{12}{}^3}\right)\cdot\mathrm{d}\boldsymbol{S}=0$$

因此(2)式为

$$\boldsymbol{F}_{12}=-\frac{\mu_0I_1I_2}{4\pi}\oint_{L_2}\oint_{L_1}\frac{\boldsymbol{r}_{12}(\mathrm{d}\boldsymbol{l}_1\cdot\mathrm{d}\boldsymbol{l}_2)}{r_{12}{}^3}\tag{3}$$

同理可得电流圈 L_2 对电流圈 L_1 的总作用力:

$$\boldsymbol{F}_{21}=-\frac{\mu_0I_1I_2}{4\pi}\oint_{L_1}\oint_{L_2}\frac{\boldsymbol{r}_{21}(\mathrm{d}\boldsymbol{l}_2\cdot\mathrm{d}\boldsymbol{l}_1)}{r_{21}{}^3}\tag{4}$$

这里 $\boldsymbol{r}_{21}$是从 L_2 的电流元 $I_2\mathrm{d}\boldsymbol{l}_2$ 到 L_1 的电流元 $I_1\mathrm{d}\boldsymbol{l}_1$ 的矢径,显然,对于每一对电流元 $I_1\mathrm{d}\boldsymbol{l}_1$ 与 $I_2\mathrm{d}\boldsymbol{l}_2$,均有 $\boldsymbol{r}_{12}=-\boldsymbol{r}_{21}$,因此

$$\boldsymbol{F}_{12}=-\boldsymbol{F}_{21}\tag{5}$$

但是对于两个孤立的电流元 $I_1\mathrm{d}\boldsymbol{l}_1$ 和 $I_2\mathrm{d}\boldsymbol{l}_2$,如果仍由安培定律,将两者间的相互作用力写成

$$\mathrm{d}\boldsymbol{F}_{12}=I_2\mathrm{d}\boldsymbol{l}_2\times\frac{\mu_0}{4\pi}\frac{I_1\mathrm{d}\boldsymbol{l}_1\times\boldsymbol{r}_{12}}{r_{12}^{\ 3}}$$

$$=\frac{\mu_0 I_1 I_2}{4\pi}\frac{\mathrm{d}\boldsymbol{l}_1(\boldsymbol{r}_{12}\cdot\mathrm{d}\boldsymbol{l}_2)-\boldsymbol{r}_{12}(\mathrm{d}\boldsymbol{l}_2\cdot\mathrm{d}\boldsymbol{l}_1)}{r_{12}^{\ 3}}$$

$$\mathrm{d}\boldsymbol{F}_{21}=I_1\mathrm{d}\boldsymbol{l}_1\times\frac{\mu_0}{4\pi}\frac{I_2\mathrm{d}\boldsymbol{l}_2\times\boldsymbol{r}_{21}}{r_{21}^{\ 3}}$$

$$=\frac{\mu_0 I_1 I_2}{4\pi}\frac{\mathrm{d}\boldsymbol{l}_2(\boldsymbol{r}_{21}\cdot\mathrm{d}\boldsymbol{l}_1)-\boldsymbol{r}_{21}(\mathrm{d}\boldsymbol{l}_1\cdot\mathrm{d}\boldsymbol{l}_2)}{r_{21}^{\ 3}}$$

则可看出，一般情况下上述两式右方第一项不是等值反向，因而 $\mathrm{d}\boldsymbol{F}_{12}\neq-\mathrm{d}\boldsymbol{F}_{21}$.这是因为，安培定律仅适用于描述恒定电流之间的相互作用力，而恒定电流必定构成闭合回路，既孤立又“恒定”的电流元实际上并不存在.

1.8 证明均匀介质内部的极化电荷体密度 ρ_{p} 总是等于自由电荷体密度 ρ_{f} 的 $-(1-\varepsilon_0/\varepsilon)$ 倍.

【证】 各向同性线性均匀介质内 $\boldsymbol{D}=\varepsilon\boldsymbol{E}$，电容率 ε 是与坐标无关的常量，由 $\boldsymbol{D}=\varepsilon_0\boldsymbol{E}+\boldsymbol{P}$ 和场方程 $\nabla\cdot\boldsymbol{D}=\rho_{\mathrm{f}}$，得

$$\rho_{\mathrm{p}}=-\nabla\cdot\boldsymbol{P}=-\nabla\cdot(\boldsymbol{D}-\varepsilon_0\boldsymbol{E})$$

$$=-(1-\varepsilon_0/\varepsilon)\nabla\cdot\boldsymbol{D}=-(1-\varepsilon_0/\varepsilon)\rho_{\mathrm{f}}$$

一般介质 $\varepsilon>\varepsilon_0$，因此 ρ_{p} 与 ρ_{f} 在符号上相反.

1.9 有一内外半径分别为 r_1 和 r_2 的空心的线性均匀介质球，介质的电容率为 ε，使介质内均匀地带静止的自由电荷密度 ρ_{f}.求：

(1) 空间各点的电场；

(2) 极化电荷体密度和极化电荷面密度.

【解】 以球心为坐标原点，因介质内自由电荷密度 ρ_{f} 与介质的电容率 ε 均为常量，而介质表面是球面，故电场分布有球对称性.由高斯定理

$$\oint_S\boldsymbol{D}\cdot\mathrm{d}\boldsymbol{S}=\int_V\rho_{\mathrm{f}}\mathrm{d}V$$

得

$$\boldsymbol{E}_1=\boldsymbol{D}_1/\varepsilon_0=0\quad(r<r_1)$$

$$\boldsymbol{E}_2=\frac{\boldsymbol{D}_2}{\varepsilon}=\frac{(r^3-r_1^{\ 3})\rho_{\mathrm{f}}}{3\varepsilon r^3}\boldsymbol{r}\quad(r_1<r<r_2)$$

$$\boldsymbol{E}_3=\frac{\boldsymbol{D}_3}{\varepsilon_0}=\frac{(r_2^{\ 3}-r_1^{\ 3})\rho_{\mathrm{f}}}{3\varepsilon_0 r^3}\boldsymbol{r}\quad(r>r_2)$$

由 $\boldsymbol{D}_2=\varepsilon\boldsymbol{E}_2=\varepsilon_0\boldsymbol{E}_2+\boldsymbol{P}_2$，得介质的极化强度：

$$\boldsymbol{P}_2=(\varepsilon-\varepsilon_0)\boldsymbol{E}_2=\left(1-\frac{\varepsilon_0}{\varepsilon}\right)\frac{(r^3-r_1^{\ 3})\rho_{\mathrm{f}}}{3r^3}\boldsymbol{r}$$

由 1.8 题证明的结果，介质内极化(束缚)电荷体密度为

$$\rho_{\mathrm{p}}=-\left(1-\frac{\varepsilon_0}{\varepsilon}\right)\rho_{\mathrm{f}}$$

介质球外 $\boldsymbol{P}_3=0$，故球壳外表面极化电荷面密度为

$$\sigma_{\mathrm{p}}=-\boldsymbol{e}_r\cdot(\boldsymbol{P}_3-\boldsymbol{P}_2)\Big|_{r=r_2}=\left(1-\frac{\varepsilon_0}{\varepsilon}\right)\frac{r_2^{\ 3}-r_1^{\ 3}}{3r_2^{\ 2}}\rho_{\mathrm{f}}$$

或由 $\sigma_{\mathrm{f}}+\sigma_{\mathrm{p}}=\boldsymbol{e}_r\cdot\varepsilon_0(\boldsymbol{E}_3-\boldsymbol{E}_2)$，而 $\sigma_{\mathrm{f}}=0$，亦可得此结果.球腔内$\boldsymbol{P}_1=0$，球壳内表面极化电荷面密度为

$$\sigma_{\mathrm{p}}=-\boldsymbol{e}_r\cdot(\boldsymbol{P}_2-\boldsymbol{P}_1)\Big|_{r=r_1}=0$$

读者试将 ρ_{p} 和 σ_{p} 分别作体积分和面积分，可看到介质球内总的极化体电荷与球面总的极化电荷等量异号，这是因为极化过程遵从电荷守恒.

1.10 内外半径分别为 r_1 和 r_2 的无穷长中空导体圆柱，沿轴向流有恒定均匀的自由电流密度 $\boldsymbol{J}_{\mathrm{f}}$，导体的磁导率为 μ，求磁感应强度和磁化电流.

【解】 以圆柱中心轴为 z 轴，则$\boldsymbol{J}_{\mathrm{f}}=J_{\mathrm{f}}\boldsymbol{e}_z$，如图 1.1. 由对称性，场强只与离开 z 轴的距离 r 有关，且只有 $\boldsymbol{e}_\phi$ 方向的分量，由安培环路定理

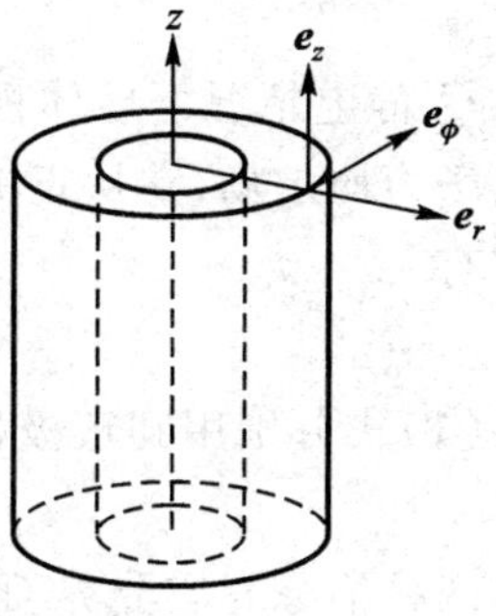

图 1.1 (1.10 题)

$$\oint_L \boldsymbol{H}\cdot \mathrm{d}\boldsymbol{l}=\int_S \boldsymbol{J}_{\mathrm{f}}\cdot \mathrm{d}\boldsymbol{S}$$

得

$$\boldsymbol{B}_1=\mu_0\boldsymbol{H}_1=0 \quad (r<r_1)$$

$$\boldsymbol{B}_2=\mu\boldsymbol{H}_2=\frac{\mu(r^2-r_1^{\ 2})}{2r^2}\boldsymbol{J}_{\mathrm{f}}\times\boldsymbol{r} \quad (r_1<r<r_2)$$

$$\boldsymbol{B}_3=\mu_0\boldsymbol{H}_3=\frac{\mu_0(r_2^{\ 2}-r_1^{\ 2})}{2r^2}\boldsymbol{J}_{\mathrm{f}}\times\boldsymbol{r} \quad (r>r_2)$$

由 $\boldsymbol{B}_2=\boldsymbol{\mu}_0(\boldsymbol{H}_2+\boldsymbol{M}_2)=\mu\boldsymbol{H}_2$，得导体内的磁化强度与磁化电流密度：

$$\boldsymbol{M}_2=\frac{\mu-\mu_0}{\mu_0}\boldsymbol{H}_2=\frac{(\mu-\mu_0)}{\mu_0}\frac{(r^2-r_1^{\ 2})}{2r^2}\boldsymbol{J}_{\mathrm{f}}\times\boldsymbol{r}$$

$$\boldsymbol{J}_{\mathrm{M}}=\nabla\times\boldsymbol{M}_2=\left(\frac{\mu}{\mu_0}-1\right)\boldsymbol{J}_{\mathrm{f}}$$

$\boldsymbol{J}_{\mathrm{M}}$ 与 $\boldsymbol{J}_{\mathrm{f}}$ 的关系与本章补充题 1.21 所得结论一致.导体柱外部 $\boldsymbol{M}_3=0$，故外表面磁化电流密度为

$$\boldsymbol{\alpha}_{\mathrm{M}}=\boldsymbol{e}_r\times(\boldsymbol{M}_3-\boldsymbol{M}_2)\Big|_{r=r_2}=-\left(\frac{\mu}{\mu_0}-1\right)\frac{r_2^{\ 2}-r_1^{\ 2}}{2r_2}\boldsymbol{J}_{\mathrm{f}}$$

或由 $\boldsymbol{\alpha}_{\mathrm{f}}+\boldsymbol{\alpha}_{\mathrm{M}}=\boldsymbol{e}_r\times(\boldsymbol{B}_3-\boldsymbol{B}_2)/\mu_0$，而 $\boldsymbol{\alpha}_{\mathrm{f}}=0$，也可得到这结果. 柱腔内 $\boldsymbol{M}_1=0$，内

表面磁化电流密度为

$$\boldsymbol{\alpha}_{\mathrm{M}}=\boldsymbol{e}_r\times(\boldsymbol{M}_2-\boldsymbol{M}_1)\Big|_{r=r_1}=0$$

读者试将 $\boldsymbol{J}_{\mathrm{M}}$ 和 $\boldsymbol{\alpha}_{\mathrm{M}}$ 分别积分,可看到柱体内总的磁化电流与外表面总的磁化电流数值相等,但流向相反,即磁化电流遵从连续性(电荷守恒).

1.11 平行板电容器内有两层介质,它们的厚度分别为 l_1 和 l_2,电容率为 ε_1 和 ε_2,今在两极板上接上电动势为 $\mathscr{E}$ 的电源,求:

(1) 电容器两极板上的自由电荷面密度 ω_{f};

(2) 介质分界面上的自由电荷面密度 ω_{f};

(3) 若介质是漏电的,电导率分别为 σ_1 和 σ_2,当电流达到稳定时,上述结果如何?

【解】 界面上自由电荷面密度 ω_{f} 由边值关系

$$\omega_{\mathrm{f}}=\boldsymbol{e}_{\mathrm{n}}\cdot(\boldsymbol{D}_2-\boldsymbol{D}_1) \tag{1}$$

描写.静电情况下导体极板中的电场为零.假定可略去边缘效应,则电容器内的电场为均匀场,它从正极板指向负极板,以 $\boldsymbol{e}_{\mathrm{n}}$ 表示这方向的单位矢量,两种介质中有

$$\boldsymbol{D}_1=\varepsilon_1E_1\boldsymbol{e}_{\mathrm{n}},\quad \boldsymbol{D}_2=\varepsilon_2E_2\boldsymbol{e}_{\mathrm{n}} \tag{2}$$

将(1)式分别用到正极板与介质 1,负极板与介质 2 的分界面上,有

$$\boldsymbol{e}_{\mathrm{n}}\cdot\boldsymbol{D}_1=D_1=\omega_{\mathrm{f1}},\quad -\boldsymbol{e}_{\mathrm{n}}\cdot\boldsymbol{D}_2=-D_2=\omega_{\mathrm{f2}} \tag{3}$$

在两种绝缘介质分界面上没有自由电荷,故由(1)式有

$$D_2-D_1=\omega_{\mathrm{f3}}=0,\text{即 } D_1=D_2 \tag{4}$$

由两极板之间已知的电动势,有

$$\mathscr{E}=l_1E_1+l_2E_2=l_1D_1/\varepsilon_1+l_2D_2/\varepsilon_2 \tag{5}$$

由(3)至(5)式,可解出

$$\omega_{\mathrm{f1}}=\frac{\varepsilon_1\varepsilon_2}{l_1\varepsilon_2+l_2\varepsilon_1}\mathscr{E}=-\omega_{\mathrm{f2}},\quad \omega_{\mathrm{f3}}=0 \tag{6}$$

当介质漏电且电流恒定时,界面电流遵从边值关系 $J_{2\mathrm{n}}=J_{1\mathrm{n}}$,略去边缘效应,由欧姆定律 $\boldsymbol{J}=\sigma\boldsymbol{E}$,两种介质中的电流密度为 $\sigma_1E_1=\sigma_2E_2=J_{\mathrm{n}}$.此时导体极板中也存在电场,若两极板的厚度均远小于 l_1 和 l_2,就有

$$\mathscr{E}=l_1E_1+l_2E_2=(l_1/\sigma_1+l_2/\sigma_2)J_{\mathrm{n}} \tag{7}$$

$$J_{\mathrm{n}}=\frac{\sigma_1\sigma_2}{l_1\sigma_2+l_2\sigma_1}\mathscr{E} \tag{8}$$

现在 $D_1=\varepsilon_1E_1=\varepsilon_1J_{\mathrm{n}}/\sigma_1$,$D_2=\varepsilon_2E_2=\varepsilon_2J_{\mathrm{n}}/\sigma_2$,由边值关系(1)可解出

$$\omega_{\mathrm{f1}}=D_1=\frac{\varepsilon_1\sigma_2}{l_1\sigma_2+l_2\sigma_1}\mathscr{E}$$

$$\omega_{f2}=-D_2=\frac{-\varepsilon_2\sigma_1}{l_1\sigma_2+l_2\sigma_1}\mathscr{E}$$

$$\omega_{f3}=D_2-D_1=\frac{\varepsilon_2\sigma_1-\varepsilon_1\sigma_2}{l_1\sigma_2+l_2\sigma_1}\mathscr{E} \tag{9}$$

可以验证两种情形下均有 $\omega_{f1}+\omega_{f2}+\omega_{f3}=0$,即电容器整体上均保持电中性.

1.12 证明:(1) 当两种线性均匀的绝缘介质的分界面上不带面自由电荷时,电场线的曲折满足:

$$\frac{\tan\theta_2}{\tan\theta_1}=\frac{\varepsilon_2}{\varepsilon_1}$$

其中 ε_1 和 ε_2 分别是两种介质的电容率,θ_1 和 θ_2 分别是界面两侧电场线与法线的夹角.

(2) 当两种线性均匀的导电介质内流有恒定电流时,分界面上电场线的曲折满足:

$$\frac{\tan\theta_2}{\tan\theta_1}=\frac{\sigma_2}{\sigma_1}$$

其中 σ_1 和 σ_2 分别为两种介质的电导率.

【证】 绝缘介质分界面上自由电荷密度 $\sigma_f=0$,故边值关系为

$$E_{2t}=E_{1t},\quad D_{2n}=D_{1n}$$

若两种介质都是线性均匀的,即 $\boldsymbol{D}_1=\varepsilon_1\boldsymbol{E}_1,\boldsymbol{D}_2=\varepsilon_2\boldsymbol{E}_2$,上述两式便为

$$E_2\sin\theta_2=E_1\sin\theta_1,\quad \varepsilon_2E_2\cos\theta_2=\varepsilon_1E_1\cos\theta_1$$

于是得

$$\frac{\tan\theta_2}{\tan\theta_1}=\frac{\varepsilon_2}{\varepsilon_1}$$

当电流恒定时,边值关系为

$$E_{2t}=E_{1t},\quad J_{2n}=J_{1n}$$

若两种介质都是线性均匀的,即 $\boldsymbol{J}_1=\sigma_1\boldsymbol{E}_1,\boldsymbol{J}_2=\sigma_2\boldsymbol{E}_2$,上述两式便为

$$E_2\sin\theta_2=E_1\sin\theta_1,\quad \sigma_2E_2\cos\theta_2=\sigma_1E_1\cos\theta_1$$

由此得

$$\frac{\tan\theta_2}{\tan\theta_1}=\frac{\sigma_2}{\sigma_1}$$

1.13 试用边值关系证明:在绝缘介质与导体的分界面上,在静电情况下,导体外表面的电场线总是垂直于导体表面;在恒定电流情况下,导体内表面的电场线总是平行于导体表面.

【证】 设导体表面自由电荷面密度为 σ_f,由边值关系 $D_{2n}-D_{1n}=\sigma_f,E_{2t}=E_{1t}$,令介质 1 为导体,介质 2 为绝缘体,静电导体内 $\boldsymbol{E}_1=0,\boldsymbol{D}_1=0$,由上述两式得

导体外表面

$$D_{2n}=\sigma_f,\quad E_{2t}=0$$

若导体外的介质是线性均匀的,即 $\boldsymbol{D}_2=\varepsilon\boldsymbol{E}_2$,便有

$$\boldsymbol{E}_2=\frac{\boldsymbol{D}_2}{\varepsilon}=\frac{\sigma_f}{\varepsilon}\boldsymbol{e}_n$$

即导体外表面的 $\boldsymbol{E}$ 线与其表面垂直.电流恒定时,边值关系为 $E_{2t}=E_{1t}$, $J_{2n}=J_{1n}$,仍设介质 1 为导体,介质 2 为绝缘体,即 $\boldsymbol{J}_2=0$,若导体是线性均匀的,即 $\boldsymbol{J}_1=\sigma\boldsymbol{E}_1$,于是导体内表面

$$J_{1n}=\sigma E_{1n}=0,\quad E_{1n}=0$$

即导体内表面 $\boldsymbol{E}$ 只有切向分量 E_t,$\boldsymbol{E}$ 线平行于其表面.

1.14 内外电极的截面半径分别为 a 和 b 的无限长圆柱形电容器,单位长度荷电为 λ_f,两极间填充电导率为 σ 的非磁性物质.

(1) 证明在介质中任何一点传导电流与位移电流严格抵消,因此内部无磁场;

(2) 求 λ_f 随时间衰减的规律;

(3) 求与轴相距为 r 的地方的能量耗散功率密度;

(4) 求长度为 l 的一段介质总的能量耗散功率,并证明它等于这段的电场能量减少率.

【解】 按题意电容器外部无电场.若内部介质线性均匀,便有 $\boldsymbol{D}=\varepsilon\boldsymbol{E}$.以圆柱中心轴为 z 轴,由对称性,利用高斯定理可求得介质中

$$\boldsymbol{D}=\frac{\lambda_f}{2\pi r}\boldsymbol{e}_r,\quad \boldsymbol{E}=\frac{\boldsymbol{D}}{\varepsilon}=\frac{\lambda_f}{2\pi\varepsilon r}\boldsymbol{e}_r \tag{1}$$

介质内传导电流密度和位移电流密度分别为

$$\boldsymbol{J}_f=\sigma\boldsymbol{E}=\frac{\sigma\lambda_f}{2\pi\varepsilon r}\boldsymbol{e}_r,\quad \boldsymbol{J}_D=\frac{\partial\boldsymbol{D}}{\partial t}=\frac{1}{2\pi r}\frac{\partial\lambda_f}{\partial t}\boldsymbol{e}_r \tag{2}$$

将(2)的两式均求散度,并由场方程和电流连续性方程

$$\nabla\cdot\boldsymbol{D}=\rho_f,\quad \nabla\cdot\boldsymbol{J}_f+\frac{\partial\rho_f}{\partial t}=0 \tag{3}$$

得电极上自由电荷密度的时变率:

$$\frac{\partial\lambda_f}{\partial t}=-\frac{\sigma}{\varepsilon}\lambda_f \tag{4}$$

将(4)式代入(2)的第二式,再与 $\boldsymbol{J}_f$ 相加,得介质内任何一点任意时刻均有

$$\boldsymbol{J}_f+\frac{\partial\boldsymbol{D}}{\partial t}=0 \tag{5}$$

因介质是非磁性的,即 $\boldsymbol{B}=\mu_0\boldsymbol{H}$,故任何一点,任意时刻磁场旋度方程均为

$$\nabla\times\boldsymbol{B}=\mu_0\,\nabla\times\boldsymbol{H}=\mu_0\left(\boldsymbol{J}_{\mathrm{f}}+\frac{\partial\boldsymbol{D}}{\partial t}\right)=0 \tag{6}$$

可知电容器内无磁场.将(4)式分离变量后积分,得任意时刻 t 电极上的电荷密度:

$$\lambda_{\mathrm{f}}(t)=\lambda_{\mathrm{f}}(0)\mathrm{e}^{-\frac{\sigma}{\varepsilon}t} \tag{7}$$

其中 $\lambda_{\mathrm{f}}(0)$ 是 $t=0$ 时电极的自由电荷密度.可见因介质漏电,电极的电荷随时间按指数规律衰减.介质中电流热效应引起的能量耗散功率密度为

$$p=\boldsymbol{J}_{\mathrm{f}}\cdot\boldsymbol{E}=\sigma E^2=\sigma(\lambda_{\mathrm{f}}/2\pi\varepsilon r)^2 \tag{8}$$

长度为 l 的一段介质耗散的功率是

$$\int_a^b\sigma\left(\frac{\lambda_{\mathrm{f}}}{2\pi\varepsilon r}\right)^2 2\pi rl\mathrm{d}r=\frac{\sigma l\lambda_{\mathrm{f}}^2}{2\pi\varepsilon^2}\ln\frac{b}{a} \tag{9}$$

介质中场能量密度及其时变率为

$$w=\frac{1}{2}\boldsymbol{E}\cdot\boldsymbol{D},\quad \frac{\partial w}{\partial t}=-\sigma(\lambda_{\mathrm{f}}/2\pi\varepsilon r)^2 \tag{10}$$

长度为 l 的一段介质内场能量减少率为

$$-\int_V\frac{\partial w}{\partial t}\mathrm{d}V=\frac{\sigma l\lambda_{\mathrm{f}}^2}{2\pi\varepsilon^2}\ln\frac{b}{a} \tag{11}$$

(9)式和(11)式表明,电流热效应耗散的能量全部由电场能转化.

补　充　题

1.15　证明:$\nabla\cdot\dfrac{\boldsymbol{r}}{r^3}=4\pi\delta(\boldsymbol{x}-\boldsymbol{x}')$.

【证】 1.3 题已证明,在 $r\neq0$ 即 $\boldsymbol{x}\neq\boldsymbol{x}'$ 处,$\nabla\cdot(\boldsymbol{r}/r^3)=0$,但在 $r=0$ 处其值是无穷大的,即它是一个 δ 函数.取以 $r=0$ 点为中心,半径 $r\to0$ 的小球面,由高斯定理,及球面元矢量 $\mathrm{d}\boldsymbol{S}=r^2\sin\theta\mathrm{d}\theta\mathrm{d}\varphi\,\boldsymbol{e}_r$,有

$$\int_V\nabla\cdot\frac{\boldsymbol{r}}{r^3}\mathrm{d}V=\oint_S\frac{\boldsymbol{r}}{r^3}\cdot\mathrm{d}\boldsymbol{S}=4\pi$$

又由附录(Ⅳ.4)式和(Ⅳ.5)式关于三维 δ 函数的定义,有

$$\int_V 4\pi\delta(\boldsymbol{x}-\boldsymbol{x}')\mathrm{d}V=4\pi\quad(\text{当 }\boldsymbol{x}'\text{ 在 }V\text{ 内})$$

因此

$$\nabla\cdot\frac{\boldsymbol{r}}{r^3}=4\pi\delta(\boldsymbol{x}-\boldsymbol{x}')$$

1.16　根据库仑定律,求出静电场的两个微分方程.

【解】设体积 V 内电荷密度为 $\rho(\boldsymbol{x}')$，据库仑定律，任一点 $\boldsymbol{x}$ 的电场强度为

$$\boldsymbol{E}(\boldsymbol{x})=\frac{1}{4\pi\varepsilon_0}\int_V\frac{\rho(\boldsymbol{x}')\boldsymbol{r}}{r^3}\mathrm{d}V' \tag{1}$$

对(1)式求场点的散度，注意到场算符∇不作用于 $\rho(\boldsymbol{x}')$，于是得

$$\begin{aligned}\nabla\cdot\boldsymbol{E}(\boldsymbol{x})&=\frac{1}{4\pi\varepsilon_0}\int_V\rho(\boldsymbol{x}')\nabla\cdot\frac{\boldsymbol{r}}{r^3}\mathrm{d}V'\\&=\frac{1}{4\pi\varepsilon_0}\int_V\rho(\boldsymbol{x}')4\pi\delta(\boldsymbol{x}-\boldsymbol{x}')\mathrm{d}V'\\&=\rho(\boldsymbol{x})/\varepsilon_0\end{aligned} \tag{2}$$

其中已利用了 δ 函数的性质(附录Ⅳ.6 式).再对(1)式求场点的旋度，由$\nabla\times(\boldsymbol{r}/r^3)=0$，立得

$$\nabla\times\boldsymbol{E}(\boldsymbol{x})=0 \tag{3}$$

1.17 根据毕奥-萨伐尔定律，求出稳恒磁场的两个微分方程.

【解】设体积 V 内电流密度为 $\boldsymbol{J}(\boldsymbol{x}')$，据毕奥-萨伐尔定律，任一点 $\boldsymbol{x}$ 的磁感应强度为

$$\boldsymbol{B}(\boldsymbol{x})=\frac{\mu_0}{4\pi}\int_V\frac{\boldsymbol{J}(\boldsymbol{x}')\times\boldsymbol{r}}{r^3}\mathrm{d}V' \tag{1}$$

对(1)式求场点的散度，注意到场算符∇不作用于 $\boldsymbol{J}(\boldsymbol{x}')=\boldsymbol{J}$，有

$$\nabla\cdot\boldsymbol{B}(\boldsymbol{x})=-\frac{\mu_0}{4\pi}\int_V\boldsymbol{J}\cdot\left(\nabla\times\frac{\boldsymbol{r}}{r^3}\right)\mathrm{d}V'=0 \tag{2}$$

再对(1)式求场点的旋度，得

$$\begin{aligned}\nabla\times\boldsymbol{B}(\boldsymbol{x})&=\frac{\mu_0}{4\pi}\int_V\left[-(\boldsymbol{J}\cdot\nabla)\frac{\boldsymbol{r}}{r^3}+\boldsymbol{J}\left(\nabla\cdot\frac{\boldsymbol{r}}{r^3}\right)\right]\mathrm{d}V'\\&=\frac{\mu_0}{4\pi}\int_V\left[-(\boldsymbol{J}\cdot\nabla)\frac{\boldsymbol{r}}{r^3}\right]\mathrm{d}V'+\mu_0\boldsymbol{J}(\boldsymbol{x})\end{aligned} \tag{3}$$

右方第二项已利用了$\nabla\cdot(\boldsymbol{r}/r^3)$的 δ 函数性质.下面证明(3)式右方第一项为零.由算符代换关系$\nabla\to-\nabla'$，有

$$\begin{aligned}-(\boldsymbol{J}\cdot\nabla)\frac{\boldsymbol{r}}{r^3}&=(\boldsymbol{J}\cdot\nabla')\frac{\boldsymbol{r}}{r^3}\\&=\nabla'\cdot\left(\boldsymbol{J}\frac{\boldsymbol{r}}{r^3}\right)-(\nabla'\cdot\boldsymbol{J})\frac{\boldsymbol{r}}{r^3}\\&=\nabla'\cdot\left(\boldsymbol{J}\frac{\boldsymbol{r}}{r^3}\right)\end{aligned}$$

由于电流恒定，故$\nabla'\cdot\boldsymbol{J}=0$.于是(3)式右方第一项的积分

$$\int_V \left[-(\boldsymbol{J}\cdot\nabla)\frac{\boldsymbol{r}}{r^3}\right]\mathrm{d}V' = \int_V \nabla'\cdot\left(\boldsymbol{J}\frac{\boldsymbol{r}}{r^3}\right)\mathrm{d}V'$$

$$= \oint_S \mathrm{d}\boldsymbol{S}'\cdot\left(\boldsymbol{J}\frac{\boldsymbol{r}}{r^3}\right) = 0$$

这是因为电流恒定意味着界面 S 上电流法向分量 $J_n=0$.于是(3)式为

$$\nabla\times\boldsymbol{B}(\boldsymbol{x}) = \mu_0\boldsymbol{J}(\boldsymbol{x}) \tag{4}$$

1.18 如图 1.2 所示,平行板电容器由两块很薄的圆形极板组成,两极板之间通过与对称轴重合的导线供以电流 $I=I_0\cos\omega t$,极板半径为 a,相互距离为 d,假定 $d\ll a\ll c/\omega$(c 是光速).求:

(1) 电容器内部和外部的电磁场;

(2) 极板上的面电流分布.

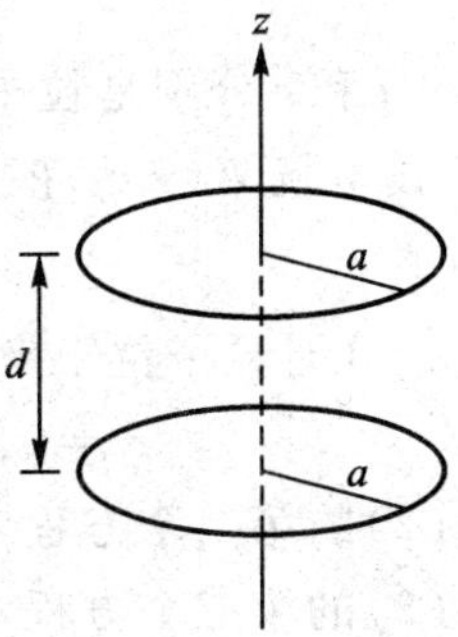

图 1.2 (1.18 题)

【解】 电流的振动使电磁场以角频率 ω 波动,波长为 $\lambda=2\pi c/\omega$,由于 $d\ll a\ll c/\omega$,电容器内部及附近的场为似稳场,故可略去推迟效应.令 z 轴为对称轴,如图 1.2.设 $t=0$ 时极板电荷量为零,由 $I=\mathrm{d}q/\mathrm{d}t$,得极板任意时刻 t 的带电荷量:

$$q=\int_0^t I\mathrm{d}t=\int_0^t I_0\cos\omega t\mathrm{d}t=\frac{I_0}{\omega}\sin\omega t$$

因 $d\ll a$,故可略去边缘效应,电容器内部的电场近似为均匀的轴向场

$$\boldsymbol{E}_1=\frac{\sigma}{\varepsilon_0}\boldsymbol{e}_z=\frac{q}{\varepsilon_0\pi a^2}\boldsymbol{e}_z=\frac{I_0}{\varepsilon_0\pi a^2\omega}\sin\omega t\boldsymbol{e}_z$$

由对称性,这电场激发的磁场只有 $\boldsymbol{e}_\phi$ 分量,由方程

$$\nabla\times\boldsymbol{B}=\mu_0\varepsilon_0\frac{\partial\boldsymbol{E}}{\partial t}$$

的积分形式

$$\oint_L \boldsymbol{B}\cdot\mathrm{d}\boldsymbol{l}=\mu_0\varepsilon_0\int_S\frac{\partial\boldsymbol{E}}{\partial t}\cdot\mathrm{d}\boldsymbol{S}$$

取以对称轴为中心,半径为 r 的圆周为积分路径 L,得电容器内部的磁场

$$\boldsymbol{B}_1=\frac{\mu_0 I_0 r}{2\pi a^2}\cos\omega t\boldsymbol{e}_\phi$$

$d\ll a$ 也意味着外部的磁场可近似地看成由供电导线的电流产生,由似稳条件,用安培环路定理求得

$$\boldsymbol{B}_2=\frac{\mu_0 I_0}{2\pi r}\cos\omega t\boldsymbol{e}_\phi$$

可以看到极板内外两边的磁场是不连续的,这是由于极板上分布着面电流

$$\boldsymbol{\alpha}_{\mathrm{f}}=\boldsymbol{e}_z\times(\boldsymbol{H}_2-\boldsymbol{H}_1)=-\frac{I_0}{2\pi}\left(\frac{1}{r}-\frac{r}{a^2}\right)\cos\omega t\boldsymbol{e}_r$$

这电流在整个极板上从中心到边缘沿着径向振动，这是可以预期的结果.

1.19　电荷为 e 的粒子以初速度 $\boldsymbol{v}_0$ 进入互相垂直的均匀电磁场，设 $\boldsymbol{v}_0$ 与电场和磁场都垂直，求粒子的非相对论运动轨迹（略去粒子加速运动产生的辐射）.

【解】 在非相对论运动（即速度远小于光速 c）情形下，粒子质量 m 可近似地视为常数，据经典力学，粒子运动方程为

$$m\ddot{\boldsymbol{r}}=e(\boldsymbol{E}+\dot{\boldsymbol{r}}\times\boldsymbol{B})\tag{1}$$

其中 $\dot{\boldsymbol{r}}$ 和 $\ddot{\boldsymbol{r}}$ 分别是粒子位置矢量对时间的一阶和二阶导数，即粒子的速度和加速度.设电场 $\boldsymbol{E}=E\boldsymbol{e}_x$，磁场 $\boldsymbol{B}=B\boldsymbol{e}_y$，则 $\boldsymbol{v}_0=v_0\boldsymbol{e}_z$，于是从方程(1)有

$$m\ddot{x}=e(E-B\dot{z}),\quad m\ddot{y}=0,\quad m\ddot{z}=eB\dot{x}\tag{2}$$

令 $t=0$ 时粒子位于坐标原点，即初条件为

$$x_0=0,\quad y_0=0,\quad z_0=0;\quad \dot{x}_0=0,\quad \dot{y}_0=0,\quad \dot{z}_0=v_0\tag{3}$$

将(2)的第二个方程对时间积分并利用初条件，得 $y=0$，即粒子不在 y 方向运动.将(2)的第三个方程对时间积分一次并利用初条件，得

$$\dot{z}=\frac{eB}{m}x+v_0\tag{4}$$

将它代入(2)的第一个方程，得

$$\ddot{x}+\frac{e^2B^2}{m^2}x=\frac{e(E-v_0B)}{m}\tag{5}$$

这方程的通解，是它的一个特解 $x_1=m(E-v_0B)/eB^2$ 与其齐次方程的通解 x_2 之叠加，而齐次方程是一个形如 $\ddot{x}+\omega^2x=0$ 的一维振子方程，其解是角频率为 $\omega=eB/m$ 的简谐振动，即方程(5)的通解为

$$x=x_1+x_2=\frac{m(E-v_0B)}{eB^2}+A\cos\left(\frac{eB}{m}t+\phi_0\right)\tag{6}$$

A 为振动的振幅，ϕ_0 为初相位.由初条件得 $A=-m(E-v_0B)/eB^2$，$\phi_0=0$，即有

$$x=\frac{m(E-v_0B)}{eB^2}\left(1-\cos\frac{eB}{m}t\right)\tag{7}$$

可见这方向上振动的平衡位置为 $x=m(E-v_0B)/eB^2$.将(7)代入(4)后对时间积分，由初条件得

$$z=\frac{E}{B}t-\frac{m(E-v_0B)}{eB^2}\sin\frac{eB}{m}t\tag{8}$$

即 z 方向是匀速运动与简谐振动的叠加，但与 x 方向的振动有相位差 $\pi/2$.(7)和(8)两式表明，当 $E\neq v_0B$，粒子轨迹是 xz 平面的一条摆线，若 $E=v_0B$，粒子将

在 z 方向以 $v_0=E/B$ 匀速运动.

1.20 证明麦克斯韦方程组的完备性.即对于任何区域 V,只要给定:

(1) V 内电荷电流分布;

(2) 初始条件,即 $t=0$ 时 V 内所有点的 $\boldsymbol{E}(\boldsymbol{x},0)$ 和 $\boldsymbol{B}(\boldsymbol{x},0)$ 值;

(3) 边界条件,即任意时刻 V 的边界面 S 上的 $\boldsymbol{E}_S$ 和 $\boldsymbol{B}_S$ 值.

则 V 内麦克斯韦方程组的解完全确定.

【证】设 V 内有两组可能的解 $(\boldsymbol{E}_1,\boldsymbol{B}_1)$ 和 $(\boldsymbol{E}_2,\boldsymbol{B}_2)$,令

$$\boldsymbol{E}_2-\boldsymbol{E}_1=\boldsymbol{E}',\quad \boldsymbol{B}_2-\boldsymbol{B}_1=\boldsymbol{B}' \tag{1}$$

需要证明,V 内任何一点 $\boldsymbol{x}$ 任意时刻 t 均有 $\boldsymbol{E}'(\boldsymbol{x},t)=\boldsymbol{B}'(\boldsymbol{x},t)=0$.因 V 内 ρ 和 $\boldsymbol{J}$ 已给定,将 $(\boldsymbol{E}_1,\boldsymbol{B}_1)$ 和 $(\boldsymbol{E}_2,\boldsymbol{B}_2)$ 分别代入麦克斯韦方程组:

$$\nabla\cdot\boldsymbol{E}=\rho/\varepsilon_0,\quad \nabla\times\boldsymbol{E}=-\frac{\partial\boldsymbol{B}}{\partial t}$$

$$\nabla\cdot\boldsymbol{B}=0,\quad \nabla\times\boldsymbol{B}=\mu_0\boldsymbol{J}+\frac{1}{c^2}\frac{\partial\boldsymbol{E}}{\partial t} \tag{2}$$

并由(1),得 V 内 $(\boldsymbol{E}',\boldsymbol{B}')$ 场遵从的方程为

$$\nabla\cdot\boldsymbol{E}'=0,\quad \nabla\times\boldsymbol{E}'=-\frac{\partial\boldsymbol{B}'}{\partial t}$$

$$\nabla\cdot\boldsymbol{B}'=0,\quad \nabla\times\boldsymbol{B}'=\frac{1}{c^2}\frac{\partial\boldsymbol{E}'}{\partial t} \tag{3}$$

由能量守恒原理,$(\boldsymbol{E}',\boldsymbol{B}')$ 场单位时间从 V 的界面 S 流出的能量,应等于它在 V 内能量的减少率,即

$$\oint_S\frac{1}{\mu_0}(\boldsymbol{E}'\times\boldsymbol{B}')\cdot\mathrm{d}\boldsymbol{S}=-\frac{\mathrm{d}}{\mathrm{d}t}\int_V\frac{1}{2}\left(\varepsilon_0E'^2+\frac{B'^2}{\mu_0}\right)\mathrm{d}V \tag{4}$$

但界面 S 的场值已给定,即 $\boldsymbol{E}_{1S}=\boldsymbol{E}_{2S}$,$\boldsymbol{B}_{1S}=\boldsymbol{B}_{2S}$,故界面上任意时刻均有 $\boldsymbol{E}'_S=\boldsymbol{B}'_S=0$,即(4)式应当是

$$\frac{\mathrm{d}}{\mathrm{d}t}\int_V\frac{1}{2}\left(\varepsilon_0E'^2+\frac{B'^2}{\mu_0}\right)\mathrm{d}V=0 \tag{5}$$

可知 V 内 $(\boldsymbol{E}',\boldsymbol{B}')$ 场的能量是与时间 t 无关的常量.而 $t=0$ 时 V 内所有点的场值已给定,即 $\boldsymbol{E}_1(\boldsymbol{x},0)=\boldsymbol{E}_2(\boldsymbol{x},0)$,$\boldsymbol{B}_1(\boldsymbol{x},0)=\boldsymbol{B}_2(\boldsymbol{x},0)$,故 $t=0$ 时 V 内所有点上 $\boldsymbol{E}'=\boldsymbol{B}'=0$,因此初时刻 V 内 $(\boldsymbol{E}',\boldsymbol{B}')$ 场的能量为零,由能量守恒,任意时刻 V 内 $(\boldsymbol{E}',\boldsymbol{B}')$ 场的能量也为零,这意味 V 内任何一点任意时刻均有

$$\boldsymbol{E}'(\boldsymbol{x},t)=\boldsymbol{B}'(\boldsymbol{x},t)=0 \tag{6}$$

即 V 内麦克斯韦方程组有完全确定的解.当 V 为全空间,这结论自然也成立.

1.21 求稳恒条件下,各向同性线性均匀介质内磁化电流密度 $\boldsymbol{J}_{\mathrm{M}}$ 与传导电流密度 $\boldsymbol{J}_{\mathrm{f}}$ 的关系.

【解】各向同性线性均匀介质的磁导率 μ 是与坐标无关的常量,由

$\boldsymbol{B}=\mu\boldsymbol{H}=\mu_0(\boldsymbol{H}+\boldsymbol{M})$和稳恒磁场方程$\nabla\times\boldsymbol{H}=\boldsymbol{J}_{\mathrm{f}}$，有

$$\boldsymbol{J}_{\mathrm{M}}=\nabla\times\boldsymbol{M}=\left(\frac{\mu}{\mu_0}-1\right)\nabla\times\boldsymbol{H}=\left(\frac{\mu}{\mu_0}-1\right)\boldsymbol{J}_{\mathrm{f}}$$

1.22 求各向同性线性均匀导体内自由电荷密度随时间变化的规律.

【解】 各向同性线性均匀导体内 $\boldsymbol{D}=\varepsilon\boldsymbol{E},\boldsymbol{J}_{\mathrm{f}}=\sigma\boldsymbol{E}$，由场方程$\nabla\cdot\boldsymbol{D}=\rho_{\mathrm{f}}$ 和电流连续性方程$\nabla\cdot\boldsymbol{J}_{\mathrm{f}}+\partial\rho_{\mathrm{f}}/\partial t=0$，得

$$\frac{\partial\rho_{\mathrm{f}}}{\partial t}=-\nabla\cdot\boldsymbol{J}_{\mathrm{f}}=-\sigma\nabla\cdot\boldsymbol{E}=-\frac{\sigma}{\varepsilon}\rho_{\mathrm{f}}$$

由此可解出任意时刻导体内部 $\boldsymbol{x}$ 处自由电荷体密度为

$$\rho_{\mathrm{f}}(\boldsymbol{x},t)=\rho_{\mathrm{f}}(\boldsymbol{x},0)\,\mathrm{e}^{-\frac{\sigma}{\varepsilon}t}$$

其中 $\rho_{\mathrm{f}}(\boldsymbol{x},0)$ 为 $t=0$ 时该处自由电荷体密度.可见各向同性线性均匀导体内自由电荷体密度随时间按指数规律衰减，这是因为自由电荷互相排斥所致，导体的电导率 σ 越高，特征时间常数 $\tau=\varepsilon/\sigma$ 越小，衰减越快.因此自由电荷只能分布于线性均匀导体表面的薄层中，对于静电场中的理想导体，这结论自然成立.

1.23 证明：静电场中导体表面受到的应力总是法向张力，作用于单位面积上的力等于电场能量密度.

【证】 静电导体内部电场为零，导体外表面场强 $\boldsymbol{E}=E\boldsymbol{e}_{\mathrm{n}},\boldsymbol{e}_{\mathrm{n}}$ 是导体表面外法向的单位矢量，因此导体表面单位面积受到的静电应力为

$$\boldsymbol{f}_S=-\boldsymbol{e}_{\mathrm{n}}\cdot\overleftrightarrow{T}=-\boldsymbol{e}_{\mathrm{n}}\cdot\left(-\varepsilon_0\boldsymbol{E}\boldsymbol{E}+\frac{1}{2}\varepsilon_0E^2\overleftrightarrow{I}\right)=\frac{1}{2}\varepsilon_0E^2\boldsymbol{e}_{\mathrm{n}}$$

这是一个使导体倾向于膨胀的力，数值上等于导体表面电场能量密度 $w=\varepsilon_0E^2/2$.

1.24 当两种介质分界面没有传导电流时，

(1) 求界面 $\boldsymbol{B}$ 线曲折的表达式；

(2) 证明高 μ 值磁性体内表面的 $\boldsymbol{B}$ 线几乎与其表面平行，表面受到的磁应力是压力.

【解】 因介质分界面没有传导电流，边值关系为

$$B_{2\mathrm{n}}=B_{1\mathrm{n}},\quad H_{2\mathrm{t}}=H_{1\mathrm{t}}$$

设 $\boldsymbol{B}_1=\mu_1\boldsymbol{H}_1,\boldsymbol{B}_2=\mu_2\boldsymbol{H}_2,\theta_1$ 和 θ_2 为界面两边 $\boldsymbol{B}$ 线与法向 $\boldsymbol{e}_{\mathrm{n}}$ 的夹角，则上述两式为

$$B_2\cos\theta_2=B_1\cos\theta_1,\quad B_2\sin\theta_2/\mu_2=B_1\sin\theta_1/\mu_1$$

于是得界面两边 $\boldsymbol{B}$ 线曲折的表达式：

$$\frac{\tan\theta_2}{\tan\theta_1}=\frac{\mu_2}{\mu_1}$$

当 $\mu_2=\mu_0,\mu_1\gg\mu_0$，有 $\theta_1\approx\pi/2,\theta_2\approx0$，即高 μ 值磁性体内表面的 $\boldsymbol{B}$ 线几乎与其

表面平行,漏向外部的 $\boldsymbol{B}$ 线几乎与界面垂直.当 $\mu_1/\mu_2\to\infty$,介质 1 几乎不会向外漏磁,其内表面的 $\boldsymbol{B}$ 只有切向分量 B_t.以 $\boldsymbol{e}_n$ 表示磁性体表面外法向单位矢量,于是其表面单位面积受到的磁应力为

$$\boldsymbol{f}_S=-\boldsymbol{e}_n\cdot\overleftrightarrow{T}=-\boldsymbol{e}_n\cdot\left(-\frac{1}{\mu}\boldsymbol{BB}+\frac{B^2}{2\mu}\overleftrightarrow{I}\right)=-\frac{B^2}{2\mu}\boldsymbol{e}_n$$

负号表明这是压力,数值上等于表面磁能密度 $w=B^2/2\mu$.

1.25 证明导线中电流热效应损耗的能量,等于其表面流进的电磁能量.

【证】 设导线无限长,截面半径为 a,以 z 轴为对称轴,电流密度 $\boldsymbol{J}_f=J_f\boldsymbol{e}_z$,总电流 $I=\pi a^2J_f$.由欧姆定律 $\boldsymbol{J}_f=\sigma\boldsymbol{E}$ 和安培环路定理,可求出

$$\boldsymbol{E}=\frac{J_f}{\sigma}\boldsymbol{e}_z,\quad \boldsymbol{H}=\frac{Ir}{2\pi a^2}\boldsymbol{e}_\phi\quad (r\leqslant a)$$

$$\boldsymbol{H}=\frac{I}{2\pi r}\boldsymbol{e}_\phi\quad (r>a)$$

$r=a$ 处即导线表面的能流密度为

$$\boldsymbol{S}=\boldsymbol{E}\times\boldsymbol{H}=-\frac{I^2}{2\pi^2\sigma a^3}\boldsymbol{e}_r$$

方向 $-\boldsymbol{e}_r$ 表明能量向导线内部流动.单位时间流进长度为 l 的一段导线的能量为

$$-\int_S\boldsymbol{S}\cdot\mathrm{d}\boldsymbol{s}=\frac{I^2}{2\pi^2\sigma a^3}2\pi al=\frac{I^2l}{\sigma\pi a^2}$$

导体内电流热效应损耗的功率密度为 $\boldsymbol{E}\cdot\boldsymbol{J}_f=\sigma E^2$,这段导线损耗的总功率为

$$P=\sigma E^2\pi a^2l=\frac{I^2l}{\sigma\pi a^2}=I^2R$$

它正好等于单位时间流进这段导线的能量,其中 $R=l/\sigma\pi a^2$ 是这段导线的电阻.

1.26 若自由磁荷(磁单极)存在,试猜想应当怎样改写麦克斯韦方程组?

【解】 由于迄今仍未发现自由磁荷存在的可靠证据,电荷被认为是电磁场唯一的激发源,故麦克斯韦方程组为

$$\nabla\cdot\boldsymbol{E}=\rho_e/\varepsilon_0,\quad \nabla\times\boldsymbol{E}=-\frac{\partial\boldsymbol{B}}{\partial t}$$

$$\nabla\cdot\boldsymbol{B}=0,\quad \nabla\times\boldsymbol{B}=\mu_0\boldsymbol{J}_e+\frac{1}{c^2}\frac{\partial\boldsymbol{E}}{\partial t}$$

ρ_e 为电荷密度,$\boldsymbol{J}_e$ 为电流密度.这组方程隐含着电流连续性方程,只要对磁场的旋度方程求散度,而$\nabla\cdot(\nabla\times\boldsymbol{B})=0$,并由电场的散度方程,便得到

$$\nabla\cdot\boldsymbol{J}_e+\frac{\partial\rho_e}{\partial t}=0$$

若自由磁荷存在，设其密度为 ρ_m，磁场的散度方程便应改为 $\nabla\cdot\boldsymbol{B}=\rho_m$；但这时若对电场的旋度方程求散度，左方给出 $\nabla\cdot(\nabla\times\boldsymbol{E})=0$，而右方则给出 $-\partial\rho_m/\partial t$，因此这方程也必须修改.设磁荷运动形成的磁流密度为 $\boldsymbol{J}_m$，它也应当遵从连续性方程（即磁荷守恒）：

$$\nabla\cdot\boldsymbol{J}_m+\frac{\partial\rho_m}{\partial t}=0$$

因而电场旋度方程应当修改成 $\nabla\times\boldsymbol{E}=-\boldsymbol{J}_m-\partial\boldsymbol{B}/\partial t$. 考虑到真空中 $\boldsymbol{D}=\varepsilon_0\boldsymbol{E}$，$\boldsymbol{B}=\mu_0\boldsymbol{H}$，麦克斯韦方程组可修改成

$$\nabla\cdot\boldsymbol{D}=\rho_e,\quad \nabla\times\boldsymbol{E}=-\boldsymbol{J}_m-\frac{\partial\boldsymbol{B}}{\partial t}$$

$$\nabla\cdot\boldsymbol{B}=\rho_m,\quad \nabla\times\boldsymbol{H}=\boldsymbol{J}_e+\frac{\partial\boldsymbol{D}}{\partial t}$$

从源和场两方面看，这组方程都显示出十分优美的对称性.

第二章 静 电 场

要 点 概 述

2.1 静电场和静电势

静止电荷产生静电场，电荷和电场的分布均与时间无关，场方程为

$$\nabla \cdot \boldsymbol{E}=\rho/\varepsilon_0, \quad \nabla\times\boldsymbol{E}=0 \tag{2.1}$$

无旋性的积分形式表明静电场为保守力场，它对电荷作的功与路径无关，只与电荷的始末位置有关，故可引入标势函数 φ，使

$$\boldsymbol{E}=-\nabla\varphi \tag{2.2}$$

任意两点 $\boldsymbol{x}$ 与 $\boldsymbol{x}_0$ 之间的电势差，等于电场将单位正电荷从 $\boldsymbol{x}$ 点移至 $\boldsymbol{x}_0$ 点作的功：

$$\varphi(\boldsymbol{x})-\varphi(\boldsymbol{x}_0)=\int_x^{x_0}\boldsymbol{E}\cdot\mathrm{d}\boldsymbol{l} \tag{2.3}$$

因此，用电势描述电场时，必须选择电势零点.如令 $\varphi(\boldsymbol{x}_0)=0$，则任一点 $\boldsymbol{x}$ 的电势

$$\varphi(\boldsymbol{x})=\int_x^{x_0}\boldsymbol{E}\cdot\mathrm{d}\boldsymbol{l} \tag{2.4}$$

就表示单位电荷在该点的静电势能，此时 φ 的空间分布才构成有明确意义的标量场.当电荷分布于有限区域时，通常以无穷远即 $\boldsymbol{x}_0=\infty$ 为电势零点.将(2.2)式代入(2.1)第一式，得电势的泊松方程：

$$\nabla^2\varphi=-\rho/\varepsilon_0 \tag{2.5}$$

这方程在无界空间中的解为

$$\varphi(\boldsymbol{x})=\int_V\frac{\rho(\boldsymbol{x}')}{4\pi\varepsilon_0 r}\mathrm{d}V' \tag{2.6}$$

其中无穷远处为电势零点，积分遍及电荷分布区域 V.对此式取场点的负梯度即给出(1.4)式.若电荷分布函数 $\rho(\boldsymbol{x}')$ 给定，由(2.6)式便可求出电势，再由(2.2)式求出电场.若电场已经求出，则由(2.4)式便可求出电势.如果已知电场或电势分布，由(2.1)的第一式，或泊松方程(2.5)式，可求出电荷分布.

2.2 电势多极展开

任何一个电荷系统在其外部的电场,原则上均可表示成一系列多极矩场的叠加(例如,参见本章习题 2.12).对于电荷系统在远处的场,(2.6)式的级数展开式为

$$\varphi(\boldsymbol{x})=\frac{1}{4\pi\varepsilon_0}\left[\frac{q}{R}+\frac{\boldsymbol{p}\cdot\boldsymbol{R}}{R^3}+\frac{1}{6}\sum_{i,j=1}^{3}\mathscr{D}_{ij}\frac{\partial^2}{\partial x_i\partial x_j}\frac{1}{R}+\cdots\right]$$
$$=\varphi^{(0)}+\varphi^{(1)}+\varphi^{(2)}+\cdots \qquad (2.7)$$

$R=|\boldsymbol{x}|$ 是坐标原点到场点的距离,这级数一般地包含各级多极矩的电势,前三项为

$$\varphi^{(0)}(\boldsymbol{x})=\frac{q}{4\pi\varepsilon_0 R}\quad(\text{单极项},\sim 1/R) \qquad (2.8)$$

$$\varphi^{(1)}(\boldsymbol{x})=\frac{\boldsymbol{p}\cdot\boldsymbol{R}}{4\pi\varepsilon_0 R^3}\quad(\text{偶极项},\sim 1/R^2) \qquad (2.9)$$

$$\varphi^{(2)}(\boldsymbol{x})=\frac{1}{24\pi\varepsilon_0}\sum_{i,j=1}^{3}\mathscr{D}_{ij}\frac{\partial^2}{\partial x_i\partial x_j}\frac{1}{R}\quad(\text{四极项},\sim 1/R^3) \qquad (2.10)$$

系统的净电荷量,电偶极矩和电四极矩分别由下面的积分给出

$$q=\int_V\rho(\boldsymbol{x}')\,\mathrm{d}V' \qquad (2.11)$$

$$\boldsymbol{p}=\int_V\rho(\boldsymbol{x}')\boldsymbol{x}'\,\mathrm{d}V' \qquad (2.12)$$

$$\mathscr{D}_{ij}=\int_V 3x_i'x_j'\rho(\boldsymbol{x}')\,\mathrm{d}V' \qquad (2.13)$$

单极项 $\varphi^{(0)}$ 有球对称性,相当于系统的净电荷量 q 集中于坐标原点时产生的电势.电偶极矩 $\boldsymbol{p}$ 的电场为

$$\boldsymbol{E}=-\nabla\varphi^{(1)}=\frac{1}{4\pi\varepsilon_0}\left[\frac{3(\boldsymbol{p}\cdot\boldsymbol{R})\boldsymbol{R}}{R^5}-\frac{\boldsymbol{p}}{R^3}\right] \qquad (2.14)$$

电四极矩也可定义为

$$\mathscr{D}_{ij}=\int_V(3x_i'x_j'-r'^2\delta_{ij})\rho(\boldsymbol{x}')\,\mathrm{d}V' \qquad (2.15)$$

其中 $r'=(x'^2+y'^2+z'^2)^{1/2}$ 是坐标原点到电荷分布点的距离.(2.13)和(2.15)定义的四极矩均为对称张量,即 $\mathscr{D}_{ji}=\mathscr{D}_{ij}$,但(2.15)满足 $\mathscr{D}_{xx}+\mathscr{D}_{yy}+\mathscr{D}_{zz}=0$,因此它只有 5 个独立分量.对同一个电荷系统,用这两个定义计算出的四极矩一般不同,但给出的四极矩电势是一样的.

电荷分布偏离球对称的系统必定出现多极矩,而各级极矩的电势按距离 R 的负幂次衰减,随着 R 的增加,高级极矩的电势比低级极矩的电势衰减得更迅速.因此任何电荷系统在其外部的场,均以其最低级极矩的场为主.从(2.12)可

看出,若电荷分布存在坐标原点的对称性,这系统的电偶极矩 $\boldsymbol{p}=0$;从(2.13)或(2.15)则可看出,若电荷分布存在坐标原点的反对称性,全部电四极矩分量 $\mathscr{D}_{ij}=0$.

2.3 静电场边值问题

在有不同介质分布的情形,已知电荷的电场将使介质出现极化电荷分布,或使导体出现感应电荷分布,这些电荷反过来又激发电场,总电场是所有电荷的电场之叠加.但极化电荷和感应电荷的分布是未知的,因此一般情况下不可能由积分式(2.6)求出电势,必须根据给定介质的电磁性质和边界条件,求解电势或电场的微分方程,这就是静电场边值问题.寻找这类问题解答的依据是唯一性定理,即

(1) 满足各求解区域内电势(或电场)的微分方程

(2) 并且满足相邻区域的边值关系,以及给定的边界条件

的解,是唯一的.因此,寻找边值问题解答的前提,是必须根据具体物理问题找出全部定解条件,再根据这些条件采用恰当的数学方法求解.

静电场方程和边值关系 在每一种连续分布的介质内,静电场方程为

$$\nabla\cdot\boldsymbol{D}=\rho_{\mathrm{f}},\quad \nabla\times\boldsymbol{E}=0 \tag{2.16}$$

若该区域内介质线性均匀,便有 $\boldsymbol{D}=\varepsilon\boldsymbol{E}$;若该区域为真空,有 $\boldsymbol{D}=\varepsilon_0\boldsymbol{E}$;若该区域是导体则 $\boldsymbol{E}=0$.在两种介质的分界面上,边值关系一般地为

$$\boldsymbol{e}_{\mathrm{n}}\cdot(\boldsymbol{D}_2-\boldsymbol{D}_1)=\sigma_{\mathrm{f}},\quad \boldsymbol{e}_{\mathrm{n}}\times(\boldsymbol{E}_2-\boldsymbol{E}_1)=0 \tag{2.17}$$

由电位移矢量的定义 $\boldsymbol{D}=\varepsilon_0\boldsymbol{E}+\boldsymbol{P}$,而一般情况下界面两边极化强度 $\boldsymbol{P}$ 的跃变关系为 $\boldsymbol{e}_{\mathrm{n}}\cdot(\boldsymbol{P}_2-\boldsymbol{P}_1)=-\sigma_{\mathrm{p}}$,故第一个边值关系与 $\boldsymbol{e}_{\mathrm{n}}\cdot(\boldsymbol{E}_2-\boldsymbol{E}_1)=(\sigma_{\mathrm{f}}+\sigma_{\mathrm{p}})/\varepsilon_0$ 等价.σ_{f} 是界面的自由电荷面密度,σ_{p} 是极化(束缚)电荷面密度.在绝缘介质的分界面上,一般有 $\sigma_{\mathrm{f}}=0$.

静电势方程和边值关系 若区域 V_i 内介质线性均匀,电容率为 ε_i,由场方程(2.16),此区域内的电势方程为

$$\nabla^2\varphi=-\rho_{\mathrm{f}}/\varepsilon_i\quad(\text{或}\nabla^2\varphi=0,\text{当}\ \rho_{\mathrm{f}}=0) \tag{2.18}$$

在线性均匀介质分布区域 V_j 与 V_i 的界面 S 上,由(2.17)得边值关系:

$$-\varepsilon_j\frac{\partial\varphi_j}{\partial n}+\varepsilon_i\frac{\partial\varphi_i}{\partial n}=\sigma_{\mathrm{f}},\quad \varphi_j=\varphi_i \tag{2.19}$$

由于静电场中的导体内部 $\boldsymbol{E}=0$,故导体是等势体,其表面为等势面,因此有导体存在时,必须给定每个导体的电势,或给定每个导体所带的净电荷量.

只有满足每个求解区域内的泊松方程或拉普拉斯方程(2.18),在界面 S 上又满足(2.19),以及给定的边界条件

$$\varphi|_S(\text{第一类边值})\quad\text{或}\quad\partial\varphi/\partial n|_S(\text{第二类边值}) \tag{2.20}$$

的电势解,才是决定这区域内电场唯一的正确解.

维持恒定电流的电场——稳恒电场也是静电场,可令 $\boldsymbol{E}=-\nabla\varphi$.若导电介质是分区线性均匀的,则由方程 $\nabla\cdot\boldsymbol{J}=0$ 和欧姆定律 $\boldsymbol{J}=\sigma\boldsymbol{E}$ 可知,每个区域内的电势都遵从拉普拉斯方程 $\nabla^2\varphi=0$.设相邻区域介质的电导率为 σ_1 和 σ_2,边值关系 $J_{2n}=J_{1n}$,$E_{2t}=E_{1t}$ 便可表示为

$$\sigma_2\frac{\partial\varphi_2}{\partial n}=\sigma_1\frac{\partial\varphi_1}{\partial n},\quad \varphi_2=\varphi_1 \tag{2.21}$$

在各线性均匀区域内满足方程 $\nabla^2\varphi=0$,在界面上又满足(2.21)及给定边界条件的解,是唯一的.

求解边值问题没有普遍适用的方法,必须依据唯一性定理,根据具体物理问题寻找适当的方法求解,包括从物理上猜测尝试解.复杂问题通常用数值计算找出近似解.对于较为简单或有某种对称性的情形,除个别奇点外,问题的解可用解析函数表示出来.常用的解析方法是分离变量法,镜像法和格林函数法.

分离变量法 当介质分区线性均匀,而且分界面与某一类曲线正交坐标系的坐标面重合时,这是一种简单而有效的方法.若求解区域内自由电荷体密度 $\rho_f=0$,则此区域内电势满足拉普拉斯方程 $\nabla^2\varphi=0$;或虽然 $\rho_f\neq0$,但它的电势 φ_ρ 可以找到,亦即可以找到泊松方程(2.18)的一个特解,由叠加原理,总电势为 $\varphi=\varphi_\rho+\varphi'$,$\varphi'$ 是(2.18)的齐次方程 $\nabla^2\varphi'=0$ 的通解,利用分离变量法可将拉普拉斯方程的通解表示成级数,各区域电势通解 φ 中的待定系数,由给定的边值关系和边界条件确定,从而解出电势分布.

镜像法 这种方法是用若干个假想的镜像电荷,等效未知的电荷(包括介质的极化电荷或导体表面的感应电荷)分布,这些假想电荷与已知电荷的总电势或总电场,只要满足全部定解条件,所得到的解就是唯一正确的解.必须注意的是,为使找到的解满足每个求解区域内给定的电势或电场方程,假想的镜像电荷必须置于每个求解区域之外,镜像电荷的数值及其位置,由边值关系和边界条件确定.

格林函数法 若区域 V 内电荷密度函数 $\rho(\boldsymbol{x}')$ 给定,泊松方程的解可表示为

$$\varphi(\boldsymbol{x})=\int_V G(\boldsymbol{x}',\boldsymbol{x})\rho(\boldsymbol{x}')\mathrm{d}V'+\varepsilon_0\oint_S\left[G(\boldsymbol{x}',\boldsymbol{x})\frac{\partial\varphi}{\partial n'}-\varphi(\boldsymbol{x}')\frac{\partial G(\boldsymbol{x}',\boldsymbol{x})}{\partial n'}\right]\mathrm{d}S' \tag{2.22}$$

这种方法的关键,是根据具体问题和给定的边界条件,选择正确的格林函数 $G(\boldsymbol{x}',\boldsymbol{x})$,它是格林方程

$$\nabla^2 G(\boldsymbol{x}',\boldsymbol{x}) = -\delta(\boldsymbol{x}-\boldsymbol{x}')/\varepsilon_0 \tag{2.23}$$

在一定边界条件下的解.若给定的是 V 的界面 S 的 φ 值,应当选择第一类边值问题的格林函数:

$$G(\boldsymbol{x}',\boldsymbol{x})|_{\boldsymbol{x}'\in S} = 0 \tag{2.24}$$

此时(2.22)式便成为

$$\varphi(\boldsymbol{x}) = \int_V G(\boldsymbol{x}',\boldsymbol{x})\rho(\boldsymbol{x}')\,\mathrm{d}V' - \varepsilon_0 \oint_S \left[\varphi(\boldsymbol{x}')\frac{\partial G(\boldsymbol{x}',\boldsymbol{x})}{\partial n'}\right]\mathrm{d}S' \tag{2.25}$$

若给定的是 V 的界面 S 的$\partial\varphi/\partial n$ 值,应当选择第二类边值问题的格林函数:

$$\left.\frac{\partial G(\boldsymbol{x}',\boldsymbol{x})}{\partial n'}\right|_{\boldsymbol{x}'\in S} = -\frac{1}{\varepsilon_0 S} \tag{2.26}$$

这里 S 是界面的总面积,此时(2.22)为

$$\varphi(\boldsymbol{x}) = \int_V G(\boldsymbol{x}',\boldsymbol{x})\rho(\boldsymbol{x}')\,\mathrm{d}V' + \varepsilon_0 \oint_S G(\boldsymbol{x}',\boldsymbol{x})\frac{\partial\varphi}{\partial n'}\mathrm{d}S' + \langle\varphi\rangle_S \tag{2.27}$$

$\langle\varphi\rangle_S$ 是界面电势的平均值.

2.4 静电能 外电场对电荷体系的作用能

电荷体系的静电能 各向同性线性均匀介质内静电能量密度为 $w = \boldsymbol{E}\cdot\boldsymbol{D}/2$,其中 $\boldsymbol{D}=\varepsilon\boldsymbol{E}$.真空中,$\boldsymbol{D}=\varepsilon_0\boldsymbol{E}$.由于电场一般地分布于全空间,因此电荷系统的总静电能,是电场所有分布区域内的能量之和,即总能量一般地由积分

$$W = \int_\infty \frac{1}{2}\boldsymbol{E}\cdot\boldsymbol{D}\,\mathrm{d}V \tag{2.28}$$

给出.由$\nabla\cdot\boldsymbol{D}=\rho_{\mathrm{f}}$,$\boldsymbol{E}=-\nabla\varphi$,总静电能量也可由下式计算

$$W = \int_V \frac{1}{2}\rho_{\mathrm{f}}\varphi\,\mathrm{d}V \tag{2.29}$$

积分体积 V 为电荷分布区域.

外电场对电荷体系的作用能 电荷在外电场中的静电势能,就是外场对电荷的静电作用能.设外场电势为 φ_{e},则外电场对点电荷 q 的作用能为 $W_{\mathrm{i}}=q\varphi_{\mathrm{e}}$,对此式求负梯度,即给出外电场对电荷的作用力 $\boldsymbol{F}=-\nabla W_{\mathrm{i}}=q\boldsymbol{E}_{\mathrm{e}}$.若体积 V 内电荷密度为 $\rho(\boldsymbol{x})$,外场对这带电体的静电作用能便为

$$W_{\mathrm{i}} = \int_V \rho(\boldsymbol{x})\varphi_{\mathrm{e}}(\boldsymbol{x})\,\mathrm{d}V \tag{2.30}$$

当电荷分布于小区域,可将外场电势 $\varphi_{\mathrm{e}}(\boldsymbol{x})$ 对坐标原点(选在 V 内)展开为泰勒级数,(2.30)便给出外场对电荷体系作用能的级数展开式:

$$W_{\mathrm{i}} = q\varphi_{\mathrm{e}}(0) + \boldsymbol{p}\cdot\nabla\varphi_{\mathrm{e}}(0) + \frac{1}{6}\overleftrightarrow{\mathscr{D}}:\nabla\nabla\varphi_{\mathrm{e}}(0) + \cdots \tag{2.31}$$

$\varphi_{\mathrm{e}}(0)$是外场在原点的电势.电荷体系的净电荷量 q,电偶极矩 $\boldsymbol{p}$ 与四极矩 $\mathscr{D}_{ij}$,

由(2.11),(2.12)和(2.13)式计算.外电场对电偶极子的作用能、作用力和力矩分别为

$$W_i = \boldsymbol{p}\cdot\nabla\varphi_e = -\boldsymbol{p}\cdot\boldsymbol{E}_e \tag{2.32}$$

$$\boldsymbol{F} = -\nabla W_i = \boldsymbol{p}\cdot\nabla\boldsymbol{E}_e \tag{2.33}$$

$$\boldsymbol{L} = \boldsymbol{p}\times\boldsymbol{E}_e \tag{2.34}$$

从(2.32)式看到,电矩矢量 $\boldsymbol{p}$ 与外场 $\boldsymbol{E}_e$ 方向一致时,电偶极子的能量最低;(2.34)式表明,外场的力矩将使 $\boldsymbol{p}$ 朝 $\boldsymbol{E}_e$ 的方向转动.(2.33)则表明,电偶极子将朝着场强最大的方向平动,若外场为均匀场,则 $\boldsymbol{F}=0$.外电场对电四极矩的作用能为

$$W_i = -\frac{1}{6}\overleftrightarrow{\mathscr{D}}:\nabla\boldsymbol{E}_e \tag{2.35}$$

许多介质分子除了有电偶极矩,还有电四极矩,原子核也有一定的四极矩,因此它们在非均匀电场中有一定的四极矩能量.

习题与解答

2.1 证明:(1) $\delta(ax)=\delta(x)/a$, $(a>0)$;若 $a<0$,结果如何?(2) $x\delta(x)=0$.

【提示】 (1)利用 δ 函数的定义及其偶函数性质 $\delta(-ax)=\delta(ax)$;

(2) 由 $\int_{-\varepsilon}^{+\varepsilon} f(x)\delta(x)\,\mathrm{d}x = f(0)$,可得 $x\delta(x)=0$.

2.2 画出函数 $\mathrm{d}\delta(x)/\mathrm{d}x$ 的图,说明 $\rho=-\boldsymbol{p}\cdot\nabla\delta(\boldsymbol{x})$ 是一个位于原点的电偶极子的电荷密度.

【解】 δ 函数的导数是奇函数,图略.以电偶极子 $\boldsymbol{p}=q\boldsymbol{l}$ 的中点为坐标原点,两个点电荷 $\pm q$ 分别位于 $\boldsymbol{x}'=\pm\boldsymbol{l}/2=\pm(\Delta x'\boldsymbol{e}_x+\Delta y'\boldsymbol{e}_y+\Delta z'\boldsymbol{e}_z)/2$,于是当 $l\to 0$,这体系的电荷密度为

$$\begin{aligned}\rho &= q\delta(\boldsymbol{x}-\boldsymbol{l}/2)-q\delta(\boldsymbol{x}+\boldsymbol{l}/2)=q\Delta\delta(\boldsymbol{x})\\ &= q\left[\frac{\partial\delta(\boldsymbol{x})}{\partial x'}\Delta x'+\frac{\partial\delta(\boldsymbol{x})}{\partial y'}\Delta y'+\frac{\partial\delta(\boldsymbol{x})}{\partial z'}\Delta z'\right]\\ &= q\boldsymbol{l}\cdot\nabla'\delta(\boldsymbol{x})=-\boldsymbol{p}\cdot\nabla\delta(\boldsymbol{x})\end{aligned}$$

最后一步已利用了算符代换 $\nabla'\to-\nabla$.

2.3 一块介质的极化矢量为 $\boldsymbol{P}(\boldsymbol{x}')$,根据电偶极子静电势的公式,极化介质所产生的静电势为

$$\varphi(\boldsymbol{x}) = \int_V \frac{\boldsymbol{P}(\boldsymbol{x}')\cdot\boldsymbol{r}}{4\pi\varepsilon_0 r^3}\mathrm{d}V' \tag{1}$$

另外,根据极化电荷公式 $\rho_p = -\nabla'\cdot\boldsymbol{P}(\boldsymbol{x}')$ 及 $\sigma_p = \boldsymbol{e}_n\cdot\boldsymbol{P}$,极化介质产生的静电势又可表为

$$\varphi(\boldsymbol{x}) = -\int_V \frac{\nabla'\cdot\boldsymbol{P}(\boldsymbol{x}')}{4\pi\varepsilon_0 r}\mathrm{d}V' + \oint_S \frac{\boldsymbol{P}(\boldsymbol{x}')\cdot\mathrm{d}\boldsymbol{S}'}{4\pi\varepsilon_0 r} \tag{2}$$

试证明以上两表达式是等同的.

【证】 由高斯定理,(2)式右边第二项面积分可化为

$$\begin{aligned}\oint_S \frac{\boldsymbol{P}(\boldsymbol{x}')\cdot\mathrm{d}\boldsymbol{S}'}{4\pi\varepsilon_0 r} &= \int_V \nabla'\cdot\frac{\boldsymbol{P}(\boldsymbol{x}')}{4\pi\varepsilon_0 r}\mathrm{d}V' \\ &= \int_V \frac{\nabla'\cdot\boldsymbol{P}(\boldsymbol{x}')}{4\pi\varepsilon_0 r}\mathrm{d}V' + \int_V \frac{\boldsymbol{P}(\boldsymbol{x}')\cdot\boldsymbol{r}}{4\pi\varepsilon_0 r^3}\mathrm{d}V'\end{aligned} \tag{3}$$

其中已利用到 $\nabla'(1/r) = \boldsymbol{r}/r^3$,将(3)代入(2)式,即得(1)式.

2.4 证明下述结果,并熟悉面电荷和面偶极层两侧电势和电场的变化.

(1) 在面电荷两侧,电势的法向微商有跃变,而电势是连续的;

(2) 在面偶极层两侧,电势有跃变 $\varphi_2-\varphi_1 = \boldsymbol{e}_n\cdot\boldsymbol{P}/\varepsilon_0$,而电势的法向微商是连续的.(带等量正负面电荷 $\pm\sigma$ 而靠得很近的两个面,形成面偶极层,面偶极矩密度 $\boldsymbol{P} = \lim\limits_{\sigma\to\infty,\, l\to 0}\sigma\boldsymbol{l}$.)

【证】 (1) 设电荷面密度为 σ,其两侧无限接近的 P_1 点与 P_2 点的场强分别为 $\boldsymbol{E}_1$ 和 $\boldsymbol{E}_2$,法向单位矢量 $\boldsymbol{e}_n$ 从 P_1 指向 P_2,将静电场高斯定理与环路定理

$$\oint_S \boldsymbol{E}\cdot\mathrm{d}\boldsymbol{S} = \frac{1}{\varepsilon_0}\int_V \rho\mathrm{d}V,\quad \oint_L \boldsymbol{E}\cdot\mathrm{d}\boldsymbol{l} = 0 \tag{1}$$

分别应用于包含着面电荷 σ 的扁平闭合面(底面积 ΔS 与界面平行,高度 $h\to 0$),以及跨越界面的矩形小回路(其长边 Δl 与界面平行,短边 $h\to 0$),可分别得到

$$E_{2n}-E_{1n} = \sigma/\varepsilon_0,\quad E_{2t} = E_{1t} \tag{2}$$

由 $\boldsymbol{E} = -\nabla\varphi$,这两式用电势表示为

$$-\frac{\partial\varphi_2}{\partial n}+\frac{\partial\varphi_1}{\partial n} = \frac{\sigma}{\varepsilon_0},\quad \varphi_2 = \varphi_1 \tag{3}$$

(2) 令面偶极层的法向单位矢量 $\boldsymbol{e}_n$ 从 $-\sigma$ 指向 $+\sigma$,无限靠近 $-\sigma$ 层外侧 P_1 点的场强为 $\boldsymbol{E}_1$,无限靠近 $+\sigma$ 层外侧 P_2 点的场强为 $\boldsymbol{E}_2$,内部 P_0 点的场强为 $\boldsymbol{E}_0$,将高斯定理分别应用于包含 $+\sigma$ 和 $-\sigma$ 的扁平闭合面,可得到

$$\begin{gathered}E_{2n}+E_{0n} = \sigma/\varepsilon_0,\quad -E_{0n}-E_{1n} = -\sigma/\varepsilon_0 \\ \text{即 } E_{2n} = E_{0n} = E_{1n} = \sigma/2\varepsilon_0\end{gathered} \tag{4}$$

再将环路定理分别应用于跨越 $+\sigma$ 和 $-\sigma$ 的两个矩形小回路,得

$$E_{2t} = E_{0t} = E_{1t} \tag{5}$$

可见面偶极层两侧场强 $\boldsymbol{E}_2 = \boldsymbol{E}_1$,故其两侧电势的法向导数相等:

$$\frac{\partial\varphi_2}{\partial n}=\frac{\partial\varphi_1}{\partial n} \tag{6}$$

设想电场将单位电荷从 P_1 点经过 P_0 点移至 P_2 点，P_1P_0 与 P_0P_2 的距离均为 l，P_2 与 P_1 两点的电势差等于这过程中电场所作的功：

$$\varphi_2-\varphi_1=E_n l+E_n l=2E_n l=\sigma\, l/\varepsilon_0 \tag{7}$$

由面偶极矩密度定义 $\boldsymbol{P}=\sigma\,\boldsymbol{l}$，即有

$$\varphi_2-\varphi_1=\boldsymbol{e}_n\cdot\boldsymbol{P}/\varepsilon_0 \tag{8}$$

2.5 一个半径为 R 的电介质球，极化强度为 $\boldsymbol{P}=K\boldsymbol{r}/r^2$，电容率为 ε.计算：

（1）束缚电荷的体密度和面密度；

（2）自由电荷体密度；

（3）球外和球内的电势；

（4）该带电介质球产生的静电场的总能量.

【解】 从极化强度分布函数可知，这问题有球对称性.介质球内和球面束缚（极化）电荷密度分别为

$$\rho_P=-\nabla\cdot\boldsymbol{P}=-\frac{K}{r^2},\quad \sigma_P=\boldsymbol{e}_r\cdot\boldsymbol{P}|_{r=R}=\frac{K}{R}$$

由线性均匀介质内 $\rho_p=-(1-\varepsilon_0/\varepsilon)\rho_f$，得自由电荷体密度：

$$\rho_f=\frac{\varepsilon K}{(\varepsilon-\varepsilon_0)r^2}$$

由 $\boldsymbol{D}_1=\varepsilon_0\boldsymbol{E}_1+\boldsymbol{P}=\varepsilon\boldsymbol{E}_1$，得介质球内的电场强度：

$$\boldsymbol{E}_1=\frac{\boldsymbol{P}}{\varepsilon-\varepsilon_0}=\frac{K}{\varepsilon-\varepsilon_0}\frac{\boldsymbol{r}}{r^2}\quad (r<R)$$

极化过程遵从电荷守恒，球内与球面总的束缚电荷必定等值异号（将 ρ_p 对球体积分，将 σ_p 对球面积分，可知的确如此），且有球对称性，它们在球外的电场互相抵消，故球外电场相当于总的自由电荷

$$q_f=\int_V\rho_f\mathrm{d}V=\frac{4\pi\,\varepsilon KR}{\varepsilon-\varepsilon_0}$$

集中于球心时产生的电场：

$$\boldsymbol{E}_2=\frac{q_f\boldsymbol{r}}{4\pi\varepsilon_0 r^3}=\frac{\varepsilon KR}{\varepsilon_0(\varepsilon-\varepsilon_0)}\frac{\boldsymbol{r}}{r^3}\quad (r>R)$$

球外与球内的电势分别为

$$\varphi_2=\int_r^\infty\boldsymbol{E}_2\cdot\mathrm{d}\boldsymbol{r}=\frac{\varepsilon KR}{\varepsilon_0(\varepsilon-\varepsilon_0)r}$$

$$\varphi_1=\int_r^R\boldsymbol{E}_1\cdot\mathrm{d}\boldsymbol{r}+\int_R^\infty\boldsymbol{E}_2\cdot\mathrm{d}\boldsymbol{r}=\frac{K}{\varepsilon-\varepsilon_0}\left(\ln\frac{R}{r}+\frac{\varepsilon}{\varepsilon_0}\right)$$

这带电体的总静电能为

$$W=\frac{1}{2}\varepsilon\int_{V_1}E_1^2\mathrm{d}V+\frac{1}{2}\varepsilon_0\int_{V_2}E_2^2\mathrm{d}V$$

$$=2\pi\ \varepsilon\ R\left(1+\frac{\varepsilon}{\varepsilon_0}\right)\left(\frac{K}{\varepsilon-\varepsilon_0}\right)^2$$

将 $\rho_f\varphi_1/2$ 对介质球作体积分,也能得到上式的结果.

2.6 均匀外电场中置入半径为 R_0 的导体球,试用分离变量法求下列两种情况的电势:

(1) 导体球上接有电池,使球与地保持电势 Φ_0;

(2) 导体球上带总电荷量 q.

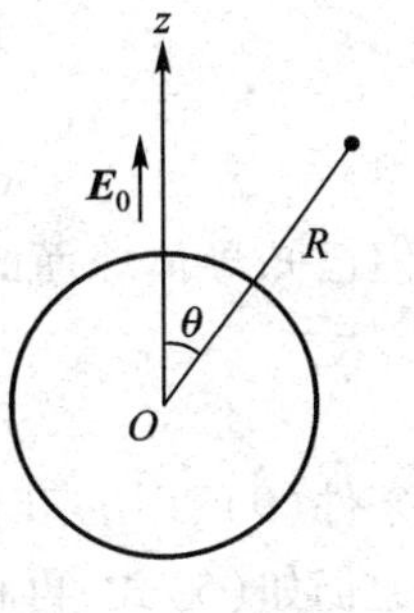

图 2.1 (2.6 题)

【解】外电场将使导体球面出现感应电荷.以球心为坐标原点,并令外电场 $\boldsymbol{E}_0=E_0\boldsymbol{e}_z$,如图 2.1.问题有 z 轴的对称性.设放入导体球之前原点电势为 φ_0.当导体球对地电势为 Φ_0,球外电势的全部定解条件为

$$\nabla^2\varphi=0\quad(R>R_0)\tag{1}$$

$$R\to\infty,\varphi\to-E_0R\cos\theta+\varphi_0\tag{2}$$

$$R=R_0,\quad\varphi=\Phi_0\tag{3}$$

由 z 轴的对称性及条件(2),将拉普拉斯方程(1)的解写成

$$\varphi=-E_0R\cos\theta+\varphi_0+\sum_n\frac{b_n}{R^{n+1}}P_n(\cos\theta)\tag{4}$$

将(4)代入条件(3),解出

$$b_0=(\Phi_0-\varphi_0)R_0,\quad b_1=E_0R_0^3,\quad b_n=0\quad(n\neq0,1)$$

$$\varphi=-E_0R\cos\theta+\varphi_0+\frac{(\Phi_0-\varphi_0)R_0}{R}+\frac{E_0R_0^3}{R^2}\cos\theta\tag{5}$$

第一项是原外场的电势;第二项是选择坐标原点电势所引入的常数项,它不影响电场 $\boldsymbol{E}=-\nabla\varphi$ 分布;第三项是因导体球接电池而使球面均匀带电所产生的球对称项;第四项是外场使导体球面出现感应电荷所形成的电偶极矩的电势,将此项与位于坐标原点的电偶极子 $\boldsymbol{p}=p\boldsymbol{e}_z$ 的电势

$$\varphi^{(1)}(\boldsymbol{x})=\frac{\boldsymbol{p}\cdot\boldsymbol{R}}{4\pi\varepsilon_0R^3}=\frac{p}{4\pi\varepsilon_0R^2}\cos\theta\tag{6}$$

比较,可知球面感应电荷形成的电偶极矩为

$$\boldsymbol{p}=4\pi\varepsilon_0R_0^3E_0\boldsymbol{e}_z\tag{7}$$

事实上,由 $\sigma_f=\boldsymbol{e}_n\cdot\boldsymbol{D}$,可得导体球面的自由电荷密度:

$$\sigma_f=-\varepsilon_0\left.\frac{\partial\varphi}{\partial R}\right|_{R=R_0}=\frac{\varepsilon_0(\Phi_0-\varphi_0)}{R_0}+3\varepsilon_0E_0\cos\theta\tag{8}$$

第一项在球外产生球对称的场(即电势 φ 的第三项),第二项就是外场引起的感

应电荷密度,由电偶极矩公式(2.12),的确能计算出(7)式的结果,由于这一项电荷分布存在关于坐标原点的反对称性,由(2.13)或(2.15)式,均可看出电四极矩为零.

当导体球带有电荷 q 时,球外电势的全部定解条件为

$$\nabla^2\varphi=0 \quad (R>R_0) \tag{9}$$

$$R\to\infty,\ \varphi\to -E_0R\cos\theta+\varphi_0 \tag{10}$$

$$R=R_0,\ \varphi=\Phi_0\text{(未知常数,因静电导体是等势体)} \tag{11}$$

但已知导体球面的总电荷量 q,即

$$R=R_0,\quad q=\oint_S \boldsymbol{D}\cdot \mathrm{d}\boldsymbol{S}=-\varepsilon_0\oint_S \frac{\partial\varphi}{\partial R}\mathrm{d}S \tag{12}$$

条件(9)、(10)和(11)与前面的(1)、(2)和(3)相同,故可定出球外电势 φ 形式上仍如(5)式,再将它代入条件(12),可解出

$$\Phi_0-\varphi_0=\frac{q}{4\pi\varepsilon_0R_0} \tag{13}$$

$$\varphi=-E_0R\cos\theta+\varphi_0+\frac{q}{4\pi\varepsilon_0R}+\frac{E_0R_0^3}{R^2}\cos\theta \tag{14}$$

各项的物理意义如前所述.从本题定解过程可看到,静电导体为等势体这个条件的重要性.

2.7 均匀介质球的中心置一点电荷 q_f,介质球的电容率为 ε,球外为真空,试用分离变量法求空间电势,把结果与使用高斯定理所得的结果比较.

【解】 点电荷 q_f 的电场将使介质球极化.以球心为坐标原点并设介质球半径为 R_0,这问题有球对称性.球内外两区域电势的全部定解条件为

$$\nabla^2\varphi_1=-q_f\delta(\boldsymbol{x})/\varepsilon \quad (R<R_0) \tag{1}$$

$$\nabla^2\varphi_2=0 \quad (R>R_0) \tag{2}$$

$$R=0,\quad \varphi_1\to\infty \quad \text{(此处有点电荷)} \tag{3}$$

$$R\to\infty,\quad \varphi_2\to 0 \tag{4}$$

$$R=R_0:\quad \varphi_1=\varphi_2,\quad \varepsilon\frac{\partial\varphi_1}{\partial R}=\varepsilon_0\frac{\partial\varphi_2}{\partial R} \tag{5}$$

泊松方程(1)的一个特解是点电荷的电势 φ_q.由电势叠加原理,球内外的电势都应当是 $\varphi=\varphi_q+\varphi'$,$\varphi'$是极化电荷的电势并满足拉普拉斯方程.由条件(3)和(4),方程(1)和(2)的解可写成

$$\varphi_1=\varphi_q+\varphi'_1=\frac{q_f}{4\pi\varepsilon R}+a \quad (R<R_0) \tag{6}$$

$$\varphi_2=\varphi_q+\varphi'_2=\frac{q_f}{4\pi\varepsilon_0R}+\frac{b}{R} \quad (R>R_0) \tag{7}$$

[方程(2)的解当然也可写成 $\varphi_2=b'/R$]将(6)和(7)代入条件(5),可解出

$$\varphi_1=\frac{q_f}{4\pi\varepsilon R}+\frac{(\varepsilon-\varepsilon_0)q_f}{4\pi\varepsilon\varepsilon_0R_0},\quad \varphi_2=\frac{q_f}{4\pi\varepsilon_0R} \tag{8}$$

由于各向同性线性均匀介质内极化电荷体密度 $\rho_p=-(1-\varepsilon_0/\varepsilon)\rho_f$,球心处自由点电荷 q_f(可看成很小的带电金属珠)表面的介质出现"极化点电荷" $q_p=-(1-\varepsilon_0/\varepsilon)q_f$,介质球表面必定出现总电荷量为 $-q_p=(1-\varepsilon_0/\varepsilon)q_f$ 的极化面电荷,由球对称性,这两部分极化电荷在球外的电势互相抵消,因此球外电势 φ_2 是由 q_f 产生的.球内电势 φ_1 的第一项是 q_f 与极化点电荷 q_p 共同产生的,第二项为常数,此项对球内电场没有影响.

由于这问题有球对称性,由高斯定理容易得到球内、外的电场:

$$\boldsymbol{E}_1=\frac{\boldsymbol{D}_1}{\varepsilon}=\frac{q_f\boldsymbol{R}}{4\pi\varepsilon R^3},\quad \boldsymbol{E}_2=\frac{\boldsymbol{D}_2}{\varepsilon_0}=\frac{q_f\boldsymbol{R}}{4\pi\varepsilon_0R^3} \tag{9}$$

两区域的电势分布为

$$\varphi_2=\int_R^\infty \boldsymbol{E}_2\cdot \mathrm{d}\boldsymbol{R}=\frac{q_f}{4\pi\varepsilon_0R} \tag{10}$$

$$\varphi_1=\int_R^{R_0}\boldsymbol{E}_1\cdot \mathrm{d}\boldsymbol{R}+\int_{R_0}^\infty \boldsymbol{E}_2\cdot \mathrm{d}\boldsymbol{R}=\frac{q_f}{4\pi\varepsilon R}+\frac{(\varepsilon-\varepsilon_0)q_f}{4\pi\varepsilon\varepsilon_0R_0} \tag{11}$$

2.8 均匀介质球(电容率为 ε_1)中心置一自由电偶极子 $\boldsymbol{p}_f$,球外充满了另一种电容率为 ε_2 的介质,求空间各点的电势和极化电荷分布.

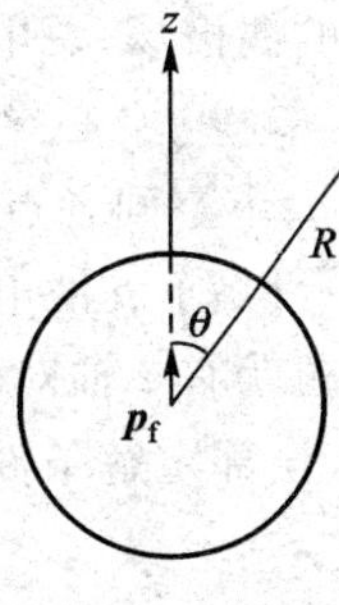

图 2.2 (2.8 题)

【解】$\boldsymbol{p}_f$ 的电场将使两种介质均被极化.以介质球心为坐标原点,球半径为 R_0,且令 $\boldsymbol{p}_f=p_f\boldsymbol{e}_z$,如图 2.2,于是问题有 z 轴对称性.介质球内外两区域电势的全部定解条件为

$$\nabla^2\varphi_1=(\boldsymbol{p}_f\cdot\nabla)\delta(\boldsymbol{x})/\varepsilon\quad (R<R_0) \tag{1}$$

$$\nabla^2\varphi_2=0\quad (R>R_0) \tag{2}$$

$$R=0,\quad \varphi_1\to\infty\quad (\text{此处有电偶极子}) \tag{3}$$

$$R\to\infty,\quad \varphi_2\to 0 \tag{4}$$

$$R=R_0:\quad \varphi_1=\varphi_2,\quad \varepsilon_1\frac{\partial\varphi_1}{\partial R}=\varepsilon_2\frac{\partial\varphi_2}{\partial R} \tag{5}$$

$\boldsymbol{p}_f$ 的电势 φ_p 是泊松方程(1)的一个特解,球内外的电势都是 φ_p 与极化电荷的电势 φ' 之叠加,φ' 是拉普拉斯方程的解.由条件(3)和(4),及轴对称性,将方程(1)和(2)的解写成

$$\varphi_1=\frac{p_f\cos\theta}{4\pi\varepsilon_1R^2}+\sum_n a_nR^n\mathrm{P}_n(\cos\theta)\quad (R<R_0) \tag{6}$$

$$\varphi_2=\frac{p_{\mathrm{f}}\cos\theta}{4\pi\varepsilon_2R^2}+\sum_n\frac{b_n}{R^{n+1}}\mathrm{P}_n(\cos\theta)\quad(R>R_0)\tag{7}$$

(φ_2 也可以不写第一项 φ_p)将(6)和(7)代入条件(5),可解出

$$a_1=\frac{(\varepsilon_1-\varepsilon_2)p_{\mathrm{f}}}{2\pi\varepsilon_1(\varepsilon_1+2\varepsilon_2)R_0^3},\quad b_1=\frac{(\varepsilon_2-\varepsilon_1)p_{\mathrm{f}}}{4\pi\varepsilon_2(\varepsilon_1+2\varepsilon_2)}$$

$a_n=b_n=0$,当 $n\neq1$.于是得

$$\varphi_1=\frac{p_{\mathrm{f}}\cos\theta}{4\pi\varepsilon_1R^2}+\frac{(\varepsilon_1-\varepsilon_2)p_{\mathrm{f}}}{2\pi\varepsilon_1(\varepsilon_1+2\varepsilon_2)R_0^3}R\cos\theta\quad(R<R_0)\tag{8}$$

$$\varphi_2=\frac{3p_{\mathrm{f}}\cos\theta}{4\pi(\varepsilon_1+2\varepsilon_2)R^2}\quad(R>R_0)\tag{9}$$

球心处 $\boldsymbol{p}_{\mathrm{f}}$ 表面的介质中,出现一个与其方向相反的极化电偶极子:

$$\boldsymbol{p}_{\mathrm{p}}=-(1-\varepsilon_0/\varepsilon_1)\boldsymbol{p}_{\mathrm{f}}\tag{10}$$

因介质球面自由电荷面密度 $\sigma_{\mathrm{f}}=0$,故由 $\sigma_{\mathrm{p}}=\varepsilon_0\boldsymbol{e}_R\cdot(\boldsymbol{E}_2-\boldsymbol{E}_1)$,极化电荷面密度为

$$\sigma_{\mathrm{p}}=\varepsilon_0\left(-\frac{\partial\varphi_2}{\partial R}+\frac{\partial\varphi_1}{\partial R}\right)_{R=R_0}=\frac{3\varepsilon_0(\varepsilon_1-\varepsilon_2)p_{\mathrm{f}}}{2\pi\varepsilon_1(\varepsilon_1+2\varepsilon_2)R_0^3}\cos\theta\tag{11}$$

球内电势 φ_1 的第一项是 $\boldsymbol{p}_{\mathrm{f}}$ 与 $\boldsymbol{p}_{\mathrm{p}}$ 共同产生的偶极场,总电矩为$\boldsymbol{p}_1=\varepsilon_0\boldsymbol{p}_{\mathrm{f}}/\varepsilon_1$,第二项是 σ_{p} 产生的均匀场;球外电势 φ_2 是 $\boldsymbol{p}_{\mathrm{f}},\boldsymbol{p}_{\mathrm{p}}$ 及 σ_{p} 形成的电偶极矩 $\boldsymbol{p}_\sigma$ 共同产生的偶极场,总电矩为 $\boldsymbol{p}_2=3\varepsilon_0\boldsymbol{p}_{\mathrm{f}}/(\varepsilon_1+2\varepsilon_2)$.

2.9 空心导体球壳的内外半径为 R_1 和 R_2,球中心置一偶极子 $\boldsymbol{p}$,球壳上带电 q,求空间各点电势和电荷分布.

【解】 $\boldsymbol{p}$ 的电场将使导体出现感应电荷分布.以球心为坐标原点,令 $\boldsymbol{p}=p\boldsymbol{e}_z$,问题就有 z 轴对称性.导体球壳的电势 φ_2 为常数,球腔内电势 φ_1,球壳外电势 φ_3,全部定解条件为

$$\nabla^2\varphi_1=(\boldsymbol{p}\cdot\nabla)\delta(\boldsymbol{x})/\varepsilon_0,\quad\nabla^2\varphi_3=0\tag{1}$$

$$R=0,\quad\varphi_1\to\infty;\quad R\to\infty,\quad\varphi_3\to0\tag{2}$$

$$\varphi_1|_{R=R_1}=\varphi_3|_{R=R_2}\tag{3}$$

$$R=R_2,\quad q=-\varepsilon_0\oint_S\frac{\partial\varphi_3}{\partial R}\mathrm{d}S\tag{4}$$

由叠加原理和轴对称性,以及条件(2),将电势方程的解写成

$$\varphi_1=\frac{p\cos\theta}{4\pi\varepsilon_0R^2}+\sum_n a_nR^n\mathrm{P}_n(\cos\theta)\quad(R<R_1)\tag{5}$$

$$\varphi_3=\frac{p\cos\theta}{4\pi\varepsilon_0R^2}+\sum_n\frac{b_n}{R^{n+1}}\mathrm{P}_n(\cos\theta)\quad(R>R_2)\tag{6}$$

利用条件(3)和(4),解出

$$\varphi_1=\frac{1}{4\pi\varepsilon_0}\left[\frac{\boldsymbol{p}\cdot\boldsymbol{R}}{R^3}-\frac{\boldsymbol{p}\cdot\boldsymbol{R}}{R_1^3}+\frac{q}{R_2}\right],\quad \varphi_3=\frac{q}{4\pi\varepsilon_0 R} \tag{7}$$

$$\sigma_{f1}=-\boldsymbol{e}_R\cdot\boldsymbol{D}_1=\varepsilon_0\frac{\partial\varphi_1}{\partial R}=-\frac{3p}{4\pi R_1^3}\cos\theta\quad(R=R_1) \tag{8}$$

$$\sigma_{f2}=\boldsymbol{e}_R\cdot\boldsymbol{D}_3=-\varepsilon_0\frac{\partial\varphi_3}{\partial R}=\frac{q}{4\pi R_2^2}\quad(R=R_2) \tag{9}$$

球腔内 φ_1 的第一项是球心处 $\boldsymbol{p}$ 产生的偶极场，第二项是内球面感应电荷 σ_{f1} 产生的均匀场，第三项为常数项.球心处的偶极子 $\boldsymbol{p}$ 与内球面感应电荷 σ_{f1} 在球壳外产生的偶极场互相抵消，这表明封闭导体球壳有静电屏蔽作用，故球外 φ_3 是外球面均匀分布的面电荷 σ_{f2} 产生的球对称场.若 $q=0$，则外部无电场.

2.10 在均匀外场 $\boldsymbol{E}_0$ 中置入一带均匀自由电荷密度为 ρ_f 的绝缘介质球（电容率为 ε）求空间各点的电势.

【解】自由电荷的电场和外场 $\boldsymbol{E}_0$ 将使介质球极化.设介质球半径为 R_0，以球心为坐标原点，且令 $\boldsymbol{E}_0=E_0\boldsymbol{e}_z$.定解条件为

$$\nabla^2\varphi_1=-\rho_f/\varepsilon\quad(R<R_1) \tag{1}$$

$$\nabla^2\varphi_2=0\quad(R>R_2) \tag{2}$$

$$R=0,\quad \varphi_1\text{ 有限；}\quad R\to\infty,\quad \varphi_2\to -E_0R\cos\theta \tag{3}$$

$$R=R_0:\quad \varphi_1=\varphi_2,\quad \varepsilon\frac{\partial\varphi_1}{\partial R}=\varepsilon_0\frac{\partial\varphi_2}{\partial R} \tag{4}$$

因为已假定介质球内 ρ_f 为常数，它的场及其引起的极化电荷产生的场都有球对称性，由高斯定理可求出球内外电场的球对称部分 $\boldsymbol{E}_{1\rho}$ 和 $\boldsymbol{E}_{2\rho}$，进而可求出电势：

$$\varphi_{1\rho}=\frac{\rho_f(R_0^2-R^2)}{6\varepsilon}+\frac{\rho_f R_0^2}{3\varepsilon_0},\quad \varphi_{2\rho}=\frac{\rho_f R_0^3}{3\varepsilon_0 R} \tag{5}$$

$\varphi_{1\rho}$ 是泊松方程(1)的特解.故方程(1)和(2)的解可写成

$$\varphi_1=\varphi_{1\rho}+\varphi'_1,\quad \varphi_2=\varphi_{2\rho}+\varphi'_2$$

φ'_1 和 φ'_2 均是轴对称下拉普拉斯方程的通解.由条件(3)和(4)，可解出

$$\varphi_1=\frac{\rho_f(R_0^2-R^2)}{6\varepsilon}+\frac{\rho_f R_0^2}{3\varepsilon_0}-\frac{3\varepsilon_0}{\varepsilon+2\varepsilon_0}E_0R\cos\theta \tag{6}$$

$$\varphi_2=\frac{\rho_f R_0^3}{3\varepsilon_0 R}-E_0R\cos\theta+\frac{(\varepsilon-\varepsilon_0)E_0R_0^3}{(\varepsilon+2\varepsilon_0)R^2}\cos\theta \tag{7}$$

球内 φ_1 的第三项即为 φ'_1，是原外场与介质球面极化电荷产生的均匀场之叠加；球外 φ_2 的第二项是原外场，第三项是介质球面极化电荷产生的偶极场，它们之和就是 φ'_2.其实，φ'_1 和 φ'_2 就是不带电的均匀介质球（此时球内电势方程为 $\nabla^2\varphi_1=0$）置入均匀外电场 $\boldsymbol{E}_0$ 时的解.

2.11 在一很大的电解槽中充满电导率为 σ_2 的液体，使其中流着均匀的电

流 $\boldsymbol{J}_{f0}$，今在液体中置入一个电导率为 σ_1 小球，求稳恒时电流分布和面电荷分布.讨论 $\sigma_1 \gg \sigma_2$ 及 $\sigma_2 \gg \sigma_1$ 两种情况下电流分布的特点.

【解】维持恒定电流的电场也是静电场，可令 $\boldsymbol{E}=-\nabla\varphi$，由电流恒定条件 $\nabla\cdot\boldsymbol{J}_f=0$，当两种介质都是线性均匀的，据欧姆定律 $\boldsymbol{J}_f=\sigma\boldsymbol{E}$，可知球内外两区域的电势方程均为 $\nabla^2\varphi=0$.以球心为坐标原点并设小球半径为 R_0，令导电液体中原电流密度 $\boldsymbol{J}_{f0}=\sigma_2\boldsymbol{E}_0=\sigma_2 E_0\boldsymbol{e}_z$，问题就有 z 轴对称性.全部定解条件为

$$\nabla^2\varphi_1=0 \quad (R<R_0); \quad \nabla^2\varphi_2=0 \quad (R>R_0) \tag{1}$$

$$R=0,\varphi_1 \text{ 有限}; \quad R\to\infty, \varphi_2\to -\frac{J_{f0}}{\sigma_2}R\cos\theta \tag{2}$$

$$R=R_0: \quad \varphi_1=\varphi_2, \quad J_{1R}=J_{2R} \text{ 即 } \sigma_1\frac{\partial\varphi_1}{\partial R}=\sigma_2\frac{\partial\varphi_2}{\partial R} \tag{3}$$

由 $R=0$ 和 $R\to\infty$ 处的条件，将两区域电势方程的解写为

$$\varphi_1=\sum_n a_n R^n \mathrm{P}_n(\cos\theta) \tag{4}$$

$$\varphi_2=\sum_n \frac{b_n}{R^{n+1}}\mathrm{P}_n(\cos\theta)-\frac{J_{f0}}{\sigma_2}R\cos\theta \tag{5}$$

将(4)和(5)代入条件(3)，解出

$$\varphi_1=\frac{-3J_{f0}}{\sigma_1+2\sigma_2}R\cos\theta \tag{6}$$

$$\varphi_2=-\frac{J_{f0}}{\sigma_2}R\cos\theta+\frac{J_{f0}(\sigma_1-\sigma_2)R_0^3}{\sigma_2(\sigma_1+2\sigma_2)R^2}\cos\theta \tag{7}$$

由 $\omega=\varepsilon_0\boldsymbol{e}_R\cdot(\boldsymbol{E}_2-\boldsymbol{E}_1)$，得球面的电荷密度为

$$\omega=\varepsilon_0\left(-\frac{\partial\varphi_2}{\partial R}+\frac{\partial\varphi_1}{\partial R}\right)_{R=R_0}=\frac{3(\sigma_1-\sigma_2)\varepsilon_0}{(\sigma_1+2\sigma_2)\sigma_2}J_{f0}\cos\theta \tag{8}$$

球内 φ_1 为原外场与球面电荷分布 ω 产生的均匀场之叠加；球外 φ_2 的第一项是原外场，第二项是球面电荷产生的偶极场.电流分布为

$$\boldsymbol{J}_1=\sigma_1\boldsymbol{E}_1=-\sigma_1\nabla\varphi_1=\frac{3\sigma_1\boldsymbol{J}_{f0}}{\sigma_1+2\sigma_2} \tag{9}$$

$$\begin{aligned}\boldsymbol{J}_2&=\sigma_2\boldsymbol{E}_2=-\sigma_2\nabla\varphi_2\\&=\boldsymbol{J}_{f0}+\frac{(\sigma_1-\sigma_2)R_0^3}{\sigma_1+2\sigma_2}\left[\frac{3(\boldsymbol{J}_{f0}\cdot\boldsymbol{R})\boldsymbol{R}}{R^5}-\frac{\boldsymbol{J}_{f0}}{R^3}\right]\end{aligned} \tag{10}$$

$$\text{当 } \sigma_1\gg\sigma_2, \boldsymbol{J}_1\approx 3\boldsymbol{J}_{f0}, \boldsymbol{J}_2\approx\boldsymbol{J}_{f0}+R_0^3\left[\frac{3(\boldsymbol{J}_{f0}\cdot\boldsymbol{R})\boldsymbol{R}}{R^5}-\frac{\boldsymbol{J}_{f0}}{R^3}\right]$$

$$\text{当 } \sigma_2\gg\sigma_1, \boldsymbol{J}_1\approx 0, \boldsymbol{J}_2\approx\boldsymbol{J}_{f0}-\frac{R_0^3}{2}\left[\frac{3(\boldsymbol{J}_{f0}\cdot\boldsymbol{R})\boldsymbol{R}}{R^5}-\frac{\boldsymbol{J}_{f0}}{R^3}\right]$$

2.12 半径为 R_0 的导体球外充满均匀的绝缘介质 ε，导体球接地，离球心为

a 处($a>R_0$)置一点电荷 q_f，试用分离变量法求空间各点电势，证明所得结果与镜像法相同.

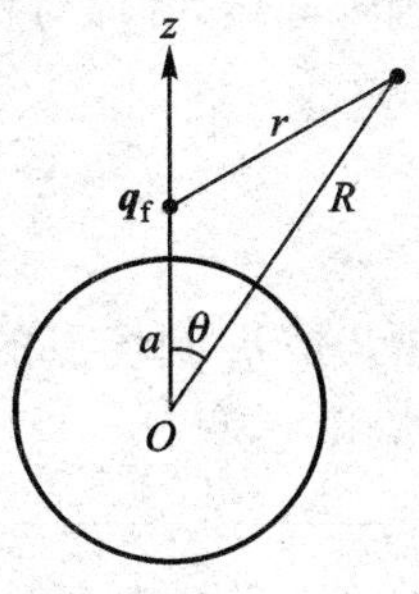

图 2.3 (2.12 题)

【解】以球心为坐标原点，令 q_f 位于$z=a$，如图 2.3. 于是问题有 z 轴对称性.球外电势的全部定解条件为

$$\nabla^2\varphi=-q_f\delta(\boldsymbol{x}-a\boldsymbol{e}_z)/\varepsilon \tag{1}$$

$$R\to\infty\ ,\varphi\to 0;\quad R=R_0,\varphi=0 \tag{2}$$

由 $R\to\infty$ 处的条件和 z 轴对称性，泊松方程(1)的解写为

$$\varphi=\frac{q_f}{4\pi\varepsilon\ r}+\sum_{n=0}^{\infty}\frac{b_n}{R^{n+1}}\mathrm{P}_n(\cos\theta) \tag{3}$$

其中 r 是点电荷 q_f 到场点的距离.$1/r$ 可展开成

$$\frac{1}{r}=\frac{1}{\sqrt{R^2+a^2-2Ra\cos\theta}}=\begin{cases}\dfrac{1}{a}\displaystyle\sum_{n=0}^{\infty}\left(\frac{R}{a}\right)^n\mathrm{P}_n(\cos\theta) & (R<a)\\ \dfrac{1}{R}\displaystyle\sum_{n=0}^{\infty}\left(\frac{a}{R}\right)^n\mathrm{P}_n(\cos\theta) & (R>a)\end{cases} \tag{4}$$

因 $R_0<a$，将(4)的第一式代入(3)，并由条件 $R=R_0,\varphi=0$，解出

$$b_n=\frac{-q_f}{4\pi\varepsilon}\frac{R_0^{2n+1}}{a^{n+1}}$$

$$\varphi=\frac{q_f}{4\pi\varepsilon r}-\frac{q_f}{4\pi\varepsilon}\sum_{n=0}^{\infty}\frac{R_0^{2n+1}}{a^{n+1}R^{n+1}}\mathrm{P}_n(\cos\theta)\quad (R>R_0) \tag{5}$$

将(4)代入(5)，便给出 $R_0\leqslant R\leqslant a$ 和 $R\geqslant a$ 两区域中电势的级数形式，仅在 $R=a,\theta=0$ 即点电荷 q_f 所在点级数发散.在 $R\geqslant a$ 区域，(5)式给出

$$\varphi=\frac{q_f}{4\pi\varepsilon}\sum_{n=0}^{\infty}\frac{1}{R^{n+1}}\left(a^n-\frac{R_0^{2n+1}}{a^{n+1}}\right)\mathrm{P}_n(\cos\theta) \tag{6}$$

它包含着这电荷体系所有各级电多极矩的电势，由

$$\mathrm{P}_0(\cos\theta)=1,\mathrm{P}_1(\cos\theta)=\cos\theta,\mathrm{P}_2(\cos\theta)=(3\cos^2\theta-1)/2$$

(6)式的前三项是单极项，偶极项和四极项电势：

$$\varphi^{(0)}=\frac{q_f}{4\pi\varepsilon\ R}\left(1-\frac{R_0}{a}\right) \tag{7}$$

$$\varphi^{(1)}=\frac{q_f}{4\pi\varepsilon\ R^2}\left(a-\frac{R_0^3}{a^2}\right)\cos\theta \tag{8}$$

$$\varphi^{(2)}=\frac{q_f}{8\pi\varepsilon\ R^3}\left(a^2-\frac{R_0^5}{a^3}\right)(3\cos^2\theta-1) \tag{9}$$

由(8)式和(9)式，可推知这体系的电偶极矩和电四极矩.

【镜像法】以假想的像电荷代替导体球与介质分界面真实的感应电荷及极化电荷对电场的贡献，为使所得的解满足求解区域即球外的方程(1)，像电荷必

须置于球内.由轴对称性,在球内 $z=b$ 处置像电荷 q',于是球外任一点的电势可写成

$$\varphi=\frac{q_{\mathrm{f}}}{4\pi\varepsilon r}+\frac{q'}{4\pi\varepsilon r'} \tag{10}$$

其中 r 是 q_{f} 到场点的距离,r'是 q'到场点的距离,即

$$\frac{1}{r}=\frac{1}{\sqrt{R^2+a^2-2Ra\cos\theta}}$$

$$\frac{1}{r'}=\frac{1}{\sqrt{R^2+b^2-2Rb\cos\theta}} \tag{11}$$

由 $R=R_0$,$\varphi=0$ 的条件,有

$$\left[\frac{q_{\mathrm{f}}}{r}+\frac{q'}{r'}\right]_{R=R_0}=0,\quad 即\frac{q'}{q_{\mathrm{f}}}=-\frac{r'}{r}\bigg|_{R=R_0}$$

将 r 和 r'代入上式并两边平方,可解出

$$q'=-q_{\mathrm{f}}R_0/a,\quad b=R_0^2/a \tag{12}$$

$$\varphi=\frac{q_{\mathrm{f}}}{4\pi\varepsilon r}-\frac{q_{\mathrm{f}}R_0/a}{4\pi\varepsilon r'} \tag{13}$$

此解与(5)式是一致的,它显然也满足 $R\to\infty$,$\varphi\to0$ 的条件.

2.13 接地的空心导体球内外半径为 R_1 和 R_2,在球内离球心为 $a(a<R_1)$处置一点电荷 q,用镜像法求电势.导体球上的感应电荷有多少?分布在内表面还是外表面?

【**解**】由于接地导体球壳的静电屏蔽作用,球壳及其外部空间的电势为零,求解区域为球腔内.设点电荷 q 位于 $z=a$,球腔内电势的定解条件为

$$\nabla^2\varphi=-q\delta(\boldsymbol{x}-a\boldsymbol{e}_z)/\varepsilon_0 \tag{1}$$

$$R=0,\quad \varphi\ 有限;\quad R=R_1,\quad \varphi=0 \tag{2}$$

由 z 轴对称性,将代替导体球面感应电荷的像电荷 q'置于 $z=b$ 处,且必须使 $b>R_1$,于是球腔内任一点的电势为

$$\varphi=\frac{1}{4\pi\varepsilon_0}\left(\frac{q}{r}+\frac{q'}{r'}\right) \tag{3}$$

其中 r 和 r'分别是 q 与 q'到场点的距离,即

$$\frac{1}{r}=\frac{1}{\sqrt{R^2+a^2-2Ra\cos\theta}}$$

$$\frac{1}{r'}=\frac{1}{\sqrt{R^2+b^2-2Rb\cos\theta}} \tag{4}$$

由 $R=R_1$,$\varphi=0$ 的条件,解出

$$q'=-qR_1/a,\quad b=R_1^2/a \tag{5}$$

将(4)和(5)代入(3),得

$$\varphi=\frac{1}{4\pi\varepsilon_0}\left[\frac{q}{\sqrt{R^2+a^2-2Ra\cos\theta}}+\frac{-qR_1/a}{\sqrt{R^2+(R_1^2/a)^2-2R(R_1^2/a)\cos\theta}}\right] \tag{6}$$

这解显然满足 $R=0$,φ 值有限的条件.因球壳及球外电势为零,感应电荷只能分布于球壳内表面,设其总电荷量为 q_i,则球壳内的总电荷量为 $q+q_i$,而导体中 $\boldsymbol{D}=0$,于是由高斯定理

$$q+q_i=\oint_S \boldsymbol{D}\cdot \mathrm{d}\boldsymbol{S}=0,\quad 得\ q_i=-q \tag{7}$$

可见导体球壳内表面出现的真实的感应电荷 q_i,不等于假想的像电荷 q'.

2.14 上题的导体球壳不接地,而是带电荷量 q_0,或使其有确定电势 φ_0,试求这两种情况的电势.又问 φ_0 与 q_0 是何种关系时,两情况的解是相等的?

【解】 导体球壳的电势 φ_2 为常数,球腔内电势为 φ_1,球壳外电势为 φ_3.当导体球壳带有电荷 q_0 时,定解条件为

$$\nabla^2\varphi_1=-q\delta(\boldsymbol{x}-a\boldsymbol{e}_z)/\varepsilon_0,\quad \nabla^2\varphi_3=0 \tag{1}$$

$$R=0,\quad \varphi_1\ 有限;\quad R\to\infty,\quad \varphi_3\to 0 \tag{2}$$

$$\varphi_1\big|_{R=R_1}=\varphi_3\big|_{R=R_2}=\varphi_0(未知常数) \tag{3}$$

$$但\ R=R_2,\quad q+q_0=-\varepsilon_0\oint_S\frac{\partial\varphi_3}{\partial R}\mathrm{d}S \tag{4}$$

因球壳外部无电荷分布,由条件(3),球壳外的电势必定是球对称的,又由条件(4),可知外部电势相当于总电荷量 $q+q_0$ 集中于球心时所产生:

$$\varphi_3=\frac{q+q_0}{4\pi\varepsilon_0 R}\quad (R>R_2) \tag{5}$$

因此导体球壳的电势及外球面的电荷密度分别是

$$\varphi_0=\frac{q+q_0}{4\pi\varepsilon_0 R_2},\quad \sigma_2=\frac{q+q_0}{4\pi R_2^2}\quad (R=R_2) \tag{6}$$

对于球腔内的电势,代替内球面感应电荷的像电荷 q'仍应置于$z=b$,且必须使 $b>R_1$;而外球面均匀分布的电荷在球腔内产生的电场为零,相应的电势可以是任意常数,就令其为 φ_0,于是球腔内任一点的电势可写为

$$\varphi_1=\frac{1}{4\pi\varepsilon_0}\left[\frac{q}{r}+\frac{q'}{r'}\right]+\varphi_0\quad (R<R_1) \tag{7}$$

其中 $1/r$ 和 $1/r'$如上题(4)式.将(7)代入条件(3),解出

$$q'=-qR_1/a,\quad b=R_1^2/a \tag{8}$$

$$\varphi_1=\frac{1}{4\pi\varepsilon_0}\left[\frac{q}{\sqrt{R^2+a^2-2Ra\cos\theta}}+\frac{-qR_1/a}{\sqrt{R^2+(R_1^2/a)^2-2R(R_1^2/a)\cos\theta}}+\frac{q+q_0}{R_2}\right] \tag{9}$$

当预先给定球壳的电势 φ_0 时，定解条件(3)和(4)就是

$$\varphi_1\big|_{R=R_1}=\varphi_3\big|_{R=R_2}=\varphi_0 \quad (\text{已知常数}) \tag{10}$$

按同样分析，可得

$$\varphi_3=\frac{\varphi_0 R_2}{R} \quad (R>R_2) \tag{11}$$

$$\varphi_1=\frac{1}{4\pi\varepsilon_0}\left[\frac{q}{\sqrt{R^2+a^2-2Ra\cos\theta}}+\frac{-qR_1/a}{\sqrt{R^2+(R_1^2/a)^2-2R(R_1^2/a)\cos\theta}}\right]+\varphi_0 \quad (R<R_1) \tag{12}$$

由(9)和(12)式可知，当 $\varphi_0=(q+q_0)/4\pi\varepsilon_0 R_2$ 时，两种情况下的解相等.

2.15 在接地的导体平面上有一半径为 a 的半球凸部，半球的球心在导体平面上，点电荷 q 位于系统的对称轴上，并与平面相距为 $b(b>a)$，试用镜像法求空间电势.

【解】 以 z 轴为系统的对称轴，球心为坐标原点，如图 2.4.求解区域为导体表面上方空间，导体表面的电势为零，定解条件为

$$\nabla^2\varphi=-q\delta(x,y,z-b)/\varepsilon_0$$

$$R=a,\text{以及 } R>a \text{ 但 } z=0 \text{ 处}, \quad \varphi=0$$

$$R\to\infty, \quad \varphi\to 0$$

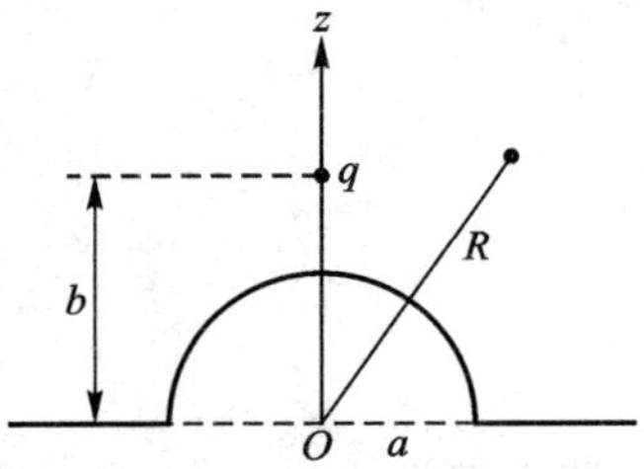

图 2.4 (2.15 题)

要满足导体表面电势为零的条件，需在导体内设置三个假想的像电荷：在 $z=-b$ 处置 $-q$，在 $z=a^2/b$ 处置 $-qa/b$，在 $z=-a^2/b$处置 $+qa/b$.于是导体外任一点的电势为

$$\varphi=\frac{1}{4\pi\varepsilon_0}\left[\frac{q}{\sqrt{x^2+y^2+(z-b)^2}}+\frac{-q}{\sqrt{x^2+y^2+(z+b)^2}}+\frac{-qa/b}{\sqrt{x^2+y^2+(z-a^2/b)^2}}+\frac{qa/b}{\sqrt{x^2+y^2+(z+a^2/b)^2}}\right]$$

此解显然也满足 $R\to\infty$，$\varphi\to 0$.

2.16 有一点电荷 q 位于两个互相垂直的接地导体平面所围成的直角空间内，它到两个平面的距离为 a 和 b，求空间电势.

【解】 设两导体平面为 $y=0$ 和 $z=0$，导体电势为零.点电荷 q 位于 $(0,a,b)$，求解区域为 $y>0,z>0$ 的空间.定解条件为

$$\nabla^2\varphi=-q\delta(x,y-a,z-b)/\varepsilon_0$$

$$y=0,z=0 \text{ 处}, \varphi=0; \quad R\to\infty, \varphi\to 0$$

要满足全部条件，需要设置三个像电荷：$(0,+a,-b)$处置 $-q$，$(0,-a,-b)$处置 $+q$，$(0,-a+b)$处置 $-q$，于是求解区域内任一点的电势为

$$\varphi=\frac{q}{4\pi\varepsilon_0}\left[\frac{1}{\sqrt{x^2+(y-a)^2+(z-b)^2}}-\frac{1}{\sqrt{x^2+(y-a)^2+(z+b)^2}}+\right.$$

$$\left.\frac{1}{\sqrt{x^2+(y+a)^2+(z+b)^2}}-\frac{1}{\sqrt{x^2+(y+a)^2+(z-b)^2}}\right]$$

2.17 设有两平面围成的直角形无穷容器，其内充满电导率为 σ 的液体，取该两平面为 xz 面和 yz 面，在 (x_0,y_0,z_0) 和 $(x_0,y_0,-z_0)$ 两点分别置正负电极并通以电流 I，求导电液体中的电势.

【解】 导电液体中电流密度 $\boldsymbol{J}=\sigma\boldsymbol{E}$，连接电极的导线中 $\boldsymbol{J}'=\sigma'\boldsymbol{E}'$，设导线的电导率 $\sigma'\gg\sigma$，分别作包围正、负电极的闭合曲面，由高斯定理可求出两电极的电荷量为

$$q=\pm\varepsilon_0\oint_S\boldsymbol{E}\cdot\mathrm{d}\boldsymbol{S}=\pm\varepsilon_0\left(\frac{1}{\sigma'}\int_{S_1}\boldsymbol{J}'\cdot\mathrm{d}\boldsymbol{S}+\frac{1}{\sigma}\int_{S_2}\boldsymbol{J}\cdot\mathrm{d}\boldsymbol{S}\right)$$

$$=\pm\varepsilon_0(-I/\sigma'+I/\sigma)\approx\pm\varepsilon_0 I/\sigma$$

平面 xz 和 yz 之外是绝缘体，故求解区域为 $x>0,y>0$，定解条件为

$$\nabla^2\varphi=0\quad（除正负电极所在点外）$$

$$x=0\ 处，\quad J_x=\sigma E_x=0,\quad 即\frac{\partial\varphi}{\partial x}=0$$

$$y=0\ 处，\quad J_y=\sigma E_y=0,\quad 即\frac{\partial\varphi}{\partial y}=0$$

$$R\to\infty,\quad \varphi\to 0$$

对位于 (x_0,y_0,z_0) 的正电极 $+q$，分别在 $(-x_0,y_0,z_0)$，$(x_0,-y_0,z_0)$，$(-x_0,-y_0,z_0)$ 设置像电荷 $+q$；对位于 $(x_0,y_0,-z_0)$ 的负电极 $-q$，分别在 $(-x_0,y_0,-z_0)$，$(x_0,-y_0,-z_0)$，$(-x_0,-y_0,-z_0)$ 设置像电荷 $-q$.所有这 8 个点电荷产生的电势，可满足上述全部定解条件.

2.18 一半径为 R_0 的球面，在球坐标 $0<\theta<\pi/2$ 的半球面上电势为 φ_0，在 $\pi/2<\theta<\pi$ 的半球面上电势为 $-\varphi_0$，求空间各点的电势.

【解】 以球心为坐标原点，对称轴为 z 轴，如图 2.5.球内电势 φ_1，球外电势 φ_2 均满足方程 $\nabla^2\varphi=0$，由轴对称性及 $R=0$，φ_1 有限，$R\to\infty$，$\varphi_2\to 0$ 的条件，有

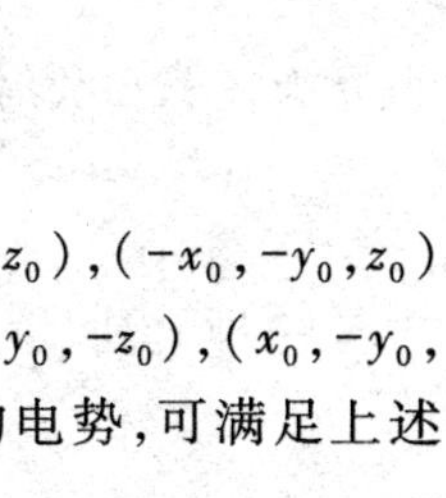

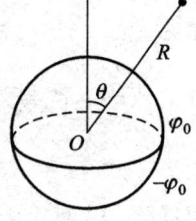

图 2.5　(2.18 题)

$$\varphi_1=\sum_{n=1}^{\infty}a_nR^n\mathrm{P}_n(\cos\theta),\quad \varphi_2=\sum_{n=1}^{\infty}\frac{b_n}{R^{n+1}}\mathrm{P}_n(\cos\theta)\quad(1)$$

在球面即 $R=R_0$ 处

$$0<\theta<\pi/2,\quad \varphi_2=\varphi_1=\varphi_0$$

$$\pi/2<\theta<\pi,\quad \varphi_2=\varphi_1=-\varphi_0\quad(2)$$

函数 $f(x)=f(\cos\theta)$ 在区间 $-1\leqslant x\leqslant +1$，即 $0\leqslant\theta\leqslant\pi$ 展开为级数

$$f(x)=\sum_{n=0}^{\infty}C_n\mathrm{P}_n(\cos\theta)=\sum_{n=0}^{\infty}C_n\mathrm{P}_n(x) \tag{3}$$

时，其系数为

$$C_n=\frac{2n+1}{2}\int_{-1}^{+1}f(x)\mathrm{P}_n(x)\,\mathrm{d}x \tag{4}$$

于是对级数 φ_1，由条件(2)，有

$$\begin{aligned}a_nR_0^n&=\frac{2n+1}{2}\int_{-1}^{+1}\varphi_1(x)\mathrm{P}_n(x)\,\mathrm{d}x\\&=\frac{2n+1}{2}\left[\int_0^{+1}\varphi_0\mathrm{P}_n(x)\,\mathrm{d}x-\int_{-1}^{0}\varphi_0\mathrm{P}_n(x)\,\mathrm{d}x\right]\\&=(2n+1)\varphi_0\int_0^1\mathrm{P}_n(x)\,\mathrm{d}x\end{aligned} \tag{5}$$

由勒让德多项式的递推关系

$$\frac{\mathrm{d}}{\mathrm{d}x}[\mathrm{P}_{n+1}(x)-\mathrm{P}_{n-1}(x)]=(2n+1)\mathrm{P}_n(x) \tag{6}$$

$$\begin{aligned}\int_0^1\mathrm{P}_n(x)\,\mathrm{d}x&=\frac{1}{2n+1}[\mathrm{P}_{n+1}(x)-\mathrm{P}_{n-1}(x)]_0^1\\&=\frac{1}{2n+1}[\mathrm{P}_{n+1}(1)-\mathrm{P}_{n+1}(0)-\mathrm{P}_{n-1}(1)+\mathrm{P}_{n-1}(0)]\end{aligned} \tag{7}$$

当 n 为任意整数时 $\mathrm{P}_n(1)=0$；当 n 为奇数时 $\mathrm{P}_n(0)=0$，当 n 为偶数时

$$\mathrm{P}_n(0)=(-1)^{n/2}\frac{1\cdot3\cdot5\cdot\cdots\cdot(n-1)}{2\cdot4\cdot6\cdot\cdots\cdot n}$$

于是(5)式中的积分

$$\int_0^1\mathrm{P}_n(x)\,\mathrm{d}x=0\quad(n\text{ 为偶数})$$

$$\int_0^1\mathrm{P}_n(x)\,\mathrm{d}x=(-1)^{\frac{n-1}{2}}\frac{1\cdot3\cdot5\cdot\cdots\cdot(n-2)}{2\cdot4\cdot6\cdot\cdots\cdot(n+1)}\quad(n\text{ 为奇数}) \tag{8}$$

即 $a_n=(-1)^{\frac{n-1}{2}}(2n+1)\dfrac{1\cdot3\cdot5\cdot\cdots\cdot(n-2)}{2\cdot4\cdot6\cdot\cdots\cdot(n+1)}\dfrac{\varphi_0}{R_0^n}$ （n 仅为奇数）

将上式的 n 改写为 $2n+1$，因而对任意整数 n，有

$$a_{2n+1}=(-1)^n(4n+3)\frac{1\cdot3\cdot5\cdot\cdots\cdot(2n-1)}{2\cdot4\cdot6\cdot\cdots\cdot2n}\frac{\varphi_0}{R_0^{2n+1}} \tag{9}$$

同样将(1)两式中的 n 改写为 $2n+1$，并由 $R=R_0$ 处 $\varphi_1=\varphi_2$，得 φ_2 的系数

$$b_{2n+1}=a_{2n+1}R_0^{4n+3} \tag{10}$$

最后得球内外两区域的电势：

$$\varphi_1=\sum_{n=0}^{\infty}A_n\left(\frac{R}{R_0}\right)^{2n+1}\mathrm{P}_{2n+1}(\cos\theta)\quad(R<R_0) \tag{11}$$

$$\varphi_2=\sum_{n=0}^{\infty}A_n\left(\frac{R_0}{R}\right)^{2n+2}\mathrm{P}_{2n+1}(\cos\theta)\quad(R>R_0)\tag{12}$$

其中 $A_n=a_{2n+1}R_0^{2n+1}$，a_{2n+1} 由(9)式给出.(12)式中 $n=0$ 为偶极项，$n=1$ 为八极项……

2.19 上题能用格林函数求解吗？结果如何？

【**解**】这问题给定的边界条件是球面 S 的电势，故应选择第一类边值问题的格林函数，即在球面 S 上 $G(\boldsymbol{x}',\boldsymbol{x})=0$.球空间格林函数

$$G(\boldsymbol{x}',\boldsymbol{x})=\frac{1}{4\pi\varepsilon_0}\left[\frac{1}{\sqrt{R^2+R'^2-2RR'\cos\alpha}}-\frac{1}{\sqrt{(RR'/R_0)^2+R_0^2-2RR'\cos\alpha}}\right]\tag{1}$$

满足 $R'=R_0$ 处 $G=0$，其中 α 是场点位矢 $\boldsymbol{x}$ 与单位点源位矢 $\boldsymbol{x}'$ 之间的夹角：

$$\cos\alpha=\cos\theta\cos\theta'+\sin\theta\sin\theta'\cos(\phi-\phi')\tag{2}$$

(R,θ,ϕ) 与 (R',θ',ϕ') 分别是场点和点源的坐标.因球内电荷体密度 $\rho=0$，由(2.25)式，球内任一点的电势由积分

$$\varphi(\boldsymbol{x})=-\varepsilon_0\oint_S\varphi(\boldsymbol{x}')\frac{\partial G(\boldsymbol{x}',\boldsymbol{x})}{\partial R'}\mathrm{d}S'\tag{3}$$

给出，积分面是 $R'=R_0$ 的球面.球内任一场点到球心的距离 $R\leqslant R'$，故有 $RR'\leqslant R_0^2$，而轴对称下的球函数加法公式为

$$\mathrm{P}_n(\cos\alpha)=\mathrm{P}_n(\cos\theta)\mathrm{P}_n(\cos\theta')=\mathrm{P}_n(x)\mathrm{P}_n(x')\tag{4}$$

因此格林函数(1)可展开为

$$G(\boldsymbol{x}',\boldsymbol{x})=\frac{1}{4\pi\varepsilon_0}\sum_{n=0}^{\infty}\left[\frac{R^n}{R'^{n+1}}-\frac{R^2R'^2}{R_0^{2n+1}}\right]\mathrm{P}_n(x)\mathrm{P}_n(x')\tag{5}$$

于是有

$$\left.\frac{\partial G}{\partial R'}\right|_{R'=R_0}=\frac{-1}{4\pi\varepsilon_0}\sum_{n=0}^{\infty}(2n+1)\frac{R^n}{R_0^{n+2}}\mathrm{P}_n(x)\mathrm{P}_n(x')\tag{6}$$

球面元 $\mathrm{d}S'=R_0^2\sin\theta'\mathrm{d}\theta'\mathrm{d}\phi'=-R_0^2\mathrm{d}x'\mathrm{d}\phi'$，球面 S 上给定的边值为：$0\leqslant x'\leqslant1$ 处 $\varphi=\varphi_0$，$-1\leqslant x'\leqslant0$ 处 $\varphi=-\varphi_0$，于是由(3)式，得球内任一点的电势

$$\begin{aligned}\varphi_1&=2\pi\varepsilon_0R_0^2\left[\int_{+1}^{0}\varphi_0\frac{\partial G}{\partial R'}\mathrm{d}x'-\int_0^{-1}\varphi_0\frac{\partial G}{\partial R'}\mathrm{d}x'\right]\\&=-4\pi\varepsilon_0R_0^2\varphi_0\int_0^1\frac{\partial G}{\partial R'}\mathrm{d}x'\\&=\varphi_0\sum_{n=0}^{\infty}(2n+1)\left(\frac{R}{R_0}\right)^n\mathrm{P}_n(x)\int_0^1\mathrm{P}_n(x')\mathrm{d}x'\end{aligned}\tag{7}$$

对 $\mathrm{P}_n(x')$ 的积分已由上题(8)式给出，同样将其中的 n 改为 $2n+1$，便得到

$$\varphi_1=\sum_{n=0}^{\infty}A_n\left(\frac{R}{R_0}\right)^{2n+1}\mathrm{P}_{2n+1}(\cos\theta)\quad(R<R_0)\tag{8}$$

其中 $A_n=a_{2n+1}R_0^{2n+1}$，a_{2n+1} 由上题(9)式给出.球外区域的电势可写为

$$\varphi_2=\sum_{n=0}^{\infty}\frac{b_{2n+1}}{R^{2n+2}}\mathrm{P}_{2n+1}(\cos\theta)\tag{9}$$

由 $R=R_0$ 处 $\varphi_2=\varphi_1$，可得 $b_{2n+1}=a_{2n+1}R_0^{4n+3}$，于是有

$$\varphi_2=\sum_{n=0}^{\infty}A_n\left(\frac{R_0}{R}\right)^{2n+2}\mathrm{P}_{2n+1}(\cos\theta)\quad(R>R_0)\tag{10}$$

这与分离变量法所得的结果一致.

补 充 题

2.20 已知电荷体系的电势为 $\varphi=q\mathrm{e}^{-br}/4\pi\varepsilon_0 r$，其中 r 是离开坐标原点的距离，常数 b 的倒数有长度的量纲，求电荷分布.

【解】 电势分布为球对称性，且当 $r\to\infty$ 时，$\varphi\to 0$.由泊松方程 $\nabla^2\varphi=-\rho/\varepsilon_0$，电荷分布函数为

$$\rho=-\varepsilon_0\nabla^2\varphi=-\frac{q}{4\pi}\nabla\cdot\nabla\left(\frac{\mathrm{e}^{-br}}{r}\right)$$
$$=-\frac{q}{4\pi}\left[\left(\nabla\cdot\nabla\frac{1}{r}\right)\mathrm{e}^{-br}+2\left(\nabla\frac{1}{r}\right)\cdot\nabla\mathrm{e}^{-br}+\frac{1}{r}\nabla\cdot\nabla\mathrm{e}^{-br}\right]$$

而

$$\nabla\frac{1}{r}=-\frac{\boldsymbol{r}}{r^3},\quad \nabla\cdot\nabla\frac{1}{r}=-\nabla\cdot\left(\frac{\boldsymbol{r}}{r^3}\right)=-4\pi\delta(\boldsymbol{r})$$

$$\delta(\boldsymbol{r})\mathrm{e}^{-br}=\delta(\boldsymbol{r}),\quad \nabla\mathrm{e}^{-br}=-\frac{b\boldsymbol{r}}{r}\mathrm{e}^{-br}$$

于是有

$$\rho=q\delta(\boldsymbol{r})-\frac{qb^2}{4\pi}\frac{\mathrm{e}^{-br}}{r}$$

第一项是位于原点的点电荷 $+q$ 的密度.将第二项对整个空间体积分将给出电荷量为 $-q$，它描写球对称分布的电子云密度.

2.21 半轴为 a,b,c 的椭球体内均匀带电，总电荷量为 q，求它在远处准确至四极项的电势.讨论 $a=b$，及 $a=b=c$ 的情形.

【解】 以椭球中心为坐标原点.椭球方程为

$$\frac{x'^2}{a^2}+\frac{y'^2}{b^2}+\frac{z'^2}{c^2}\leqslant 1$$

椭球内电荷密度 $\rho=3q/4\pi abc$.电荷分布偏离了球对称,也偏离轴对称,但有坐标原点的对称性,因此电偶极矩 $\boldsymbol{p}=0$.为便于计算四极矩,将电荷分布点的坐标作变换:

$$x'=ar'\sin\theta'\cos\phi',\quad y'=br'\sin\theta'\sin\phi',\quad z'=cr'\cos\theta'$$

其中 r',θ',ϕ' 为球坐标.将这变换代入椭球方程,得半径为 $r'=1$ 的单位球方程.于是体积元和积分区间为

$$\mathrm{d}V'=abcr'^2\sin\theta'\mathrm{d}r'\mathrm{d}\theta'\mathrm{d}\phi'$$

$$0\leqslant r'\leqslant 1,\quad 0\leqslant\theta'\leqslant\pi,\quad 0\leqslant\phi'\leqslant 2\pi$$

利用

$$\mathscr{D}_{ij}=\int_V(3x_i'x_j'-r'^2\delta_{ij})\rho\mathrm{d}V',\quad \mathscr{D}_{xx}+\mathscr{D}_{yy}+\mathscr{D}_{zz}=0$$

计算电四极矩,得

$$\mathscr{D}_{xx}=\int_V(2x'^2-y'^2-z'^2)\rho\mathrm{d}V'=\frac{q}{5}(2a^2-b^2-c^2)$$

$$\mathscr{D}_{yy}=\int_V(2y'^2-x'^2-z'^2)\rho\mathrm{d}V'=\frac{q}{5}(2b^2-a^2-c^2)$$

$$\mathscr{D}_{zz}=-(\mathscr{D}_{xx}+\mathscr{D}_{yy})=\frac{q}{5}(2c^2-a^2-b^2)$$

$$\mathscr{D}_{ij}=\int_V 3x'_ix'_j\rho\mathrm{d}V'=0\quad(i\neq j)$$

于是四极矩的电势为

$$\begin{aligned}\varphi^{(2)}(\boldsymbol{x})&=\frac{1}{24\pi\varepsilon_0}\sum_{i,j=1}^{3}\mathscr{D}_{ij}\frac{\partial^2}{\partial x_i\partial x_j}\frac{1}{R}\\&=\frac{1}{24\pi\varepsilon_0}\left[\mathscr{D}_{xx}\frac{\partial^2}{\partial x^2}+\mathscr{D}_{yy}\frac{\partial^2}{\partial y^2}+\mathscr{D}_{zz}\frac{\partial^2}{\partial z^2}\right]\frac{1}{R}\\&=\frac{q}{40\pi\varepsilon_0R^5}[(3x^2-R^2)a^2+(3y^2-R^2)b^2+(3z^2-R^2)c^2]\end{aligned}$$

它偏离了轴对称性.远处准确到四极项的电势为

$$\varphi(\boldsymbol{x})=\varphi^{(0)}+\varphi^{(2)}=\frac{q}{4\pi\varepsilon_0R}+\varphi^{(2)}$$

当 $a=b$,即为均匀带电的旋转椭球,由 $z=R\cos\theta$,此时

$$\varphi^{(2)}=\frac{q}{40\pi\varepsilon_0R^3}(c^2-a^2)(3\cos^2\theta-1)$$

有 z 轴的对称性.当 $a=b=c$,即为均匀带电球,便有 $\varphi^{(2)}=0$,球外电势只有单极项 $\varphi^{(0)}$.

2.22 在均匀静电场 $\boldsymbol{E}_0$ 中置入半径为 R_0 的导体球,证明在与外场平行的方向上,导体球面受到的静电张力等值反向,因而有分裂成两半的趋势.

【解】以球心为坐标原点，令 $\boldsymbol{E}_0=E_0\boldsymbol{e}_z$，且令导体球电势为零.球外电势满足方程$\nabla^2\varphi=0$，由边界条件 $R\to\infty$，$\varphi\to-E_0R\cos\theta$；$R=R_0$，$\varphi=0$，得

$$\varphi=-E_0R\cos\theta+\frac{E_0R_0^3}{R^2}\cos\theta$$

第一项为原外场，第二项为电偶极场.导体球面的电场强度为

$$\boldsymbol{E}=-\nabla\varphi\big|_{R=R_0}=3E_0\cos\theta\ \boldsymbol{e}_R$$

于是它表面受到的静电应力密度为

$$\boldsymbol{f}_S=-\boldsymbol{e}_R\cdot\overleftrightarrow{T}=-\boldsymbol{e}_R\cdot\left(-\varepsilon_0\boldsymbol{EE}+\frac{1}{2}\varepsilon_0E^2\overleftrightarrow{I}\right)$$

$$=\frac{1}{2}\varepsilon_0E^2\boldsymbol{e}_R=\frac{9}{2}\varepsilon_0E_0^2\cos^2\theta\ \boldsymbol{e}_R$$

在 $\theta=0,\pi$，即与作用外场平行的方向上力密度最大.将上式的 $\boldsymbol{e}_R$ 分解为三个直角分量[见附录(Ⅴ.9)式]，并对两半球面积分，得两半球面受到的力分别为

$$\boldsymbol{F}_{上}=\int_S\boldsymbol{f}_S\mathrm{d}S=\frac{9}{4}\pi\varepsilon_0E_0^2R_0^2\boldsymbol{e}_z\quad(0\leqslant\theta\leqslant\pi/2)$$

$$\boldsymbol{F}_{下}=\int_S\boldsymbol{f}_S\mathrm{d}S=-\frac{9}{4}\pi\varepsilon_0E_0^2R_0^2\boldsymbol{e}_z\quad(\pi/2\leqslant\theta\leqslant\pi)$$

两者等值反向，因而导体球有分裂成两半的趋势.

2.23 在 $z>0$ 和 $z<0$ 两区域分别充满电容率为 ε_2 与 ε_1 的均匀介质，$z=a$ 处有一点电荷 q，求电势分布，以及电荷 q 受到的作用力.

【解】这问题有 z 轴对称性.电荷 q 的电场使两区域的介质均被极化.定解条件为

$$\nabla^2\varphi_2=-q\delta(x,y,z-a)/\varepsilon_2,\quad\nabla^2\varphi_1=0\tag{1}$$

$$z=0:\quad\varphi_2=\varphi_1,\quad\varepsilon_2\frac{\partial\varphi_2}{\partial z}=\varepsilon_1\frac{\partial\varphi_1}{\partial z}\tag{2}$$

以假想的像电荷产生的场代替极化电荷的场.为满足 $z>0$ 区域 φ_2 的方程，在 $z=-a$ 处置像电荷 q'，则此区域任一点的电势为

$$\varphi_2=\frac{1}{4\pi\varepsilon_2}\left[\frac{q}{\sqrt{x^2+y^2+(z-a)^2}}+\frac{q'}{\sqrt{x^2+y^2+(z+a)^2}}\right]\tag{3}$$

为满足 $z<0$ 区域 φ_1 的方程，设 $z=a$ 处原电荷 q 与像电荷之和为 q''，于是此区域的电势为

$$\varphi_1=\frac{1}{4\pi\varepsilon_1}\frac{q''}{\sqrt{x^2+y^2+(z-a)^2}}\tag{4}$$

由条件(2)，可解得

$$q'=-\frac{\varepsilon_1-\varepsilon_2}{\varepsilon_1+\varepsilon_2}q,\quad q''=-q'=q+\frac{-2\varepsilon_2}{\varepsilon_1+\varepsilon_2}q\tag{5}$$

将 q' 和 q'' 代入(3)和(4),即得电势解.电荷 q 受到的力,等效于 q' 的电场对其作用力:

$$\boldsymbol{F}=q\boldsymbol{E}'=\frac{qq'}{4\pi\varepsilon_2(2a)^2}\boldsymbol{e}_z=-\frac{q^2(\varepsilon_1-\varepsilon_2)}{16\pi\varepsilon_2(\varepsilon_1+\varepsilon_2)a^2}\boldsymbol{e}_z \tag{6}$$

若 $\varepsilon_1>\varepsilon_2$,$q$ 将受到吸引力,这是因为,此时界面即 $z=0$ 处出现的总极化电荷(在无限靠近界面的两侧,都有极化面电荷分布)面密度

$$\sigma_{\mathrm{p}}=\varepsilon_0\boldsymbol{e}_z\cdot(\boldsymbol{E}_2-\boldsymbol{E}_1)=-\varepsilon_0\left(\frac{\partial\varphi_2}{\partial z}-\frac{\partial\varphi_1}{\partial z}\right) \tag{7}$$

与 q 异号;若 $\varepsilon_1<\varepsilon_2$,此时 σ_{p} 将与 q 同号,q 将受到排斥力.

第三章 静 磁 场

要 点 概 述

3.1 静磁场方程和矢势

恒定电流产生静磁场,电流和磁场的分布均与时间无关,场方程为

$$\nabla\times\boldsymbol{B}=\mu_0\boldsymbol{J},\quad \nabla\cdot\boldsymbol{B}=0 \tag{3.1}$$

由于磁场的无源性,可引入矢势函数 $\boldsymbol{A}$,使

$$\boldsymbol{B}=\nabla\times\boldsymbol{A} \tag{3.2}$$

将此式对任意非闭合曲面 S 积分,并由斯托克斯定理,有

$$\int_S\boldsymbol{B}\cdot\mathrm{d}\boldsymbol{S}=\int_S\nabla\times\boldsymbol{A}\cdot\mathrm{d}\boldsymbol{S}=\oint_L\boldsymbol{A}\cdot\mathrm{d}\boldsymbol{l} \tag{3.3}$$

即矢势 $\boldsymbol{A}$ 沿任意闭合路径 L 的环量,等于通过以 L 为边界的曲面 S 之磁通量.可见只有矢势的环量才有物理意义,一点上矢势的绝对值没有明确意义.由于对任意标量场 ψ,均有 $\nabla\times\nabla\psi=0$,因此对于同一个 $\boldsymbol{B}$ 场,可有任意多个矢势 $\boldsymbol{A}+\nabla\psi$ 与之对应,原因在于作为矢量场的 $\boldsymbol{A}$,只由(3.2)给出它的旋度,没有限定其散度,故 $\boldsymbol{A}$ 未确定.

将(3.2)代入(3.1)的第一式,并限定 $\nabla\cdot\boldsymbol{A}=0$(称为库仑规范),可得矢势方程:

$$\nabla^2\boldsymbol{A}=-\mu_0\boldsymbol{J}\quad(\nabla\cdot\boldsymbol{A}=0) \tag{3.4}$$

它在无界空间的解为

$$\boldsymbol{A}(\boldsymbol{x})=\frac{\mu_0}{4\pi}\int_V\frac{\boldsymbol{J}(\boldsymbol{x}')}{r}\mathrm{d}V' \tag{3.5}$$

r 是电流分布点 $\boldsymbol{x}'$ 到场点 $\boldsymbol{x}$ 的距离,积分遍及电流分布区域 V,其中已把无穷远处选择为 $\boldsymbol{A}$ 的零值参考点.这积分意味着矢势 $\boldsymbol{A}$ 与静电势 φ 一样遵从叠加原理.对(3.5)求场点的旋度,即给出毕奥-萨伐尔定律(1.7)式.只要给定电流分布函数 $\boldsymbol{J}(\boldsymbol{x}')$,由(3.5)式可求出矢势,再由(3.2)式可求出磁场 $\boldsymbol{B}$.若已知 $\boldsymbol{B}$ 或 $\boldsymbol{A}$ 的分布,由(3.1)的第一式或(3.4),可求出电流分布 $\boldsymbol{J}(\boldsymbol{x})$.

3.2 磁偶极矩的势和磁场

如同电荷系统在其外部的电场那样，任何电流系统在其外部的磁场，也可表示成一系列多极矩场的叠加.在远处，(3.5)式可展开为级数：

$$\boldsymbol{A}(\boldsymbol{x})=\boldsymbol{A}^{(0)}+\boldsymbol{A}^{(1)}+\cdots \tag{3.6}$$

其中单极项 $\boldsymbol{A}^{(0)}=0$，偶极项为

$$\boldsymbol{A}^{(1)}=\frac{\mu_0}{4\pi}\frac{\boldsymbol{m}\times\boldsymbol{R}}{R^3} \tag{3.7}$$

$\boldsymbol{R}=\boldsymbol{x}$ 是坐标原点到场点的矢径，R 是原点到场点的距离，$\boldsymbol{m}$ 为电流系统的磁偶极矩：

$$\boldsymbol{m}=\frac{1}{2}\int_V \boldsymbol{x}'\times\boldsymbol{J}(\boldsymbol{x}')\mathrm{d}V' \tag{3.8}$$

它的磁场为

$$\boldsymbol{B}(\boldsymbol{x})=\nabla\times\boldsymbol{A}^{(1)}=\frac{\mu_0}{4\pi}\left[\frac{3(\boldsymbol{m}\cdot\boldsymbol{R})\boldsymbol{R}}{R^5}-\frac{\boldsymbol{m}}{R^3}\right] \tag{3.9}$$

在电流密度 $\boldsymbol{J}=0$ 的单连通区域内，磁场旋度方程满足$\nabla\times\boldsymbol{B}=0$，故可引入磁标势 φ，使

$$\boldsymbol{B}=-\mu_0\nabla\varphi \tag{3.10}$$

磁偶极矩 $\boldsymbol{m}$ 的标势为

$$\varphi^{(1)}=\frac{\boldsymbol{m}\cdot\boldsymbol{R}}{4\pi R^3} \tag{3.11}$$

将磁偶极矩 $\boldsymbol{m}$ 的磁场表达式(3.9)与电偶极矩 $\boldsymbol{p}$ 的电场表达式(2.14)加以比较，可知当 $\boldsymbol{p}\to\boldsymbol{m}/c^2$，有 $\boldsymbol{E}\to\boldsymbol{B}$，这代换反映了 $\boldsymbol{p}$ 与 $\boldsymbol{m}$ 的场有对偶性.

3.3 静磁场边值问题

有不同介质分布时，已知电流的磁场将使介质出现磁化电流，磁化电流反过来又激发磁场，而磁化电流通常不能预先求出.因此，必须根据给定介质的电磁性质和边界条件，求解磁场或势的微分方程，才能求出磁场分布.如同静电场边值问题一样，寻找静磁场边值问题解的依据，是唯一性定理.

静磁场方程和边值关系 连续介质内的静磁场方程为

$$\nabla\times\boldsymbol{H}=\boldsymbol{J}_{\mathrm{f}},\quad \nabla\cdot\boldsymbol{B}=0 \tag{3.12}$$

$\boldsymbol{J}_{\mathrm{f}}$ 为传导电流密度.在两种介质分界面上，一般情况下的边值关系为

$$\boldsymbol{e}_{\mathrm{n}}\cdot(\boldsymbol{B}_2-\boldsymbol{B}_1)=0,\quad \boldsymbol{e}_{\mathrm{n}}\times(\boldsymbol{H}_2-\boldsymbol{H}_1)=\boldsymbol{\alpha}_{\mathrm{f}} \tag{3.13}$$

由磁场强度的定义 $\boldsymbol{H}=\boldsymbol{B}/\mu_0-\boldsymbol{M}$，而一般情况下界面两边磁化强度 $\boldsymbol{M}$ 的跃变关系为 $\boldsymbol{e}_{\mathrm{n}}\times(\boldsymbol{M}_2-\boldsymbol{M}_1)=\boldsymbol{\alpha}_{\mathrm{M}}$，故第二个边值关系与 $\boldsymbol{e}_{\mathrm{n}}\times(\boldsymbol{B}_2-\boldsymbol{B}_1)=\mu_0(\boldsymbol{\alpha}_{\mathrm{f}}+\boldsymbol{\alpha}_{\mathrm{M}})$ 等

价.$\boldsymbol{\alpha}_f$ 是界面的传导电流面密度,$\boldsymbol{\alpha}_M$ 是磁化电流面密度.在非导电介质的分界面上,一般有 $\boldsymbol{\alpha}_f=0$.

矢势的微分方程和边值关系 当介质是分区线性均匀的,则在区域 i 内,$\boldsymbol{B}=\mu_i\boldsymbol{H}$,由(3.12)的第一式和 $\boldsymbol{B}=\nabla\times\boldsymbol{A}$,此区域内矢势的方程为

$$\nabla^2\boldsymbol{A}=-\mu_i\boldsymbol{J}_f \quad (\text{辅助条件}\nabla\cdot\boldsymbol{A}=0) \tag{3.14}$$

若这区域内传导电流密度 $\boldsymbol{J}_f=0$,便有$\nabla^2\boldsymbol{A}=0$.在线性均匀区域 i 和 j 的分界面上,由(3.13),得矢势一般的边值关系:

$$\boldsymbol{A}_j=\boldsymbol{A}_i, \quad \boldsymbol{e}_n\times\left(\frac{1}{\mu_j}\nabla\times\boldsymbol{A}_j-\frac{1}{\mu_i}\nabla\times\boldsymbol{A}_i\right)=\boldsymbol{\alpha}_f \tag{3.15}$$

磁标势方程和边值关系 在 $\boldsymbol{J}_f=0$ 的单连通区域内,磁场强度的旋度$\nabla\times\boldsymbol{H}=0$,故可引入磁标势 φ_m,使 $\boldsymbol{H}=-\nabla\varphi_m$.又由 $\boldsymbol{H}=\boldsymbol{B}/\mu_0-\boldsymbol{M}$,可知$\nabla\cdot\boldsymbol{H}=-\nabla\cdot\boldsymbol{M}$,$\boldsymbol{M}$ 为介质的磁化强度.若引入假想磁荷密度 ρ_m,使

$$\rho_m=-\mu_0\nabla\cdot\boldsymbol{M} \tag{3.16}$$

则在 $\boldsymbol{J}_f=0$ 的区域内,从静磁场方程(3.12)可得磁标势方程:

$$\nabla^2\varphi_m=-\rho_m/\mu_0 \quad (\text{或}\nabla^2\varphi_m=0,\text{当 }\rho_m=0) \tag{3.17}$$

它与静电势的方程(2.18)相似.在两种介质分界面上,由(3.13),一般的边值关系为

$$\boldsymbol{e}_n\times(-\nabla\varphi_2+\nabla\varphi_1)=\boldsymbol{\alpha}_f, \quad B_{2n}=B_{1n} \tag{3.18}$$

若两种介质线性均匀,且界面上 $\boldsymbol{\alpha}_f=0$,则边值关系为

$$\varphi_2=\varphi_1, \quad \mu_2\frac{\partial\varphi_2}{\partial n}=\mu_1\frac{\partial\varphi_1}{\partial n} \tag{3.19}$$

在各种连续介质分布的区域内,满足静磁场方程(3.12),或矢势方程(3.14),或标势方程(3.17),在介质分界面上又满足给定的边值关系及边界条件的解,才是静磁场唯一正确的解.

3.4 静磁能 外磁场对电流的作用能

静磁能 在各向同性线性均匀介质内,磁能密度为 $w=\boldsymbol{B}\cdot\boldsymbol{H}/2$,其中 $\boldsymbol{B}=\mu\boldsymbol{H}$.真空中 $\boldsymbol{B}=\mu_0\boldsymbol{H}$.磁场一般地分布于全空间,因此总磁能是磁场分布的所有区域内能量之和,即总能量一般地由积分

$$W=\int_\infty\frac{1}{2}\boldsymbol{B}\cdot\boldsymbol{H}\mathrm{d}V \tag{3.20}$$

给出.由$\nabla\times\boldsymbol{H}=\boldsymbol{J}_f$ 及 $\boldsymbol{B}=\nabla\times\boldsymbol{A}$,下述积分

$$W=\int_V\frac{1}{2}\boldsymbol{J}_f\cdot\boldsymbol{A}\mathrm{d}V \tag{3.21}$$

也可给出总磁能,积分只需遍及电流分布区域.

外磁场对电流的作用能 设 V_1 内的电流分布 $\boldsymbol{J}_1$ 激发的矢势为 $\boldsymbol{A}_1$，V_2 内的电流分布 $\boldsymbol{J}_2$ 激发的矢势为 $\boldsymbol{A}_2$，由(3.21)，总静磁能为

$$W=\frac{1}{2}\int_V(\boldsymbol{J}_1\cdot\boldsymbol{A}_1+\boldsymbol{J}_2\cdot\boldsymbol{A}_2+\boldsymbol{J}_1\cdot\boldsymbol{A}_2+\boldsymbol{J}_2\cdot\boldsymbol{A}_1)\mathrm{d}V \tag{3.22}$$

被积函数中第三、四两项反映了两个电流的互作用能，而这两项是相等的.因此，当分布于区域 V 内的电流 $\boldsymbol{J}(\boldsymbol{x})$ 处于另一电流产生的外磁场中，外场的矢势记为 $\boldsymbol{A}_\mathrm{e}(\boldsymbol{x})$，则外磁场对这电流系统的作用能为

$$W_\mathrm{i}=\int_V\boldsymbol{J}(\boldsymbol{x})\boldsymbol{A}_\mathrm{e}(\boldsymbol{x})\mathrm{d}V \tag{3.23}$$

此式没有考虑到相互作用过程引起电磁感应所产生的效果.事实上，相互作用过程必然会引起电磁感应.因此，外磁场对磁偶极子 $\boldsymbol{m}$ 的作用能，作用力，和作用力矩为

$$W_\mathrm{i}=-\boldsymbol{m}\cdot\boldsymbol{B}_\mathrm{e} \tag{3.24}$$

$$\boldsymbol{F}=-\nabla W_\mathrm{i}=\boldsymbol{m}\cdot\nabla\boldsymbol{B}_\mathrm{e} \tag{3.25}$$

$$\boldsymbol{L}=\boldsymbol{m}\times\boldsymbol{B}_\mathrm{e} \tag{3.26}$$

3.5 矢势的量子效应

经典电动力学把电场强度 $\boldsymbol{E}$ 和磁感应强度 $\boldsymbol{B}$ 作为描写电磁场的基本物理量，标势 φ 与矢势 $\boldsymbol{A}$ 只是作为数学手段而引入的辅助量.但 A－B 效应以及超导现象等实验事实表明，描写磁场对带电粒子的作用时，仅用 $\boldsymbol{B}$ 的局域作用理论显示出其局限性，在微观电磁现象中矢势 $\boldsymbol{A}$ 有客观的物理效应.由于微观带电粒子的状态由波函数描写，因此，磁场对粒子作用的物理量是相因子 $\mathrm{e}^{\mathrm{i}\phi}$，其中

$$\phi=\frac{e}{\hbar}\oint_L\boldsymbol{A}\cdot\mathrm{d}\boldsymbol{l} \tag{3.27}$$

e 是粒子的电荷，L 为任意闭合路径.当 L 可以缩小为任意一点的无限小路径时，$\boldsymbol{B}$ 对带电粒子的局域作用描述等价于相因子描述，若 L 不可以缩小为任意一点的无限小路径时，例如 A－B 效应中电子通过双缝后干涉条纹的移动现象，以及超导环的磁通量子化现象，都表明 $\boldsymbol{B}$ 的局域作用理论不能反映磁场对微观带电粒子的作用.在微观电磁现象中，矢势 $\boldsymbol{A}$ 比 $\boldsymbol{B}$ 有更基本的地位.

3.6 超导体的电磁性质

伦敦唯象理论 在 $\mu\approx\mu_0$，$\varepsilon\approx\varepsilon_0$ 的超导体内，磁化电流与极化电流可以忽略.正常传导电流遵从欧姆定律 $\boldsymbol{J}_\mathrm{n}=\sigma\boldsymbol{E}$，$\sigma$ 为材料的电导率.超导电流密度 $\boldsymbol{J}_\mathrm{S}=-n_\mathrm{S}e\boldsymbol{v}$，其中 n_S 为超导电子密度，e 为电子电荷量，$\boldsymbol{v}$ 为超导电子的平均速度.以经典力学和麦克斯韦电磁理论为基础的伦敦方程

$$\frac{\partial \boldsymbol{J}_S}{\partial t}=\alpha \boldsymbol{E}, \qquad \nabla\times\boldsymbol{J}_S=-\alpha\boldsymbol{B} \tag{3.28}$$

可以唯象地解释超导体的超导电性(零电阻效应)和抗磁性(迈斯纳效应).其中

$$\alpha=n_S e^2/m \tag{3.29}$$

m 为电子质量.在恒定情形下,$\partial \boldsymbol{J}_S/\partial t=0$,由伦敦第一方程,超导体内电场 $\boldsymbol{E}=0$,正常传导电流 $\boldsymbol{J}_n=0$,只有超导电流因而电阻为零;此时超导体内的磁场和超导电流遵从的麦克斯韦-伦敦方程组为

$$\nabla\cdot\boldsymbol{B}=0, \qquad \nabla\times\boldsymbol{B}=\mu_0\boldsymbol{J}_S \tag{3.30}$$

$$\nabla\cdot\boldsymbol{J}_S=0, \qquad \nabla\times\boldsymbol{J}_S=-\alpha\boldsymbol{B} \tag{3.31}$$

在伦敦规范

$$\nabla\cdot\boldsymbol{A}=0, \qquad \boldsymbol{e}_n\cdot\boldsymbol{A}\Big|_S=0 \tag{3.32}$$

下(第二式限定超导体表面 S 上 $\boldsymbol{A}$ 的法向分量 $A_n=0$),矢势 $\boldsymbol{A}$ 可唯一确定.由伦敦第二方程可以推出,仅在单连通的超导体内部,超导电流与矢势才有确定的局域关系:

$$\boldsymbol{J}_S(\boldsymbol{x})=-\alpha\boldsymbol{A}(\boldsymbol{x}) \tag{3.33}$$

从方程组(3.30)和(3.31),可得到超导体内部的磁场与超导电流遵从同一形式的方程:

$$\nabla^2\boldsymbol{B}=\frac{1}{\lambda_L^2}\boldsymbol{B}, \qquad \nabla^2\boldsymbol{J}_S=\frac{1}{\lambda_L^2}\boldsymbol{J}_S \tag{3.34}$$

第一个方程可以解释超导体的抗磁性——磁场随着透入超导体内部深度的增加而衰减.其中

$$\lambda_L=\frac{1}{\sqrt{\mu_0\alpha}}=\sqrt{\frac{m}{\mu_0 n_S e^2}} \tag{3.35}$$

为伦敦穿透深度,一般地 $\lambda_L\approx10^{-7}$ m.在若干个 λ_L 处,$\boldsymbol{B}$ 显著地趋于零.超导电流密度 $\boldsymbol{J}_S$ 也按同一规律衰减.这是一般迈斯纳态,此时超导体表面的边值关系为

$$H_{2t}=H_{1t}, \qquad B_{2n}=B_{1n} \tag{3.36}$$

超导体之所以显示抗磁性,是由于超导电流在其内部产生与外场逆向的磁场.对于宏观尺度超导体,若看成 $\lambda_L\to0$,则可认为磁场完全被排出超导体外,其内部

$$\boldsymbol{B}=0, \qquad \boldsymbol{J}_S=0 \tag{3.37}$$

即超导体有完全抗磁性,这是理想迈斯纳态,超导电流视为面电流 α_S.此时边值关系为

$$\boldsymbol{e}_n\times\boldsymbol{B}=\mu_0\boldsymbol{\alpha}_S, \qquad B_n=0 \tag{3.38}$$

这里 $\boldsymbol{B}$ 是超导体外表面的磁感应强度,其法向分量 $B_n=0$ 意味着无论外部磁场如何分布,均不能透入超导体内部.表面超导电流完全屏蔽了外部磁场.

皮帕德非局域修正 实验发现合金和化合物超导体的实际穿透深度，随电子自由程的减小而增加，而且比伦敦局域理论给出的 λ_L 大得多.这是因为超导电子以库珀对为单元凝聚成量子态，不同点上超导电子的运动互相关联，亦即一点上的 $\boldsymbol{J}_S(\boldsymbol{x})$ 不仅与该点的 $\boldsymbol{A}(\boldsymbol{x})$ 有关，还会受到附近的场的影响.这种关联性可以通过唯象参数 l、ξ_0、ξ_p 和 λ_p，以及皮帕德非局域方程描写.其中

$$\frac{1}{\xi_p}=\frac{1}{\xi_0}+\frac{1}{dl} \tag{3.39}$$

l 为正常态纯金属的电子平均自由程，系数 d 决定于材料（一般地 $d\leqslant 1$），ξ_0 为 $T=0$ K 时大块纯金属超导体的相干长度，ξ_p 称为皮帕德有效相干长度.相应地存在皮帕德有效穿透深度 λ_p.皮帕德非局域方程为

$$\boldsymbol{J}_S(\boldsymbol{x})=-\frac{3\alpha}{4\pi\xi_0}\int_V\frac{\boldsymbol{r}[\boldsymbol{r}\cdot\boldsymbol{A}(\boldsymbol{x}')]\mathrm{e}^{-r/\xi_p}}{r^4}\mathrm{d}V' \tag{3.40}$$

$\boldsymbol{r}=\boldsymbol{x}-\boldsymbol{x}'$ 为 $\boldsymbol{x}'$ 点到 $\boldsymbol{x}$ 点的矢径.当 $dl\ll\xi_0$，则 $\xi_p\ll\lambda_p$，从上式可给出局域近似结果：

$$\boldsymbol{J}_S(\boldsymbol{x})=-\frac{\alpha}{\xi_0}\xi_p\boldsymbol{A}(\boldsymbol{x}) \tag{3.41}$$

对此式求旋度，并利用静磁场方程(3.30)，可得到形如(3.34)的方程.由此，得局域近似下的皮帕德有效穿透深度

$$\lambda_p=\lambda_L\left(\frac{\xi_0+dl}{dl}\right)^{1/2}\approx\lambda_L\left(\frac{\xi_0}{dl}\right)^{1/2} \tag{3.42}$$

对于满足条件 $dl\ll\xi_0$，$\xi_p\ll\lambda_p$ 的第二类超导体，可用局域近似理论计算磁场和超导电流分布.不满足上述条件时，应当用非局域理论处理相应问题.

有第二类超导体存在时磁场分布的求解 在恒定情形下，超导体外部的磁场遵从一般的静磁场方程.对于一般迈斯纳态的第二类超导体内部，应当在方程组(3.30)、(3.31)以及(3.34)的两个方程中，作出修正：

$$\alpha\to\alpha'=\alpha\xi_p/\xi_0,\qquad \lambda_L\to\lambda_p \tag{3.43}$$

利用这些方程和边值关系(3.36)，并结合一定的边界条件，原则上可以求解磁场和超导电流分布.若把超导体看成处于理想迈斯纳态，即其内部 $\boldsymbol{B}=0$，$\boldsymbol{J}_S=0$，则只需求解外部磁场，它必须满足静磁场的基本方程和边值关系(3.38).根据已知的场源，可以选择磁标势法、镜像法、矢势法或其他方法求解.

磁介质观点 按此观点，超导体被“磁化”而诱导出超导电流，因而有宏观磁矩.若仍略去超导体的分子磁化电流，可令磁化强度 $\boldsymbol{M}$ 遵从方程

$$\nabla\times\boldsymbol{M}=\boldsymbol{J}_S,\qquad \nabla\cdot\boldsymbol{M}=0 \tag{3.44}$$

在恒定情形，由磁场方程(3.30)，以及 $\boldsymbol{B}=\mu_0(\boldsymbol{H}+\boldsymbol{M})$，超导体内的磁场强度 $\boldsymbol{H}$ 便满足方程组

$$\nabla\times\boldsymbol{H}=0,\qquad \nabla\cdot\boldsymbol{H}=0 \tag{3.45}$$

现在,$\boldsymbol{H}$ 不再与超导电流直接联系.因而可在超导体内引入磁标势 φ,使 $\boldsymbol{H}=-\nabla\varphi$,且 φ 满足方程$\nabla^2\varphi=0$.在超导体表面,$\boldsymbol{H}$ 的边值关系为

$$H_{2t}=H_{1t},\qquad H_n=0 \tag{3.46}$$

若超导体外部也无自由电流,便亦可引入磁标势求解.此时在超导体表面,边值关系(3.46)可表为

$$\varphi_2=\varphi_1,\qquad \frac{\partial\varphi_1}{\partial n}=0 \tag{3.47}$$

若把超导体看成处于理想迈斯纳态,即内部 $\boldsymbol{B}=0$,$\boldsymbol{J}_S=0$.由 $\boldsymbol{B}=\mu_0(\boldsymbol{H}+\boldsymbol{M})=0$ 可知,超导体内部处处有

$$\boldsymbol{H}=-\boldsymbol{M} \tag{3.48}$$

即超导体的磁化率$\chi_M=-1$,磁导率 $\mu=\mu_0(1+\chi_M)=0$.若能解出 $\boldsymbol{H}$,便得到 $\boldsymbol{M}$.超导体表面超导电流密度 α_S 可由

$$\boldsymbol{e}_n\times\boldsymbol{M}=-\boldsymbol{\alpha}_S \tag{3.49}$$

求出,这里 $\boldsymbol{M}$ 为超导体表面的磁化强度.但是,对处于一般迈斯纳态的超导体,由于预先不知道其内部 $\boldsymbol{H}$ 与 $\boldsymbol{M}$ 的关系,即使可以通过标势法解出 $\boldsymbol{H}$,由 $\boldsymbol{B}=\mu_0(\boldsymbol{H}+\boldsymbol{M})$ 可知:只要基本场量 $\boldsymbol{B}$ 未解出,$\boldsymbol{M}$ 就无法确定;或者只要 $\boldsymbol{M}$ 未解出,$\boldsymbol{B}$ 也无法确定.

磁通量子化 对于复连通超导体,例如超导环或中空的超导圆柱体,以及处于混合态(正常态与超导态并存)的超导体,磁通量 Φ 都是量子化的,这是由于矢势 $\boldsymbol{A}$ 影响着超导电子波函数的相位.例如超导环,在其内部足够深处,$\boldsymbol{B}=0$,$\boldsymbol{J}_S=-n_Se\boldsymbol{v}=0$,但 $\boldsymbol{A}\neq 0$.一个库珀对的正则动量为 $\boldsymbol{P}=2m\boldsymbol{v}-2e\boldsymbol{A}$,设想在深处绕着环一周,则电子波的相位改变为

$$\begin{aligned}\Delta\phi&=\frac{1}{\hbar}\oint_C\boldsymbol{P}\cdot\mathrm{d}\boldsymbol{l}=\frac{1}{\hbar}\oint_C(2m\boldsymbol{v}-2e\boldsymbol{A})\cdot\mathrm{d}\boldsymbol{l}\\&=-\frac{2e}{\hbar}\oint_C\boldsymbol{A}\cdot\mathrm{d}\boldsymbol{l}\end{aligned} \tag{3.50}$$

上式右边 $\boldsymbol{A}$ 绕闭合路径 C 的积分,是通过 C 所围面积的磁通量 Φ.由波函数的单值性,绕 C 一周后相位变化只能是 2π 的整数倍,因此有

$$\frac{2e}{\hbar}\Phi=2n\pi,\qquad n=0,\pm1,\pm2,\cdots \tag{3.51}$$

$$\Phi=n\frac{2\pi\hbar}{2e}=n\frac{h}{2e}=n\Phi_0 \tag{3.52}$$

$$\Phi_0=\frac{h}{2e}=2.067\ 833\ 667(52)\times10^{-15}\,\mathrm{Wb} \tag{3.53}$$

Φ_0 称为磁通量子.每一条磁通线只能以 Φ_0 值整条产生或整条消失.

习题与解答

3.1 试用 $\boldsymbol{A}$ 表示一个沿 z 方向的均匀恒定磁场 $\boldsymbol{B}$，写出 $\boldsymbol{A}$ 的两种不同表示式，证明二者之差是无旋场.

【解】因 $\boldsymbol{B}$ 沿 z 轴，由 $\nabla\times\boldsymbol{A}=B\boldsymbol{e}_z$，在直角坐标系中，有

$$\frac{\partial A_y}{\partial x}-\frac{\partial A_x}{\partial y}=B,\quad \frac{\partial A_z}{\partial y}-\frac{\partial A_y}{\partial z}=0,\quad \frac{\partial A_x}{\partial z}-\frac{\partial A_z}{\partial x}=0$$

有许多 $\boldsymbol{A}$ 场可以满足这组方程，其中两个 $\boldsymbol{A}$ 场可选为

$$\boldsymbol{A}_1=-By\boldsymbol{e}_x,\quad \boldsymbol{A}_2=Bx\boldsymbol{e}_y$$

而且显然有

$$\nabla\times(\boldsymbol{A}_1-\boldsymbol{A}_2)=-\frac{\partial}{\partial y}(-By)-\frac{\partial}{\partial x}(Bx)=0$$

3.2 均匀无穷长直圆柱形螺线管，每单位长度线圈匝数为 n，电流为 I，试用唯一性定理求管内外磁感应强度 $\boldsymbol{B}$.

【解】设螺线管截面半径为 a，z 轴为其中心轴，在柱坐标系中，螺线管表面电流密度 $\boldsymbol{\alpha}_{\mathrm{f}}=nI\boldsymbol{e}_\phi$.记螺线管内部磁场为 $\boldsymbol{B}_1$，外部磁场为 $\boldsymbol{B}_2$，全部定解条件为

$$\nabla\cdot\boldsymbol{B}=0,\quad \nabla\times\boldsymbol{H}=0\quad (r<a,r>a)\tag{1}$$

$$r=0,\boldsymbol{B}_1\text{ 有限；}\quad r\to\infty,\boldsymbol{B}_2\to 0\tag{2}$$

$$r=a,\quad B_{2r}=B_{1r},\quad \boldsymbol{e}_r\times(\boldsymbol{H}_2-\boldsymbol{H}_1)=nI\boldsymbol{e}_\phi\tag{3}$$

由于螺线管无穷长，外部磁场应为 $\boldsymbol{B}_2=\mu_0\boldsymbol{H}_2=0$.由(3)的第二个条件，内部磁场应为

$$\boldsymbol{H}_1=nI\boldsymbol{e}_z,\quad \boldsymbol{B}_1=\mu_0 nI\boldsymbol{e}_z\tag{4}$$

这解满足两区域中的场方程(1)和全部边界条件，因此是唯一正确的解.

3.3 设有无穷长的线电流 I 沿 z 轴流动，$z<0$ 空间充满磁导率为 μ 的均匀介质，$z>0$ 区域为真空，试用唯一性定理求磁感应强度 $\boldsymbol{B}$，然后求出磁化电流分布.

【解】电流 I 的磁场使介质磁化.记 $z<0$ 区域磁场为 $\boldsymbol{B}_1$，$z>0$ 区域磁场为 $\boldsymbol{B}_2$，在柱坐标系中，全部定解条件为

$$\nabla\cdot\boldsymbol{B}=0,\quad \nabla\times\boldsymbol{H}=0\quad (z<0,z>0,r\neq 0)\tag{1}$$

$$r=0,\boldsymbol{H}_1\text{ 和 }\boldsymbol{H}_2\to\infty;\quad r\to\infty,\boldsymbol{H}_1\text{ 和 }\boldsymbol{H}_2\to 0\tag{2}$$

$$z=0,\quad B_{2z}=B_{1z},\quad \boldsymbol{e}_z\times(\boldsymbol{H}_2-\boldsymbol{H}_1)=0\tag{3}$$

因电流线无穷长，而介质是线性均匀的，两区域内的磁场应当只有 $\boldsymbol{e}_\phi$ 分量，而且只是离开电流线距离 r 的函数，由安培环路定理提出尝试解：

$$H_1 = H_2 = \frac{I}{2\pi r}e_\phi$$

$$B_1 = \mu H_1 = \frac{\mu I}{2\pi r}e_\phi, \quad B_2 = \mu_0 H_2 = \frac{\mu_0 I}{2\pi r}e_\phi \tag{4}$$

可以验证,这解满足全部定解条件.由 $B_1 = \mu_0(H_1 + M_1) = \mu H_1$,得介质的磁化强度为

$$M_1 = \left(\frac{\mu}{\mu_0} - 1\right)H_1 = \left(\frac{\mu}{\mu_0} - 1\right)\frac{I}{2\pi r}e_\phi \tag{5}$$

上半空间 $M_2 = 0$,因此介质表面即 $z = 0$ 处面磁化电流密度为

$$\alpha_M = e_z \times (M_2 - M_1) = -e_z \times M_1 = \left(\frac{\mu}{\mu_0} - 1\right)\frac{I}{2\pi r}e_r \tag{6}$$

这电流显然是从 $r = 0$ 处流出并沿介质表面径向流动,根据电流的连续性,可判断下半空间的介质中,$r \to 0$ 即电流线表面存在"线磁化电流":

$$I_M = \oint_L M_1 \cdot dl = \left(\frac{\mu}{\mu_0} - 1\right)I \quad (z < 0, r \to 0) \tag{7}$$

3.4 设 $x<0$ 半空间充满磁导率为 μ 的均匀介质,$x>0$ 空间为真空,今有线电流 I 沿 z 轴流动,求磁感应强度和磁化电流分布.

【解】 电流的磁场使介质磁化.记 $x<0$ 区域磁场为 B_1,$x>0$ 区域磁场为 B_2,在柱坐标系中,全部定解条件为

$$\nabla \cdot B = 0, \quad \nabla \times H = 0 \quad (x<0, x>0, r \neq 0) \tag{1}$$

$$r = 0, H_1 \text{ 和 } H_2 \to \infty; \quad r \to \infty, H_1 \text{ 和 } H_2 \to 0 \tag{2}$$

$$x = 0, \quad B_{2x} = B_{1x}, \quad e_x \times (H_2 - H_1) = 0 \tag{3}$$

因电流线无穷长,而介质是线性均匀的,两区域的 H 和 B 应当只是离开线电流的距离 r 的函数而且只有 e_ϕ 分量,由安培环路定理,对围绕着电流线、任意半径 r 的圆,有

$$\int_{L_1} H_1 \cdot dl + \int_{L_2} H_2 \cdot dl = I \tag{4}$$

由(3)的第一个条件及对称性,应当有 $B_1 = B_2$,而 $B_1 = \mu H_1$,$B_2 = \mu_0 H_2$,于是由(4)得尝试解:

$$B_1 = B_2 = \frac{\mu\mu_0}{\mu + \mu_0}\frac{I}{\pi r}e_\phi \tag{5}$$

$$H_1 = \frac{\mu_0}{\mu + \mu_0}\frac{I}{\pi r}e_\phi, \quad H_2 = \frac{\mu}{\mu + \mu_0}\frac{I}{\pi r}e_\phi \tag{6}$$

这解显然满足全部定解条件.由 $M_2 = 0$,$M_1 = (\mu/\mu_0 - 1)H_1$,在电流线周围作 $r \to 0$ 的无限小圆周 L,得电流线与介质分界面出现的"线磁化电流"为

$$I_M=\oint_L \boldsymbol{M}\cdot \mathrm{d}\boldsymbol{l}=\int_{L_1}\boldsymbol{M}_1\cdot \mathrm{d}\boldsymbol{l}=\frac{\mu-\mu_0}{\mu+\mu_0}I \tag{7}$$

3.5 某空间区域内有轴对称磁场，在柱坐标原点附近已知 $B_z\approx B_0-C(z^2-r^2/2)$，其中 B_0 为常量，求该处的 B_r.

【解】磁场有 z 轴对称性，意味着其分量 $B_\phi=0$（或 B_ϕ 与坐标 ϕ 无关）.于是在柱坐标系中，由

$$\begin{aligned}\nabla\cdot\boldsymbol{B}&=\frac{1}{r}\frac{\partial}{\partial r}(rB_r)+\frac{1}{r}\frac{\partial B_\phi}{\partial\phi}+\frac{\partial B_z}{\partial z}\\&=\frac{1}{r}\frac{\partial}{\partial r}(rB_r)-2Cz=0\end{aligned}$$

得 $B_r=Czr+A/r$，A 可以是 ϕ,z 的任意函数，但因为这是原点附近小区域的轴对称磁场，可令 $A=0$，即有

$$B_r\approx Czr$$

可以验证，$\nabla\times\boldsymbol{H}=0$，即该处 $\boldsymbol{J}_\mathrm{f}=0$.若常量 $B_0=\mu_0I/2a$，$C=3\mu_0I/4a^3$，则

$$B_z\approx\frac{\mu_0I}{2a}-\frac{3\mu_0I}{4a^3}(z^2-r^2/2),\quad B_r\approx\frac{3\mu_0I}{4a^3}zr$$

描写半径为 a，电流为 I 的圆电流圈在其中心附近的磁场.

3.6 两个半径为 a 的共轴圆形线圈，位于 $z=\pm L$ 面上，每个线圈上载有同方向的电流 I.

（1）求轴线上的磁感应强度；

（2）求在中心区域产生最接近均匀的磁场时 L 和 a 的关系.

【解】设两线圈中的电流 I 均沿 $\boldsymbol{e}_\phi$ 方向，用毕奥-萨伐尔定律，可分别求出两个电流圈在 z 轴上任一点的磁感应强度 B_{1z} 和 B_{2z}，再将两者相加，即得

$$B_z=\frac{\mu_0Ia^2}{2}\left\{\frac{1}{[(L-z)^2+a^2]^{3/2}}+\frac{1}{[(L+z)^2+a^2]^{3/2}}\right\}$$

在中心区域存在最接近于均匀磁场的条件为

$$\left.\frac{\partial^2B_z}{\partial z^2}\right|_{z=0}=0，得\ L=\frac{a}{2}$$

3.7 半径为 a 的无限长圆柱导体内有恒定的传导电流密度 $\boldsymbol{J}$ 均匀分布于截面上，试解矢势 $\boldsymbol{A}$ 的微分方程，设导体的磁导率为 μ_0，导体外的磁导率为 μ.

【解】设 z 轴为导体柱的中心轴，导体内电流密度 $\boldsymbol{J}=J\boldsymbol{e}_z$.由于电流不是分布于有限区域，应选择有限远的点为矢势零值参考点，可令 $r=a$ 即导体柱面 $\boldsymbol{A}=0$.则在柱坐标系中，导体内、外两区域矢势的全部定解条件为

$$\nabla^2\boldsymbol{A}_1=-\mu_0J\boldsymbol{e}_z\quad(\nabla\cdot\boldsymbol{A}_1=0)\quad(r<a) \tag{1}$$

$$\nabla^2\boldsymbol{A}_2=0\quad(\nabla\cdot\boldsymbol{A}_2=0)\quad(r>a) \tag{2}$$

$$r=0,\quad \boldsymbol{A}_1\ \text{有限} \tag{3}$$

$$r=a:\quad \boldsymbol{A}_1=\boldsymbol{A}_2=0,\quad \boldsymbol{e}_r\times\left(\frac{1}{\mu}\nabla\times\boldsymbol{A}_2-\frac{1}{\mu_0}\nabla\times\boldsymbol{A}_1\right)=0 \tag{4}$$

因导体内的电流总是沿 $\boldsymbol{e}_z$ 方向，从方程(1)可知导体内矢势 $\boldsymbol{A}_1$ 只能有 $\boldsymbol{e}_z$ 方向的分量，且由对称性它只是 r 的函数，即 $\boldsymbol{A}_1=A_1(r)\boldsymbol{e}_z$；又由 $r=a$ 处矢势连续的条件，外部矢势也只能是 $\boldsymbol{A}_2=A_2(r)\boldsymbol{e}_z$，于是方程(1)和(2)分别是

$$\frac{1}{r}\frac{\mathrm{d}}{\mathrm{d}r}\left(r\frac{\mathrm{d}A_1}{\mathrm{d}r}\right)=-\mu_0 J,\quad \frac{1}{r}\frac{\mathrm{d}}{\mathrm{d}r}\left(r\frac{\mathrm{d}A_2}{\mathrm{d}r}\right)=0 \tag{5}$$

边界条件(4)为

$$r=a\ \text{处},\quad A_1=A_2=0,\quad \frac{1}{\mu}\frac{\mathrm{d}A_2}{\mathrm{d}r}=\frac{1}{\mu_0}\frac{\mathrm{d}A_1}{\mathrm{d}r} \tag{6}$$

对(5)的两个方程积分，得

$$\frac{\mathrm{d}A_1}{\mathrm{d}r}=-\frac{\mu_0}{2}Jr+\frac{c_1}{r},\quad A_1=-\frac{\mu_0}{4}Jr^2+c_1\ln r+c_2$$

$$\frac{\mathrm{d}A_2}{\mathrm{d}r}=\frac{c_3}{r},\quad A_2=c_3\ln r+c_4$$

各积分常数 c_i 由条件(3)和(6)确定，得

$$c_1=0,\quad c_2=\frac{\mu_0}{4}Ja^2,\quad c_3=-\frac{\mu}{2}Ja^2,\quad c_4=-c_3\ln a \tag{7}$$

$$\boldsymbol{A}_1=\frac{\mu_0}{4}(a^2-r^2)\boldsymbol{J},\quad \boldsymbol{A}_2=\frac{\mu a^2\boldsymbol{J}}{2}\ln\frac{a}{r} \tag{8}$$

可以验证，$\boldsymbol{A}_1$ 和 $\boldsymbol{A}_2$ 均满足库仑规范条件 $\nabla\cdot\boldsymbol{A}=0$.

3.8 假设存在磁单极子，其磁荷为 q_{m}，它的磁场强度为

$$\boldsymbol{H}=\frac{q_{\mathrm{m}}\boldsymbol{r}}{4\pi\mu_0 r^3}$$

试找出矢势 $\boldsymbol{A}$ 的一个可能的表达式，并讨论它的奇异性.

【解】 以磁荷所在点为坐标原点.在磁荷所在点之外，可引入矢势.由 $\boldsymbol{B}=\nabla\times\boldsymbol{A}$，通过任一半径为 r 的球冠的磁通量为

$$\Phi=\int_S\boldsymbol{B}\cdot\mathrm{d}\boldsymbol{S}=\int_S(\nabla\times\boldsymbol{A})\cdot\mathrm{d}\boldsymbol{S}=\oint_L\boldsymbol{A}\cdot\mathrm{d}\boldsymbol{l} \tag{1}$$

如图 3.1.其中球面元矢量 $\mathrm{d}\boldsymbol{S}=r^2\sin\theta\,\mathrm{d}\theta\,\mathrm{d}\phi\,\boldsymbol{e}_r$，球冠底面边界 L 的线元矢量 $\mathrm{d}\boldsymbol{l}=r\sin\theta\,\mathrm{d}\phi\ \boldsymbol{e}_\phi$.由(1)式可知，矢势 $\boldsymbol{A}=A_r\boldsymbol{e}_r+A_\theta\boldsymbol{e}_\theta+A_\phi\boldsymbol{e}_\phi$ 的三个分量中，只有 A_ϕ 对磁通量有贡献，故可令 $A_r=A_\theta=0$，且 A_ϕ 与坐标 ϕ 无关，于是由 $\boldsymbol{B}=\mu_0\boldsymbol{H}$，(1)式两边分别给出

$$\int_S \boldsymbol{B}\cdot d\boldsymbol{S}=\frac{q_m}{4\pi}\int_0^\theta \sin\theta d\theta\int_0^{2\pi}d\phi$$

$$=\frac{q_m}{4\pi}(1-\cos\theta)2\pi$$

$$\oint_L \boldsymbol{A}\cdot d\boldsymbol{l}=A_\phi r\sin\theta\int_0^{2\pi}d\phi=2\pi A_\phi r\sin\theta$$

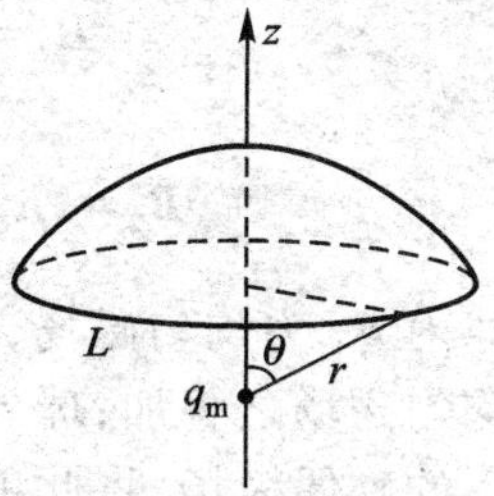

图 3.1 （3.8 题）

由此得矢势一个可能的表达式为

$$\boldsymbol{A}=A_\phi \boldsymbol{e}_\phi=\frac{q_m}{4\pi r}\frac{1-\cos\theta}{\sin\theta}\boldsymbol{e}_\phi=\frac{q_m}{4\pi r}\tan\frac{\theta}{2}\boldsymbol{e}_\phi \qquad (2)$$

可以看到，对于$+q_m$，在$r=0$（磁荷所在点），以及$r\neq 0$但$\theta=\pi$处，$\boldsymbol{A}$有一条奇异弦；而对于$-q_m$，则在$r=0$及$r\neq 0$但$\theta=0$处，$\boldsymbol{A}$也有一条奇异弦.

【另法】 在球坐标系中将$\boldsymbol{B}=\mu_0\boldsymbol{H}$代入微分方程$\boldsymbol{B}=\nabla\times\boldsymbol{A}$，并利用库仑规范$\nabla\cdot\boldsymbol{A}=0$，也可得到(2)式的结果.

3.9 将一磁导率为μ，半径为R_0的球体，放入均匀磁场$\boldsymbol{H}_0$内，求总磁感应强度$\boldsymbol{B}$和诱导磁矩$\boldsymbol{m}$.

【解】 这问题类似于在均匀电场中放入线性均匀介质球的情形.这介质球将被磁化.以球心为坐标原点，令作用外场$\boldsymbol{H}_0=H_0\boldsymbol{e}_z$，于是就有$z$轴的对称性.因球内外均无传导电流分布，可引入磁标势φ，使$\boldsymbol{H}=-\nabla\varphi$.球内$\boldsymbol{B}_1=\mu\boldsymbol{H}_1=\mu_0(\boldsymbol{H}_1+\boldsymbol{M}_1)$，球外$\boldsymbol{M}_2=0$，因此球内假想磁荷体密度$\rho_{m1}=-\mu_0\nabla\cdot\boldsymbol{M}_1=-(1-\mu_0/\mu)\nabla\cdot\boldsymbol{B}_1=0$，球外$\rho_{m2}=-\mu_0\nabla\cdot\boldsymbol{M}_2=0$.于是磁标势的全部定解条件为

$$\nabla^2\varphi_1=0\quad(R<R_0);\quad \nabla^2\varphi_2=0\quad(R>R_0) \qquad (1)$$

$$R=0,\quad \varphi_1\text{有限};\quad R\to\infty,\quad \varphi_2\to -H_0R\cos\theta \qquad (2)$$

$$R=R_0,\quad \varphi_1=\varphi_2,\quad \mu\frac{\partial\varphi_1}{\partial R}=\mu_0\frac{\partial\varphi_2}{\partial R} \qquad (3)$$

由(2)的两个条件，及轴对称性，两区域内标势方程的通解可写为

$$\varphi_1=\sum_n a_nR^n\mathrm{P}_n(\cos\theta) \qquad (4)$$

$$\varphi_2=-H_0R\cos\theta+\sum_n\frac{b_n}{R^{n+1}}\mathrm{P}_n(\cos\theta) \qquad (5)$$

再由条件(3)，解出

$$a_1=\frac{-3\mu_0}{\mu+2\mu_0}H_0,\quad b_1=\frac{\mu-\mu_0}{\mu+2\mu_0}H_0R_0^3;\quad a_n=b_n=0,n\neq 1$$

$$\varphi_1=-\frac{3\mu_0}{\mu+2\mu_0}\boldsymbol{H}_0\cdot\boldsymbol{R} \qquad (6)$$

$$\varphi_2=-\boldsymbol{H}_0\cdot\boldsymbol{R}+\frac{(\mu-\mu_0)R_0^3}{(\mu+2\mu_0)R^3}\boldsymbol{H}_0\cdot\boldsymbol{R} \qquad (7)$$

$$\boldsymbol{B}_1=-\mu\nabla\varphi_1=\frac{3\mu\mu_0}{\mu+2\mu_0}\boldsymbol{H}_0=\mu_0\boldsymbol{H}_0+\frac{2(\mu-\mu_0)\mu_0}{\mu+2\mu_0}\boldsymbol{H}_0 \tag{8}$$

$$\boldsymbol{B}_2=-\mu_0\nabla\varphi_2=\mu_0\boldsymbol{H}_0+\frac{(\mu-\mu_0)\mu_0R_0^3}{\mu+2\mu_0}\left[\frac{3(\boldsymbol{H}_0\cdot\boldsymbol{R})\boldsymbol{R}}{R^5}-\frac{\boldsymbol{H}_0}{R^3}\right] \tag{9}$$

球内 $\boldsymbol{B}_1$ 为均匀磁场，是第一项原外场 $\mu_0\boldsymbol{H}_0$ 与第二项介质球面磁化电流产生的均匀磁场之叠加；球外 $\boldsymbol{B}_2$ 的第一项为原外场，第二项为球面磁化电流在外部产生的磁偶极场，将此项与(3.9)式比较（或将 φ_2 的第二项与 3.11 式比较），可知球面磁化电流形成的磁矩为

$$\boldsymbol{m}=\frac{\mu-\mu_0}{\mu+2\mu_0}4\pi R_0^3\boldsymbol{H}_0 \tag{10}$$

事实上，介质球的磁化强度

$$\boldsymbol{M}_1=\frac{\boldsymbol{B}_1}{\mu_0}-\boldsymbol{H}_1=\frac{3(\mu-\mu_0)}{\mu+2\mu_0}\boldsymbol{H}_0 \tag{11}$$

是常矢量，因此它的磁矩为

$$\boldsymbol{m}=\int_V\boldsymbol{M}_1\mathrm{d}V=\frac{4\pi R_0^3}{3}\boldsymbol{M}_1=\frac{\mu-\mu_0}{\mu+2\mu_0}4\pi R_0^3\boldsymbol{H}_0 \tag{12}$$

或由 $\boldsymbol{\alpha}_M=-\boldsymbol{e}_R\times\boldsymbol{M}_1$ 计算出球面磁化电流密度，再根据(3.8)式将 $\boldsymbol{\alpha}_M$ 对球面积分，也能得到(10)式的结果.

3.10 有一个内外半径分别为 R_1 和 R_2 的空心球，位于均匀外磁场 $\boldsymbol{H}_0$ 内，球的磁导率为 μ，求空腔内的磁场 $\boldsymbol{B}$，讨论 $\mu\gg\mu_0$ 时的磁屏蔽作用.

【解】 以球心为坐标原点，令外场 $\boldsymbol{H}_0=H_0\boldsymbol{e}_z$.球腔内、介质球中及球外三个区域均无传导电流，故可使 $\boldsymbol{H}=-\nabla\varphi$.介质中 $\boldsymbol{B}_2=\mu\boldsymbol{H}_2=\mu_0(\boldsymbol{H}_2+\boldsymbol{M}_2)$，球腔内 $\boldsymbol{M}_1=0$，球外 $\boldsymbol{M}_3=0$，故由 $\rho_m=-\mu_0\nabla\cdot\boldsymbol{M}$，可知三个区域内假想磁荷密度 ρ_m 均为零，即三个区域内磁标势方程均为 $\nabla^2\varphi=0$，边界条件为

$$R=0,\varphi_1\text{ 有限；}\quad R\to\infty,\varphi_3\to-H_0R\cos\theta, \tag{1}$$

$$R=R_1,\quad \varphi_1=\varphi_2,\quad \mu_0\frac{\partial\varphi_1}{\partial R}=\mu\frac{\partial\varphi_2}{\partial R} \tag{2}$$

$$R=R_2,\quad \varphi_2=\varphi_3,\quad \mu\frac{\partial\varphi_2}{\partial R}=\mu_0\frac{\partial\varphi_3}{\partial R} \tag{3}$$

由 z 轴对称性，以及条件(1)，磁标势方程的通解可写成

$$\varphi_1=\sum_n a_nR^n\mathrm{P}_n(\cos\theta)\quad(R<R_1) \tag{4}$$

$$\varphi_2=\sum_n\left(b_nR^n+\frac{c_n}{R^{n+1}}\right)\mathrm{P}_n(\cos\theta)\quad(R_1<R<R_2) \tag{5}$$

$$\varphi_3=-H_0R\cos\theta+\sum_n\frac{d_n}{R^{n+1}}\mathrm{P}_n(\cos\theta)\quad(R>R_2) \tag{6}$$

由条件(2)和(3),得待定系数的代数方程组

$$a_1R_1=b_1R_1+\frac{c_1}{R_1^2},\quad \mu_0a_1=\mu\left(b_1-\frac{2c_1}{R_1^3}\right)$$

$$b_1R_2+\frac{c_1}{R_2^2}=\frac{d_1}{R_2^2}-H_0R_2,\quad \mu\left(b_1-\frac{2c_1}{R_2^3}\right)=\mu_0\left(-\frac{2d_1}{R_2^3}-H_0\right)$$

$$a_n=b_n=c_n=d_n=0,n\neq1$$

由此可解出 a_1,b_1,c_1 和 d_1,其中

$$a_1=\frac{-H_0}{\frac{2(\mu-\mu_0)^2}{9\mu\mu_0}\left[\frac{(\mu+2\mu_0)(2\mu+\mu_0)}{2(\mu-\mu_0)^2}-\left(\frac{R_1}{R_2}\right)^3\right]}\tag{7}$$

于是空腔内的标势和磁场为

$$\varphi_1=a_1R\cos\theta,\quad \boldsymbol{B}_1=-\mu_0\nabla\varphi_1=-\mu_0a_1\boldsymbol{e}_z\tag{8}$$

$\boldsymbol{B}_1$ 是与外场 $\boldsymbol{B}_0=\mu_0\boldsymbol{H}_0$ 方向相同的均匀场,但比作用外场弱,对于给定的比值 $\frac{R_1}{R_2}$,介质的磁导率 μ 越大,$\boldsymbol{B}_1$ 越弱,球壳对外部磁场的屏蔽作用越显著,当 $\mu\gg\mu_0$,$\boldsymbol{B}_1\to0$.

3.11 设理想铁磁体的磁化规律为 $\boldsymbol{B}=\mu\boldsymbol{H}+\mu_0\boldsymbol{M}_0$,$\boldsymbol{M}_0$ 是与 $\boldsymbol{H}$ 无关的常量.今将一个理想铁磁体做成的均匀磁化球浸入磁导率为 μ'的无限介质中,求磁感应强度和磁化电流分布.

【解】 铁磁球内 $\mu_0\boldsymbol{M}_1=\boldsymbol{B}_1-\mu_0\boldsymbol{H}_1=(1-\mu_0/\mu)\boldsymbol{B}_1-\mu_0^2\boldsymbol{M}_0/\mu$,外部介质中 $\mu_0\boldsymbol{M}_2=(1-\mu_0/\mu')\boldsymbol{B}_2$,故 $\rho_{m1}=-\mu_0\nabla\cdot\boldsymbol{M}_1=0$,$\rho_{m2}=-\mu_0\nabla\cdot\boldsymbol{M}_2=0$,即两区域磁标势方程均为$\nabla^2\varphi=0$.设球半径为 R_0,并令 $\boldsymbol{M}_0=M_0\boldsymbol{e}_z$,于是有 z 轴对称性,边界条件为

$$R=0,\varphi_1\text{ 有限};\quad R\to\infty,\varphi_2\to0\tag{1}$$

$$R=R_0,\quad \varphi_1=\varphi_2,\quad -\mu'\frac{\partial\varphi_2}{\partial R}=-\mu\frac{\partial\varphi_1}{\partial R}+\mu_0M_0\cos\theta\tag{2}$$

由轴对称性,以及(1)的两条件,磁标势方程的解可写为

$$\varphi_1=\sum_n a_nR^n\mathrm{P}_n(\cos\theta)\quad(R_0<R)\tag{3}$$

$$\varphi_2=\sum_n\frac{b_n}{R^{n+1}}\mathrm{P}_n(\cos\theta)\quad(R>R_0)\tag{4}$$

由条件(2),解出

$$\varphi_1=\frac{\mu_0}{2\mu'+\mu}\boldsymbol{M}_0\cdot\boldsymbol{R}\quad(R<R_0)\tag{5}$$

$$\varphi_2=\frac{\mu_0R_0^3\boldsymbol{M}_0\cdot\boldsymbol{R}}{(2\mu'+\mu)R^3}\quad(R>R_0)\tag{6}$$

$$\boldsymbol{B}_1=\mu(-\nabla\varphi_1)+\mu_0\boldsymbol{M}_0=\frac{2\mu'\mu_0\boldsymbol{M}_0}{2\mu'+\mu}\tag{7}$$

$$\boldsymbol{B}_2=\mu'(-\nabla\varphi_2)=\frac{\mu'\mu_0R_0^3}{2\mu'+\mu}\left[\frac{3(\boldsymbol{M}_0\cdot\boldsymbol{R})\boldsymbol{R}}{R^5}-\frac{\boldsymbol{M}_0}{R^3}\right]\tag{8}$$

球内为均匀场,球外是偶极场.球面的磁化电流密度为

$$\boldsymbol{\alpha}_{\mathrm{M}}=\frac{1}{\mu_0}\boldsymbol{e}_R\times(\boldsymbol{B}_2-\boldsymbol{B}_1)\big|_{R=R_0}=\frac{3\mu'}{2\mu'+\mu_0}M_0\sin\theta\,\boldsymbol{e}_\phi\tag{9}$$

3.12 将上题的永磁球置入均匀外磁场 $\boldsymbol{H}_0$ 中,结果如何?

【解】 在恒定状态下,$\boldsymbol{M}_0$ 与外场方向一致,令 $\boldsymbol{M}_0=M_0\boldsymbol{e}_z$,$\boldsymbol{H}_0=H_0\boldsymbol{e}_z$,由轴对称性并考虑到 $R=0$,φ_1 有限,$R\to\infty$,$\varphi_2\to-H_0R\cos\theta$,两区域磁标势拉普拉斯方程的解可写成

$$\varphi_1=\sum_n a_nR^n\mathrm{P}_n(\cos\theta)\quad(R_0<R)\tag{1}$$

$$\varphi_2=-H_0R\cos\theta+\sum_n\frac{b_n}{R^{n+1}}\mathrm{P}_n(\cos\theta)\quad(R>R_0)\tag{2}$$

由 $R=R_0$ 处的边值关系

$$\varphi_2=\varphi_1,\ -\mu_0\frac{\partial\varphi_2}{\partial R}=-\mu\frac{\partial\varphi_1}{\partial R}+\mu_0M_0\cos\theta\tag{3}$$

解出

$$\varphi_1=\frac{\mu_0(-3H_0+M_0)}{\mu+2\mu_0}R\cos\theta\tag{4}$$

$$\varphi_2=-H_0R\cos\theta+\frac{[(\mu-\mu_0)H_0+\mu_0M_0]R_0^3}{(\mu+2\mu_0)R^2}\cos\theta\tag{5}$$

$$\boldsymbol{B}_1=\mu(-\nabla\varphi_1)+\mu_0\boldsymbol{M}_0=\frac{3\mu\mu_0}{\mu+2\mu_0}\boldsymbol{H}_0+\frac{2\mu_0^2}{\mu+2\mu_0}\boldsymbol{M}_0\tag{6}$$

$$\boldsymbol{B}_2=\mu_0(-\nabla\varphi_2)=\mu_0\boldsymbol{H}_0+\mu_0\left[\frac{3(\boldsymbol{m}\cdot\boldsymbol{R})\boldsymbol{R}}{R^5}-\frac{\boldsymbol{m}}{R^3}\right]\tag{7}$$

球内的两项均为均匀场;球外第二项是磁偶极场,将 φ_2 的第二项与(3.11)式比较,可知球面磁化电流形成的磁矩为

$$\boldsymbol{m}=\frac{[(\mu-\mu_0)\boldsymbol{H}_0+\mu_0\boldsymbol{M}_0]4\pi R_0^3}{\mu+2\mu_0}\tag{8}$$

3.13 有一个均匀带电的薄导体壳,半径为 R_0,总电荷量为 q,今使球壳绕自身某一直径以角速度 ω 转动,求球内外的磁场 $\boldsymbol{B}$.

【解】 以球心为坐标原点,转轴为 z 轴.球壳电荷面密度 $\sigma_{\mathrm{f}}=q/4\pi R_0^2$,因球壳自转而形成的面电流密度为

$$\boldsymbol{\alpha}_{\mathrm{f}}=\sigma_{\mathrm{f}}\boldsymbol{v}=\frac{q}{4\pi R_0^2}\omega\boldsymbol{e}_z\times R_0\boldsymbol{e}_R=\frac{q\omega}{4\pi R_0}\sin\theta\boldsymbol{e}_\phi \tag{1}$$

【方法一】磁标势法　球内外两区域均无传导电流分布，磁标势均满足方程 $\nabla^2\varphi=0$，边界条件为

$$R=0,\varphi_1\text{ 有限；}\quad R\to\infty,\varphi_2\to 0 \tag{2}$$

$$R=R_0\text{ 处，}\quad B_{2R}=B_{1R},\quad \boldsymbol{e}_R\times(\boldsymbol{H}_2-\boldsymbol{H}_1)=\boldsymbol{\alpha}_{\mathrm{f}}$$

即
$$\frac{\partial\varphi_2}{\partial R}=\frac{\partial\varphi_1}{\partial R},\quad -\frac{1}{R_0}\frac{\partial\varphi_2}{\partial\theta}+\frac{1}{R_0}\frac{\partial\varphi_1}{\partial\theta}=\frac{q\omega}{4\pi R_0}\sin\theta \tag{3}$$

由 z 轴对称性及(2)的两个条件，磁标势方程的解写为

$$\varphi_1=\sum_n a_n R^n \mathrm{P}_n(\cos\theta)\quad (R<R_0) \tag{4}$$

$$\varphi_2=\sum_n \frac{b_n}{R^{n+1}}\mathrm{P}_n(\cos\theta)\quad (R>R_0) \tag{5}$$

由条件(3)，解出

$$\varphi_1=-\frac{q\omega}{6\pi R_0}R\cos\theta,\quad \varphi_2=\frac{m}{4\pi R^2}\cos\theta=\frac{\boldsymbol{m}\cdot\boldsymbol{R}}{4\pi R^3} \tag{6}$$

$$\boldsymbol{B}_1=\mu_0(-\nabla\varphi_1)=\frac{\mu_0 q\omega}{6\pi R_0}\boldsymbol{e}_z \tag{7}$$

$$\boldsymbol{B}_2=\mu_0(-\nabla\varphi_2)=\frac{\mu_0}{4\pi}\left[\frac{3(\boldsymbol{m}\cdot\boldsymbol{R})\boldsymbol{R}}{R^5}-\frac{\boldsymbol{m}}{R^3}\right] \tag{8}$$

球内为均匀场，球外为磁偶极场，球面电流形成的磁矩为

$$\boldsymbol{m}=\frac{1}{2}\oint_S(R_0\boldsymbol{e}_{\mathrm{R}}\times\boldsymbol{\alpha}_{\mathrm{f}})\mathrm{d}S=\frac{q\omega R_0^2}{3}\boldsymbol{e}_z \tag{9}$$

【方法二】如(9)式先计算出球面电流的磁矩 $\boldsymbol{m}$，得球外的磁标势和磁场：

$$\varphi_2=\frac{\boldsymbol{m}\cdot\boldsymbol{R}}{4\pi R^3}=\frac{m}{4\pi R^2}\cos\theta$$

$$\boldsymbol{B}_2=\mu_0(-\nabla\varphi_2)=\frac{\mu_0 m}{4\pi R^3}(2\cos\theta\,\boldsymbol{e}_R+\sin\theta\,\boldsymbol{e}_\theta) \tag{10}$$

因 $R=0$ 处 φ_1 有限，故球内标势方程 $\nabla^2\varphi_1=0$ 的解如(4)式，再由 $R=R_0$ 处 $B_{2R}=B_{1R}$，即

$$\frac{\mu_0 m}{4\pi R_0^3}2\cos\theta=-\mu_0\left.\frac{\partial\varphi_1}{\partial R}\right|_{R=R_0} \tag{11}$$

解得

$$a_1=\frac{-m}{2\pi R_0^3}=\frac{-q\omega}{6\pi R_0};\quad a_n=0\quad(\text{当 }n\neq 1)$$

由此得球内的标势和磁场：

$$\varphi_1=-\frac{q\omega}{6\pi R_0}R\cos\theta,\quad \boldsymbol{B}_1=\mu_0(-\nabla\varphi_1)=\frac{\mu_0 q\omega}{6\pi R_0}\boldsymbol{e}_z \tag{12}$$

【方法三】矢势法 球面电流密度如(1)式.因球内外两区域传导电流 $\boldsymbol{J}_f$ 均为零,故矢势的全部定解条件为

$$\nabla^2\boldsymbol{A}=0(\nabla\cdot\boldsymbol{A}=0)\quad (R<R_0,R>R_0) \tag{13}$$

$$R=0,\boldsymbol{A}_1\text{ 有限；}\quad R\to\infty,\boldsymbol{A}_2\to 0 \tag{14}$$

$R=R_0$ 处，

$$\boldsymbol{A}_1=\boldsymbol{A}_2,\quad \boldsymbol{e}_R\times\left(\frac{1}{\mu_0}\nabla\times\boldsymbol{A}_2-\frac{1}{\mu_0}\nabla\times\boldsymbol{A}_1\right)=\frac{q\omega}{4\pi R_0}\sin\theta\,\boldsymbol{e}_\phi \tag{15}$$

球面电流形成的磁矩 $\boldsymbol{m}$ 如(9)式,故球外矢势为

$$\boldsymbol{A}_2=\frac{\mu_0}{4\pi}\frac{\boldsymbol{m}\times\boldsymbol{R}}{R^3}=\frac{\mu_0 m}{4\pi R^2}\sin\theta\,\boldsymbol{e}_\phi\quad (R>R_0) \tag{16}$$

由轴对称性及 $R=R_0$ 处 $\boldsymbol{A}_1=\boldsymbol{A}_2$,可知球内矢势函数应当为

$$\boldsymbol{A}_1=A_\phi(R,\theta)\boldsymbol{e}_\phi\quad A_R=A_\theta=0 \tag{17}$$

将(16)和(17)式代入边值关系(15)的第二式,并由球坐标旋度公式,可解出

$$\boldsymbol{A}_1=\frac{\mu_0 q\omega}{12\pi R_0}R\sin\theta\,\boldsymbol{e}_\phi\quad (R<R_0) \tag{18}$$

可以验证,$\boldsymbol{A}_1$ 和 $\boldsymbol{A}_2$ 满足条件(14),以及$\nabla\cdot\boldsymbol{A}=0$.于是得

$$\boldsymbol{B}_1=\nabla\times\boldsymbol{A}_1=\frac{\mu_0 q\omega}{6\pi R_0}\boldsymbol{e}_z \tag{19}$$

$$\boldsymbol{B}_2=\nabla\times\boldsymbol{A}_2=\frac{\mu_0}{4\pi}\left[\frac{3(\boldsymbol{m}\cdot\boldsymbol{R})\boldsymbol{R}}{R^5}-\frac{\boldsymbol{m}}{R^3}\right] \tag{20}$$

3.14 电荷按体均匀分布的刚性小球,总电荷量为 q,半径为 R_0,它以角速度 ω 绕自身某一直径转动,求：

(1) 它的磁矩；

(2) 它的磁矩与自转角动量之比.设小球质量 m_0 是均匀分布的.

【解】 小球的电荷密度与质量密度分别为

$$\rho_q=\frac{3q}{4\pi R_0^3},\quad \rho_m=\frac{3m_0}{4\pi R_0^3}$$

设转动轴为 z 轴,则球内任一点的转动速度为 $\boldsymbol{v}=\omega\boldsymbol{e}_z\times\boldsymbol{r}=\omega r\boldsymbol{e}_\phi$,球内电流密度与动量密度分别为

$$\boldsymbol{J}=\rho_q\boldsymbol{v}=\rho_q\omega r\boldsymbol{e}_\phi,\quad \boldsymbol{p}=\rho_m\boldsymbol{v}=\rho_m\omega r\boldsymbol{e}_\phi$$

小球的磁矩 $\boldsymbol{m}$ 与自转角动量 $\boldsymbol{L}$ 分别为

$$\boldsymbol{m}=\frac{1}{2}\int_V\boldsymbol{r}\times\boldsymbol{J}\mathrm{d}V=\frac{q\omega R_0^2}{5}\boldsymbol{e}_z$$

$$L=\int_V r\times p\mathrm{d}V=\frac{2m_0\omega R_0^2}{5}e_z$$

于是有

$$m/L=q/2m_0$$

3.15 有一块磁矩为 m 的小永磁体，位于一块磁导率非常大的实物的平坦界面附近的真空中，求作用在小永磁体上的力 F.

【解】如图 3.2，设介质表面为 $z=0$ 平面，m 位于介质表面上方 $z=a$ 处，它与界面法向 e_z 的夹角为 α. 由于高磁导率介质表面是等磁势面，令其表面磁标势为零. 介质的磁化电流在其外部空间产生的磁场，可用介质内 $z=-a$ 处的镜像磁矩 m' 的磁场等效，为满足 $z=0$ 处标势 $\varphi=0$ 的条件，显然 m' 与 m 的数值应相等，m' 与界面法向的夹角也是 α，但与 m 的夹角为 2α. 于是 m' 在介质外部任一点的标势与磁感应强度为

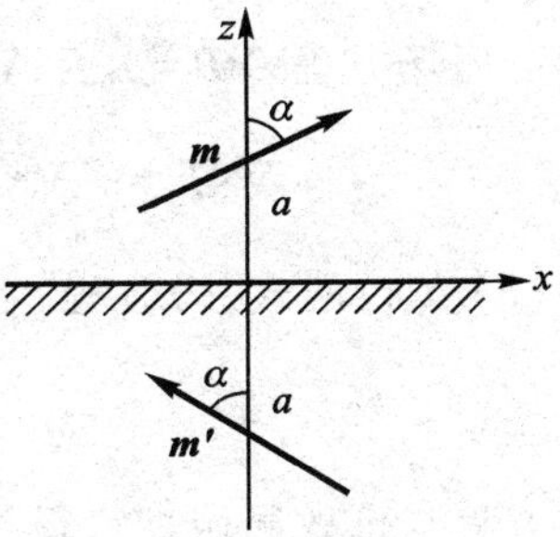

图 3.2 (3.15 题)

$$\varphi'=\frac{m'\cdot r}{4\pi r^3},\quad B'=\mu_0(-\nabla\varphi')=\frac{\mu_0}{4\pi}\left[\frac{3(m'\cdot r)r}{r^5}-\frac{m'}{r^3}\right]$$

记 m' 到 m 的距离 $r=z$，矢径 $r=ze_z$，则 m' 在 m 处的磁感应强度为

$$B'=\frac{\mu_0}{4\pi z^3}(3m'\cos\alpha e_z-m')$$

其中 $z=2a, m'=m$，故 m' 的磁场对 m 的作用能及作用力为

$$W_i=-m\cdot B'=-\frac{\mu_0 m^2}{4\pi z^3}(1+\cos^2\alpha)$$

$$F=-\nabla W_i=-e_z\frac{\partial W_i}{\partial z}=\frac{-3\mu_0 m^2}{64\pi a^4}(1+\cos^2\alpha)e_z$$

负号表明 m 受到吸引力.

3.16 从皮帕德方程在局域近似下得到的 $J_S(x)=-\frac{\alpha}{\xi_0}\xi_p A(x)$ 出发，证明相应的皮帕德有效穿透深度为

$$\lambda_p=\lambda_L\left(\frac{\xi_0+dl}{dl}\right)^{\frac{1}{2}}$$

其中 λ_L 为伦敦穿透深度.

【解】对于满足条件 $dl\ll\xi_0, \xi_p\ll\lambda_p$ 的第二类超导体，皮帕德方程的局域近似为

$$J_S=-\frac{\alpha}{\xi_0}\xi_p A \tag{1}$$

其中

$$\frac{1}{\xi_p}=\frac{1}{\xi_0}+\frac{1}{dl} \tag{2}$$

对(1)式求旋度,得

$$\nabla\times\boldsymbol{J}_S=-\frac{\alpha}{\xi_0}\xi_p\,\nabla\times\boldsymbol{A}=-\frac{\alpha}{\xi_0}\xi_p\boldsymbol{B} \tag{3}$$

由静磁场方程$\nabla\times\boldsymbol{B}=\mu_0\boldsymbol{J}_S$,$\nabla\cdot\boldsymbol{B}=0$,有

$$\nabla\times\boldsymbol{J}_S=\frac{1}{\mu_0}\nabla\times(\nabla\times\boldsymbol{B})=\frac{1}{\mu_0}[\nabla(\nabla\cdot\boldsymbol{B})-\nabla^2\boldsymbol{B}]=-\frac{1}{\mu_0}\nabla^2\boldsymbol{B} \tag{4}$$

由(3)、(4)两式,得方程

$$\nabla^2\boldsymbol{B}=\frac{1}{\lambda_p^2}\boldsymbol{B} \tag{5}$$

这方程与伦敦局域理论得到的方程(3.34)有相同形式,其中

$$\lambda_p=\left(\frac{1}{\mu_0\alpha}\frac{\xi_0}{\xi_p}\right)^{\frac{1}{2}}=\lambda_L\left(\frac{\xi_0+dl}{dl}\right)^{\frac{1}{2}} \tag{6}$$

由于 $dl\ll\xi_0$,故 $\lambda_p\approx\lambda_L(\xi_0/dl)^{\frac{1}{2}}>\lambda_L$.

3.17 有一理想迈斯纳态的超导球半径为 a,距球心为 $d(d>a)$处有一沿球径方向的磁偶极子 $\boldsymbol{m}$.证明:$\boldsymbol{m}$ 的镜像为 $\boldsymbol{m}'=-(a/d)^3\boldsymbol{m}$,位置在球内 $z=a^2/d$ 处.

【解】 超导球内 $\boldsymbol{B}=0$,磁场只存在于球外空间.如图 3.3,令磁矩 $\boldsymbol{m}=m\boldsymbol{e}_z$,问题就有 z 轴对称性,$\boldsymbol{m}$ 的镜像 $\boldsymbol{m}'$只能位于超导球内部 z 轴上,设 $\boldsymbol{m}'=m'\boldsymbol{e}_z$,位置为 $z=b$.于是球外任一点的磁感应强度为

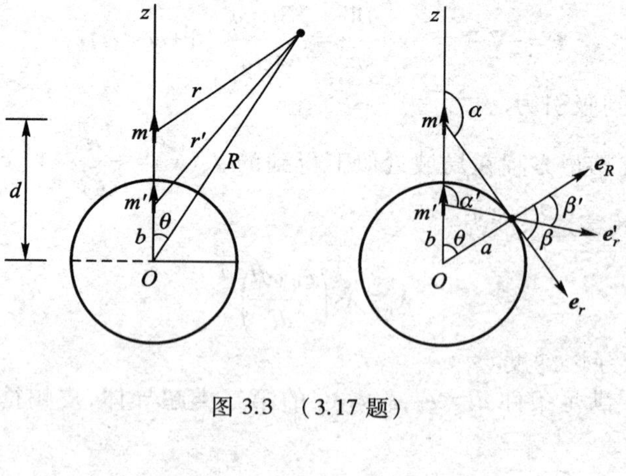

图 3.3 (3.17 题)

$$B=\frac{\mu_0}{4\pi}\left[\frac{3(\boldsymbol{m}\cdot\boldsymbol{r})\boldsymbol{r}-r^2\boldsymbol{m}}{r^5}+\frac{3(\boldsymbol{m}'\cdot\boldsymbol{r}')\boldsymbol{r}'-r'^2\boldsymbol{m}'}{r'^5}\right] \quad (1)$$

其中 $\boldsymbol{r}$ 是 $\boldsymbol{m}$ 到场点的矢径，$\boldsymbol{r}'$ 是 $\boldsymbol{m}'$ 到场点的矢径：

$$\boldsymbol{r}=r\boldsymbol{e}_r=(R^2+d^2-2Rd\cos\theta)^{\frac{1}{2}}\boldsymbol{e}_r$$

$$\boldsymbol{r}'=r'\boldsymbol{e}'_r=(R^2+b^2-2Rb\cos\theta)^{\frac{1}{2}}\boldsymbol{e}'_r$$

R 是从球心到场点的距离，θ 为球径方向的单位矢量 $\boldsymbol{e}_R$ 与 $\boldsymbol{e}_z$ 的夹角.

由球面上即 $R=a$ 处 $\boldsymbol{B}$ 的法向分量 $B_R=\boldsymbol{B}\cdot\boldsymbol{e}_R=0$，有

$$B_R=\frac{3(\boldsymbol{m}\cdot\boldsymbol{r})(\boldsymbol{r}\cdot\boldsymbol{e}_R)-r^2\boldsymbol{m}\cdot\boldsymbol{e}_R}{r^5}+\frac{3(\boldsymbol{m}'\cdot\boldsymbol{r}')(\boldsymbol{r}'\cdot\boldsymbol{e}_R)-r'^2\boldsymbol{m}'\cdot\boldsymbol{e}_R}{r'^5}=0 \quad (2)$$

在球面上任一点，记 $\boldsymbol{r}$ 与 $\boldsymbol{m}$ 的夹角为 α，$\boldsymbol{r}$ 与 $\boldsymbol{e}_R$ 的夹角为 β，$\boldsymbol{r}'$ 与 $\boldsymbol{m}'$ 的夹角为 α'，$\boldsymbol{r}'$ 与 $\boldsymbol{e}_R$ 的夹角为 β'，由(2)式有

$$\frac{m(3\cos\alpha\cos\beta-\cos\theta)}{r^3}+\frac{m'(3\cos\alpha'\cos\beta'-\cos\theta)}{r'^3}=0 \quad (3)$$

(3)式在整个球面每一点均满足的条件必须是

$$3\cos\alpha\cos\beta-\cos\theta=3\cos\alpha'\cos\beta'-\cos\theta \quad (4)$$

即 $R=a$ 处，(3)式给出

$$\frac{m}{(a^2+d^2-2ad\cos\theta)^{3/2}}=\frac{-m'}{(a^2+b^2-2ab\cos\theta)^{3/2}} \quad (5)$$

由此可解出

$$b=a^2/d,\qquad m'=-(a/d)^3m \quad (6)$$

负号表示镜像 $\boldsymbol{m}'$ 沿 $-\boldsymbol{e}_z$ 方向，即 $\boldsymbol{m}'=-(a/d)^2\boldsymbol{m}$.

3.18 基于磁介质观点，用热力学解释超导体临界磁场的存在.

【解】 考虑处于均匀外磁场 $\boldsymbol{H}$ 中的无穷长超导体圆柱，$\boldsymbol{H}$ 的方向与柱轴平行，按磁介质观点，柱体内的磁场也是均匀场(见主教材 §5 例 6)，以 E 表示圆柱单位体积的内能，$\boldsymbol{M}$ 为磁化强度，由热力学第一定律和第二定律：

$$\mathrm{d}E=\mathrm{d}Q+\mu_0H\mathrm{d}M,\qquad T\mathrm{d}S\geqslant\mathrm{d}Q \quad (1)$$

得

$$\mathrm{d}E-T\mathrm{d}S-\mu_0H\mathrm{d}M\leqslant0 \quad (2)$$

若系统状态发生自发变化，而且在这过程中保持温度 T 和磁场 H 不变，则(2)式可写为

$$\mathrm{d}G\leqslant0 \quad (3)$$

其中，G 为圆柱单位体积的吉布斯函数：

$$G=E-TS-\mu_0HM \quad (4)$$

(3)式表示，系统的自发过程朝着吉布斯函数 G 减小的方向进行.现在设温度 T 和磁场 H 有一微小改变，导致系统状态发生一个十分微小的变化，于是由(4)式

和(2)式,有

$$dG=-SdT-\mu_0 MdH \tag{5}$$

(5)式表示在微小变化过程中,系统的熵 S 和磁化强度 $\boldsymbol{M}$ 可视为不变,即 G 是温度 T 与磁场 H 的函数.按磁介质观点,样品处在正常态时 $M=0$,由(5)式,此时有

$$dG_n=-S_n(T)dT \tag{6}$$

G_n 和 S_n 分别是正常态下的吉布斯函数和熵.而在理想迈纳斯态下 $\boldsymbol{M}=-\boldsymbol{H}$,(5)式成为 $dG=-S(T,H)dT+\mu_0 HdH$.由可积条件,G 的二阶混合导数与求导次序无关,故 $S(T,H)=S(T)$.于是有

$$dG=-S(T)dT+\mu_0 HdH \tag{7}$$

记 $H\neq 0$ 时超导态的吉布斯函数为 $G_S(T,H)$,$H=0$ 时 $G_S(T,0)=G_S(T)$.对(7)式积分得

$$G_S(T,H)=G_S(T)+\frac{1}{2}\mu_0 H^2,\quad (T\leqslant T_c) \tag{8}$$

上式右方第二项是超导体内的磁能密度,故 $H=0$ 时,$G_S(T,0)$ 较小.设 $T<T_c$ 时,$G_S(T)<G_n(T)$,由(8)式便可解释临界磁场现象.当磁场 H 进入超导体内且逐渐增大时,$G_S(T,H)$ 也逐渐增大,H 达到临界值 $H_c(T)$ 时,有

$$G_S(T,H_c)=G_S(T)+\frac{1}{2}\mu_0 H_c^2(T) \tag{9}$$

当 $H>H_c$,超导态便转化为正常态,$\mu_0 H_c^2(T)/2$ 被称为超导态的凝聚能.对式(9)微分,并由 $S_n(T)=-dG_n(T)/dT$,$S_S(T)=-[\partial G_S(T,H)/\partial T]_H=-dG_n(T)/dT$,可得

$$S_S(T)-S_n(T)=\mu_0 H_c(T)\frac{dH_c(T)}{dT},\quad (T\leqslant T_c) \tag{10}$$

由临界磁场的经验公式

$$H_c(T)=H_c(0)\left[1-\left(\frac{T}{T_c}\right)^2\right] \tag{11}$$

可知 $dH_c(T)/dT<0$,故(10)式给出

$$S_S(T)<S_n(T) \tag{12}$$

即超导态下系统的熵较低,故处于超导态的电子比正常态的电子更为有序.

补　充　题

3.19　按照磁介质观点,体积为 V 的超导体总磁矩为 $\boldsymbol{m}=\int_V \boldsymbol{M}dV$.证明它与

超导体内所有可能的体超导电流 $\boldsymbol{J}_S$ 与面超导电流 $\boldsymbol{\alpha}_S$ 形成的总磁矩是等效的，而且与对 $\boldsymbol{M}$ 的散度所附加的条件无关.

【解】 为了包括一般迈斯纳态和理想迈斯纳态两种情况，我们在更一般的条件下来证明，即假设同时存在体电流 $\boldsymbol{J}_S$ 和面电流 $\boldsymbol{\alpha}_S$，于是超导电流形成的总磁矩为

$$\boldsymbol{m}=\frac{1}{2}\int_V \boldsymbol{x}\times\boldsymbol{J}_S\mathrm{d}V+\frac{1}{2}\oint_S \boldsymbol{x}\times\boldsymbol{\alpha}_S\mathrm{d}S \tag{1}$$

由关于 $\boldsymbol{M}$ 的方程 $\nabla\times\boldsymbol{M}=\boldsymbol{J}_s$ 和边值关系 $\boldsymbol{e}_n\times\boldsymbol{M}=-\alpha_s$，上式可写为

$$\boldsymbol{m}=\frac{1}{2}\int_V \boldsymbol{x}\times(\nabla\times\boldsymbol{M})\mathrm{d}V-\frac{1}{2}\oint_S \boldsymbol{x}\times(\boldsymbol{e}_n\times\boldsymbol{M})\mathrm{d}S \tag{2}$$

于是由

$$\begin{aligned}\nabla(\boldsymbol{x}\cdot\boldsymbol{M})&=\boldsymbol{x}\times(\nabla\times\boldsymbol{M})+\boldsymbol{M}\times(\nabla\times\boldsymbol{x})+(\boldsymbol{M}\cdot\nabla)\boldsymbol{x}+(\boldsymbol{x}\cdot\nabla)\boldsymbol{M}\\&=\boldsymbol{x}\times(\nabla\times\boldsymbol{M})+0+\boldsymbol{M}+(\boldsymbol{x}\cdot\nabla)\boldsymbol{M}\\\nabla\cdot(\boldsymbol{x}\boldsymbol{M})&=(\nabla\cdot\boldsymbol{x})\boldsymbol{M}+(\boldsymbol{x}\cdot\nabla)\boldsymbol{M}=3\boldsymbol{M}+(\boldsymbol{x}\cdot\nabla)\boldsymbol{M}\end{aligned}$$

(2)式右方第一项为

$$\begin{aligned}\frac{1}{2}\int_V \boldsymbol{x}\times(\nabla\times\boldsymbol{M})\mathrm{d}V&=\frac{1}{2}\int_V\nabla(\boldsymbol{x}\cdot\boldsymbol{M})\mathrm{d}V+\frac{1}{2}\int_V 2\boldsymbol{M}\mathrm{d}V-\frac{1}{2}\int_V\nabla\cdot(\boldsymbol{x}\boldsymbol{M})\mathrm{d}V\\&=\frac{1}{2}\oint_S\boldsymbol{e}_n(\boldsymbol{x}\cdot\boldsymbol{M})\mathrm{d}S-\frac{1}{2}\oint_S(\boldsymbol{e}_n\cdot\boldsymbol{x})\boldsymbol{M}\mathrm{d}S+\int_V\boldsymbol{M}\mathrm{d}V\end{aligned} \tag{3}$$

又由 $\boldsymbol{x}\times(\boldsymbol{e}_n\times\boldsymbol{M})=\boldsymbol{e}_n(\boldsymbol{x}\cdot\boldsymbol{M})-\boldsymbol{M}(\boldsymbol{e}_n\cdot\boldsymbol{x})$，(2)式右方第二项为

$$-\frac{1}{2}\oint_S\boldsymbol{x}\times(\boldsymbol{e}_n\times\boldsymbol{M})\mathrm{d}S=-\frac{1}{2}\oint_S\boldsymbol{e}_n(\boldsymbol{x}\cdot\boldsymbol{M})\mathrm{d}S+\frac{1}{2}\oint_S(\boldsymbol{e}_n\cdot\boldsymbol{x})\boldsymbol{M}\mathrm{d}S \tag{4}$$

(3)和(4)两式相加，即得

$$\boldsymbol{m}=\int_V\boldsymbol{M}\mathrm{d}V \tag{5}$$

上述证明过程并未涉及对 $\boldsymbol{M}$ 的散度附加任何限制.即无论对 $\boldsymbol{M}$ 采用何种规范条件，(5)式均成立.

第四章　电磁波的传播

要 点 概 述

4.1　真空中的波动方程

随时间变化的电荷电流分布激发时变电磁场,变化的电场与磁场互相激发形成电磁波.从麦克斯韦方程组

$$\nabla \cdot \boldsymbol{D}=\rho_{\mathrm{f}}, \quad \nabla\times\boldsymbol{E}=-\frac{\partial \boldsymbol{B}}{\partial t}$$

$$\nabla \cdot \boldsymbol{B}=0, \quad \nabla\times\boldsymbol{H}=\boldsymbol{J}_{\mathrm{f}}+\frac{\partial \boldsymbol{D}}{\partial t} \tag{4.1}$$

可导出真空中($\boldsymbol{D}=\varepsilon_0\boldsymbol{E},\boldsymbol{H}=\boldsymbol{B}/\mu_0$)的齐次波动方程:

$$\nabla^2\boldsymbol{E}-\frac{1}{c^2}\frac{\partial^2\boldsymbol{E}}{\partial t^2}=0, \quad \nabla^2\boldsymbol{B}-\frac{1}{c^2}\frac{\partial^2\boldsymbol{B}}{\partial t^2}=0 \tag{4.2}$$

真空中所有频率的电磁波传播速度均为

$$c=\frac{1}{\sqrt{\mu_0\varepsilon_0}}\simeq 299\ 792\ 458\ \mathrm{m/s} \tag{4.3}$$

4.2　时谐波　亥姆霍兹方程和边值关系

电磁波作用于介质时,介质的电容率 ε 和磁导率 μ 一般地是频率的函数,即介质存在色散现象.对于角频率为 ω 的时谐波:

$$\boldsymbol{E}(\boldsymbol{x},t)=\boldsymbol{E}(\boldsymbol{x})\mathrm{e}^{-\mathrm{i}\omega t}, \quad \boldsymbol{B}(\boldsymbol{x},t)=\boldsymbol{B}(\boldsymbol{x})\mathrm{e}^{-\mathrm{i}\omega t} \tag{4.4}$$

各向同性线性均匀介质内 $\boldsymbol{D}=\varepsilon\ \boldsymbol{E},\boldsymbol{B}=\mu\ \boldsymbol{H}$,若介质是绝缘体,即 $\rho_{\mathrm{f}}=0,\boldsymbol{J}_{\mathrm{f}}=0$,将(4.4)代入麦氏方程组(4.1),得

$$\nabla \cdot \boldsymbol{E}(\boldsymbol{x})=0, \quad \nabla\times\boldsymbol{E}(\boldsymbol{x})=\mathrm{i}\omega\mu\ \boldsymbol{H}(\boldsymbol{x})$$

$$\nabla \cdot \boldsymbol{H}(\boldsymbol{x})=0, \quad \nabla\times\boldsymbol{H}(\boldsymbol{x})=-\mathrm{i}\omega\varepsilon\ \boldsymbol{E}(\boldsymbol{x}) \tag{4.5}$$

对第二式求旋度,并由第四式,得各向同性线性均匀介质内时谐波的亥姆霍兹方程:

$$\nabla^2\boldsymbol{E}(\boldsymbol{x})+k^2\boldsymbol{E}(\boldsymbol{x})=0 \tag{4.6}$$

$$\text{其中 } k=\omega\sqrt{\mu\varepsilon}=2\pi/\lambda \tag{4.7}$$

λ 为电磁波在介质中的波长，k 为波数.方程(4.6)的解必须满足条件：

$$\nabla\cdot\boldsymbol{E}(\boldsymbol{x})=0 \tag{4.8}$$

在各向同性线性均匀导体内，自由电荷体密度 $\rho_f=0$，自由电荷分布于导体表面的薄层中，当频率 ω 不是太高时，欧姆定律 $\boldsymbol{J}_f=\sigma\boldsymbol{E}$ 成立，由麦氏方程组(4.1)可知，(4.5)的第四个方程为

$$\nabla\times\boldsymbol{H}(\boldsymbol{x})=-\mathrm{i}\omega\varepsilon\boldsymbol{E}(\boldsymbol{x})+\sigma\boldsymbol{E}(\boldsymbol{x})=-\mathrm{i}\omega\varepsilon'\boldsymbol{E}(\boldsymbol{x}) \tag{4.9}$$

因此线性均匀导体内的时谐波也遵从亥姆霍兹方程(4.6)，但

$$k=\omega\sqrt{\mu\varepsilon'},\quad \varepsilon'=\varepsilon+\mathrm{i}\sigma/\omega \tag{4.10}$$

ε'是导体的复数电容率.

解出电场 $\boldsymbol{E}$ 后，由(4.5)的第二式可给出磁场：

$$\boldsymbol{B}=\mu\boldsymbol{H}=-\frac{\mathrm{i}}{\omega}\nabla\times\boldsymbol{E} \tag{4.11}$$

方程组(4.5)的四个方程并非完全互相独立，由二、四两式可导出其他两式.因此对于时谐波，第一章(1.40)的四个边值关系也并非完全互相独立，只要满足

$$\boldsymbol{e}_n\times(\boldsymbol{E}_2-\boldsymbol{E}_1)=0,\quad \boldsymbol{e}_n\times(\boldsymbol{H}_2-\boldsymbol{H}_1)=\boldsymbol{\alpha}_f \tag{4.12}$$

另两个边值关系自然也能满足.在研究电磁波在有界空间中的传播时，在各线性均匀介质内满足亥姆霍兹方程(4.6)和条件(4.8)，在界面上又满足(4.12)第一式的电场，是唯一的.

4.3 真空中和均匀绝缘介质内的平面波

亥姆霍兹方程(4.6)的解包括各种频率和模式的电磁波，(4.8)式是波的横约束条件.各种电磁波都可表示成一系列单色平面波的叠加．方程(4.6)的单色平面波解为

$$\boldsymbol{E}=\boldsymbol{E}_0\mathrm{e}^{\mathrm{i}(\boldsymbol{k}\cdot\boldsymbol{x}-\omega t)} \tag{4.13}$$

$\boldsymbol{E}_0$ 为波的振幅，波矢量 $\boldsymbol{k}$ 的方向代表波的传播方向，波的相位为$\phi=\boldsymbol{k}\cdot\boldsymbol{x}-\omega t$.与 $\boldsymbol{k}$ 垂直的平面均为等相位面将(4.13)代入条件(4.8)，以及(4.11)式，得

$$\boldsymbol{k}\cdot\boldsymbol{E}=0,\quad \boldsymbol{k}\cdot\boldsymbol{B}=0,\quad \boldsymbol{B}=\frac{1}{\omega}\boldsymbol{k}\times\boldsymbol{E} \tag{4.14}$$

由此可知电磁波是横波，$\boldsymbol{E},\boldsymbol{B},\boldsymbol{k}$ 互相垂直，且 $\boldsymbol{E}\times\boldsymbol{B}$ 沿 $\boldsymbol{k}$ 方向，$\boldsymbol{E}$(和 $\boldsymbol{B}$)在与传播方向 $\boldsymbol{k}$ 正交的方向上偏振.$\boldsymbol{E}$ 可以是圆偏振波、椭圆偏振波，或线偏振波.

电场与磁场的振幅关系为

$$E=\frac{\omega}{k}B=\frac{B}{\sqrt{\mu_0\varepsilon_0}}=cB\quad(\text{真空中}) \tag{4.15}$$

$$E=\frac{\omega}{k}B=\frac{B}{\sqrt{\mu\varepsilon}}=v\ B=\frac{cB}{n}\quad（均匀绝缘介质内）\tag{4.16}$$

其中 v 为波在介质中的相速度，n 为介质的折射率：

$$v=\frac{\omega}{k}=\frac{1}{\sqrt{\mu\varepsilon}}=\frac{c}{n},\quad n=\sqrt{\mu_r\varepsilon_r}\tag{4.17}$$

由于 ε 和 μ 是频率 ω 的函数，故 v 和 n 均为频率的函数.$Z=\sqrt{\mu/\varepsilon}$ 称为介质的波阻抗.真空中 $Z_0=\sqrt{\mu_0/\varepsilon_0}\approx 376.7\Omega$.

单色波的能量密度 w 与能流密度 $\boldsymbol{S}$ 的瞬时值为

$$w=\frac{1}{2}(\varepsilon\ E^2+B^2/\mu)=\varepsilon\ E^2=B^2/\mu\tag{4.18}$$

$$\boldsymbol{S}=\boldsymbol{E}\times\boldsymbol{H}=\sqrt{\varepsilon/\mu}\,E^2\boldsymbol{e}_k=vw\boldsymbol{e}_k\tag{4.19}$$

$\boldsymbol{e}_k$ 为传播方向的单位矢量.w 和 $\boldsymbol{S}$ 在每个周期 T 内的平均值为

$$\bar{w}=\frac{1}{T}\int_0^T w\mathrm{d}t=\frac{1}{2}\mathrm{Re}(\boldsymbol{E}^*\cdot\varepsilon\boldsymbol{E})=\frac{1}{2}\varepsilon\boldsymbol{E}_0^2\tag{4.20}$$

$$\bar{\boldsymbol{S}}=\frac{1}{T}\int_0^T\boldsymbol{S}\mathrm{d}t=\frac{1}{2}\mathrm{Re}(\boldsymbol{E}^*\times\boldsymbol{H})=\frac{1}{2}\sqrt{\frac{\varepsilon}{\mu}}\boldsymbol{E}_0^2\boldsymbol{e}_k\tag{4.21}$$

在(4.18)-(4.21)各式中，将 μ 和 ε 改为 μ_0 和 ε_0，即得真空中电磁波能量密度和能流密度的瞬时值，或平均值.

当介质中的波含有众多频率成分时(例如脉冲波和已调制波)，由于能量密度与波的振幅平方成正比，故整个波包的传播速度，才是波的能量传播速度，又称为群速度

$$v_g=\frac{\mathrm{d}\omega}{\mathrm{d}k}\tag{4.22}$$

由于介质的折射率 n 是频率 ω 的函数，而相速度 $v_p=c/n$，$\omega=kv_p=kc/n$，故群速度与相速度的关系为

$$v_g=\frac{\mathrm{d}\omega}{\mathrm{d}k}=v_p+k\frac{\mathrm{d}v_p}{\mathrm{d}k}=\frac{c}{n+\omega(\mathrm{d}n/\mathrm{d}\omega)}\tag{4.23}$$

正常色散介质 $\mathrm{d}n/\mathrm{d}\omega>0$，故 $v_g<v_p$；反常色散介质 $\mathrm{d}n/\mathrm{d}\omega<0$，故 $v_g>v_p$；自由空间中 $v_g=v_p=c$.

4.4 导体内的电磁波

由(4.10)式，导体内 k 为复数，因此波矢量为复矢量

$$\boldsymbol{k}=\boldsymbol{\beta}+\mathrm{i}\boldsymbol{\alpha}\tag{4.24}$$

将(4.24)代入(4.13)和(4.14)的第三式，得导体内平面波的电磁场

$$\boldsymbol{E}=\boldsymbol{E}_0\mathrm{e}^{-\boldsymbol{\alpha}\cdot\boldsymbol{x}}\mathrm{e}^{\mathrm{i}(\boldsymbol{\beta}\cdot\boldsymbol{x}-\omega t)},\boldsymbol{B}=\frac{1}{\omega}(\boldsymbol{\beta}+\mathrm{i}\boldsymbol{\alpha})\times\boldsymbol{E}\tag{4.25}$$

波的相位为 $\phi=\boldsymbol{\beta}\cdot\boldsymbol{x}-\omega t$，因此波在导体内的相速度为

$$v=\omega/\beta \tag{4.26}$$

$\boldsymbol{E}_0$ 是波在导体表面的振幅，因子 $\boldsymbol{E}_0\mathrm{e}^{-\boldsymbol{\alpha}\cdot\boldsymbol{x}}$ 表明随着穿入深度增加，波在导体内的振幅呈指数衰减，这是由于传导电流的热效应引起能量损耗所致，平均损耗功率密度为

$$\overline{p}=\frac{1}{T}\int_0^T\boldsymbol{J}_\mathrm{f}^*\cdot\boldsymbol{E}\mathrm{d}t=\frac{\sigma}{2}\mathrm{Re}(\boldsymbol{E}^*\cdot\boldsymbol{E})=\frac{1}{2}\sigma E_0^2\mathrm{e}^{-2\boldsymbol{\alpha}\cdot\boldsymbol{x}} \tag{4.27}$$

若满足条件

$$\sigma/\omega\varepsilon>>1 \quad (\text{良导体条件}) \tag{4.28}$$

当电磁波垂直入射时，波矢量 $\boldsymbol{k}=(\beta+\mathrm{i}\alpha)\boldsymbol{e}_\mathrm{n}$，$\boldsymbol{e}_\mathrm{n}$ 是指向导体内部的法向单位矢量，此时有

$$\alpha\approx\beta\approx\sqrt{\omega\mu\sigma/2} \tag{4.29}$$

$$\boldsymbol{B}\approx\frac{\alpha}{\omega}(1+\mathrm{i})\boldsymbol{e}_\mathrm{n}\times\boldsymbol{E}=\sqrt{\mu\sigma/\omega}\,\mathrm{e}^{\mathrm{i}\frac{\pi}{4}}\boldsymbol{e}_\mathrm{n}\times\boldsymbol{E} \tag{4.30}$$

(4.30)式表明，良导体内 $\boldsymbol{B}$ 的相位比 $\boldsymbol{E}$ 滞后 $\pi/4$，且 $\sqrt{\mu}H>>\sqrt{\varepsilon}E$，故金属内部电磁场的能量主要是磁场能，这是因为，电场通过直接对自由电荷作功而失去了能量.电磁波在良导体内的穿透深度为

$$\delta=\frac{1}{\alpha}\approx\sqrt{2/\omega\mu\sigma} \tag{4.31}$$

可见导体的电导率 σ 和波的频率 ω 越高，δ 越小，这现象称为导体的高频趋肤效应.

4.5 电磁波在界面的反射和折射

电磁波在介质表面的反射和折射现象，由边值关系(4.12)讨论.经典电磁理论假定反射波和折射波与入射波的频率相同(忽略了介质内原子或分子对电磁波散射，或吸收、再发射等复杂的量子过程).

反射定律和折射定律 以 θ,θ',θ'' 分别表示入射角、反射角和折射角，由(4.12)第一式，可推出

$$\theta'=\theta \quad (\text{反射定律})$$

$$\frac{\sin\theta}{\sin\theta''}=\frac{v_1}{v_2}=\frac{\sqrt{\mu_2\varepsilon_2}}{\sqrt{\mu_1\varepsilon_1}}=\frac{n_2}{n_1}=n_{21} \quad (\text{折射定律}) \tag{4.32}$$

n_{21} 是介质 2 对于介质 1 的相对折射率.

菲涅尔公式 若界面两边均为非铁磁性的均匀绝缘介质，由边值关系 $E_{1t}=E_{2t}$，$H_{1t}=H_{2t}$，当 $\boldsymbol{E}$ 垂直于入射面偏振时，有

$$\frac{E'_\perp}{E_\perp}=-\frac{\sin\ (\theta-\theta'')}{\sin\ (\theta+\theta'')},\quad \frac{E''_\perp}{E_\perp}=\frac{2\cos\ \theta\ \sin\ \theta''}{\sin\ (\theta+\theta'')} \tag{4.33}$$

当 $\boldsymbol{E}$ 平行于入射面偏振时，有

$$\frac{\boldsymbol{E}'_{/\!/}}{\boldsymbol{E}_{/\!/}}=\frac{\tan\ (\theta-\theta'')}{\tan\ (\theta+\theta'')},\quad \frac{\boldsymbol{E}''_{/\!/}}{\boldsymbol{E}_{/\!/}}=\frac{2\cos\ \theta\ \sin\ \theta''}{\sin\ (\theta+\theta'')\cos\ (\theta-\theta'')} \tag{4.34}$$

上述两式表明，垂直于入射面偏振的波与平行于入射面偏振的波在界面上有不同的反射和折射行为.若入射波是圆偏振波或椭圆偏振波，当 $\theta+\theta''=\pi/2$ 时，由(4.34)第一式，反射波平行分量 $\boldsymbol{E}'_{/\!/}$ 将为零，即变为只有 $E'_\perp$ 分量的线偏振波，此时的入射角 θ_B 称为布儒斯特角或起偏角.由折射定律(4.32)可知 $\tan\ \theta_B=n_2/n_1$.

反射系数和透射系数 反射系数 R 定义为反射波与入射波平均法向能流之比，透射系数 T 定义为折射波与入射波平均法向能流之比：

$$R=\frac{\overline{\boldsymbol{S}'}\cdot\boldsymbol{e}_n}{\overline{\boldsymbol{S}}\cdot\boldsymbol{e}_n}=\frac{E_0'^2}{E_0^2},\quad T=\frac{\overline{\boldsymbol{S}''}\cdot\boldsymbol{e}_n}{\overline{\boldsymbol{S}}\cdot\boldsymbol{e}_n}=\frac{n_2\cos\ \theta''}{n_1\cos\ \theta}\frac{E_0''^2}{E_0^2} \tag{4.35}$$

无损耗情形下 $T=1-R$.

全反射 当 $n_{21}<1$，即从光密介质入射至光疏介质时，若入射角 $\theta>\theta_c$（临界角，即 $\theta''=\pi/2$ 时的入射角，$\sin\ \theta_c=n_{21}$），从(4.32)式可知此时 $\sin\ \theta>n_{21}$，$\sin\ \theta''>1$，将发生全反射，透入第二介质的波是沿界面切向传播的表面波，透入波沿法向的平均能流为零.

良导体表面的反射 当电磁波垂直入射到良导体时，由边值关系可计算出反射波振幅 E'.反射系数为

$$R=\left|\frac{E'}{E}\right|^2\approx 1-2\sqrt{\frac{2\omega\varepsilon_0}{\sigma}} \tag{4.36}$$

导体电导率 σ 越高，R 越接近于 1，绝大部分能量被反射出导体外.对于微波和无线电波，大多数金属反射系数 $R\to 1$，电磁波和电流仅存在于其表面的薄层中，内部场强为零，此时金属可视为理想导体.因此在理想导体表面，边值关系(4.12)变为

$$\boldsymbol{e}_n\times\boldsymbol{E}=0,\quad \boldsymbol{e}_n\times\boldsymbol{H}=\boldsymbol{\alpha}_f \tag{4.37}$$

$\boldsymbol{E}$ 和 $\boldsymbol{H}$ 是导体表面的场强.当 $\boldsymbol{E}$ 和 $\boldsymbol{H}$ 已求出，由第二式可求出导体表面的电流密度 $\boldsymbol{\alpha}_f$.

4.6 谐振腔和波导

在以理想导体为边界面的谐振腔和波导内，电场是亥姆霍兹方程(4.6)满足 $\nabla\cdot\boldsymbol{E}=0$ 和边界条件 $\boldsymbol{e}_n\times\boldsymbol{E}=0$ 的解.磁场由(4.11)式给出：

$$\boldsymbol{B}=\mu\boldsymbol{H}=-\frac{\mathrm{i}}{\omega}\nabla\times\boldsymbol{E} \tag{4.38}$$

矩形谐振腔 边长分别为 l_1,l_2,l_3，以金属为边界面的矩形谐振腔内，电场为

$$\begin{aligned}E_x&=A_1\cos k_x x\sin k_y y\sin k_z z\mathrm{e}^{-\mathrm{i}\omega t}\\E_y&=A_2\sin k_x x\cos k_y y\sin k_z z\mathrm{e}^{-\mathrm{i}\omega t}\\E_z&=A_3\sin k_x x\sin k_y y\cos k_z z\mathrm{e}^{-\mathrm{i}\omega t}\end{aligned} \tag{4.39}$$

$$k_x=m\pi/l_1,\quad k_y=n\pi/l_2,\quad k_z=p\pi/l_3\quad(m,n,p=0,1,2,\cdots) \tag{4.40}$$

$$k_xA_1+k_yA_2+k_zA_3=0 \tag{4.41}$$

从(4.41)式可知，$\boldsymbol{E}$ 三个分量的振幅 A_1,A_2,A_3 中，只有两个是独立的，即对每一组 m,n,p 值，有两种独立的波模．本征频率为

$$\omega_{mnp}=\frac{\pi}{\sqrt{\mu\varepsilon}}\sqrt{(m/l_1)^2+(n/l_2)^2+(p/l_3)^2} \tag{4.42}$$

当 $l_1>l_2>l_3$，最低频率的波模为 1,1,0 模.

矩形波导 在截面边长为 a 和 b，以金属为管壁的矩形波导内，沿 z 方向传播的波为

$$\begin{aligned}E_x&=A_1\cos k_x x\sin k_y y\mathrm{e}^{\mathrm{i}(k_z z-\omega t)}\\E_y&=A_2\sin k_x x\cos k_y y\mathrm{e}^{\mathrm{i}(k_z z-\omega t)}\\E_z&=A_3\sin k_x x\sin k_y y\mathrm{e}^{\mathrm{i}(k_z z-\omega t)}\end{aligned} \tag{4.43}$$

$$k_x=m\pi/a,k_y=n\pi/b\quad(m,n=0,1,2,\cdots) \tag{4.44}$$

$$A_1k_x+A_2k_y-\mathrm{i}A_3k_z=0 \tag{4.45}$$

可见，对每一组 m,n 值，波导内有两种独立波模.

(1) 由(4.43)式和(4.38)式可推知，在波导内只能传播横电波(TE 波)或横磁波(TM 波)，不能传播 TEM 波；

(2) 因 $k_z=\sqrt{(\omega/c)^2-(k_x^2+k_y^2)}$ 必须为实数，故最低频率(截止频率)为

$$\omega_{\mathrm{c},mn}=\pi c\sqrt{(m/a)^2+(n/b)^2} \tag{4.46}$$

(3) 由 $k=\omega/c=2\pi/\lambda_0$，$\lambda_0$ 是频率为 ω 的波在自由空间中的波长，而 $k_z<k$，故波导内的波长 λ，相速度 v_{p} 和群速度 v_{g} 为

$$\lambda=\frac{2\pi}{k_z}>\lambda_0,\quad v_{\mathrm{p}}=\frac{\omega}{k_z}>c,\quad v_{\mathrm{g}}=\frac{\mathrm{d}\omega}{\mathrm{d}k_z}<c \tag{4.47}$$

4.7 等离子体中的电磁波

等离子体是整体上为电中性或准电中性的电离物质.因电子质量远小于正离子质量，在热平衡状态下，电子在等离子体内部电磁场作用下的振荡远比正离子振荡激烈.稀薄等离子体固有振荡频率为

$$\omega_p=\sqrt{n_0e^2/m\varepsilon_0} \tag{4.48}$$

n_0 为电子密度,m 为电子质量.当频率为 ω 的外来电磁波作用于等离子体,且电子速度远小于光速时,可略去磁场对电子的作用,由运动方程

$$m\ddot{\boldsymbol{r}}=-e\boldsymbol{E}=-e\boldsymbol{E}_0\mathrm{e}^{\mathrm{i}(\boldsymbol{k}\cdot\boldsymbol{x}-\omega t)} \tag{4.49}$$

可解出电子速度为

$$\boldsymbol{v}=\dot{\boldsymbol{r}}=-\frac{\mathrm{i}e}{m\omega}\boldsymbol{E}_0\mathrm{e}^{\mathrm{i}(\boldsymbol{k}\cdot\boldsymbol{x}-\omega t)} \tag{4.50}$$

等离子体的电流密度和电导率分别为

$$\boldsymbol{J}(\omega)=-n_0e\boldsymbol{v}=\frac{\mathrm{i}n_0e^2}{m\omega}\boldsymbol{E},\quad \sigma(\omega)=\frac{\mathrm{i}n_0e^2}{m\omega} \tag{4.51}$$

其中已假定欧姆定律 $\boldsymbol{J}=\sigma\boldsymbol{E}$ 在等离子体内成立.σ 为纯虚数表明电流与作用电场 $\boldsymbol{E}$ 有 $\pi/2$ 的相位差.稀薄等离子体内 $\varepsilon\approx\varepsilon_0$,由(4.10),有

$$\varepsilon'=\varepsilon_0+\mathrm{i}\sigma/\omega=\varepsilon_0-n_0e^2/m\omega^2 \tag{4.52}$$

$$k=\omega\sqrt{\mu_0\varepsilon'}=\frac{\omega}{c}\sqrt{1-\frac{\omega_p^2}{\omega^2}},\quad n=\sqrt{1-\frac{\omega_p^2}{\omega^2}} \tag{4.53}$$

当 $\omega>\omega_p$,折射率 $n<1$,k 为实数,电磁波可以通过等离子体,相速度 $v=c/n$ 大于真空中的光速 c.因 $n<1$,当电磁波从真空入射到等离子体时,若入射角 $\theta>\theta_c$(临界角),将发生全反射.当 $\omega<\omega_p$,k 为虚数,电磁波不能通过等离子体.

习题与解答

4.1 有两个频率和振幅都相等的单色平面波沿 z 轴传播,一个波沿 x 方向偏振,另一个沿 y 方向偏振,但相位比前者超前$\pi/2$,求合成波的偏振.反之,一个圆偏振可以分解为怎样的两个线偏振?

【解】 两个波的波矢量均为 $\boldsymbol{k}=k\boldsymbol{e}_z$,设振幅均为 E_0,有

$$\boldsymbol{E}_1=E_0\boldsymbol{e}_x\mathrm{e}^{\mathrm{i}(kz-\omega t)}$$

$$\boldsymbol{E}_2=E_0\boldsymbol{e}_y\mathrm{e}^{\mathrm{i}(kz-\omega t-\pi/2)}=-\mathrm{i}E_0\boldsymbol{e}_y\mathrm{e}^{\mathrm{i}(kz-\omega t)}$$

于是合成波

$$\boldsymbol{E}=\boldsymbol{E}_1+\boldsymbol{E}_2=E_0(\boldsymbol{e}_x-\mathrm{i}\boldsymbol{e}_y)\mathrm{e}^{\mathrm{i}(kz-\omega t)}$$

是振幅为 E_0 的圆偏振波,在迎着传播方向看来,电矢量 $\boldsymbol{E}$ 逆时针旋转,故是右旋的圆偏振波,如图 4.1(a).若 $\boldsymbol{E}_2$ 的相位比 $\boldsymbol{E}_1$ 滞后 $\pi/2$,则合成波

$$\boldsymbol{E}=\boldsymbol{E}_1+\boldsymbol{E}_2=E_0(\boldsymbol{e}_x+\mathrm{i}\boldsymbol{e}_y)\mathrm{e}^{\mathrm{i}(kz-\omega t)}$$

是左旋的圆偏振波,如图 4.1(b).若 $\boldsymbol{E}_1$ 和 $\boldsymbol{E}_2$ 的振幅不等,则合成波是右旋或左

旋的椭圆偏振波.反之,一个圆(或椭圆)偏振波可以分解为两个互相独立,相位差为$\pm\pi/2$的线偏振波.

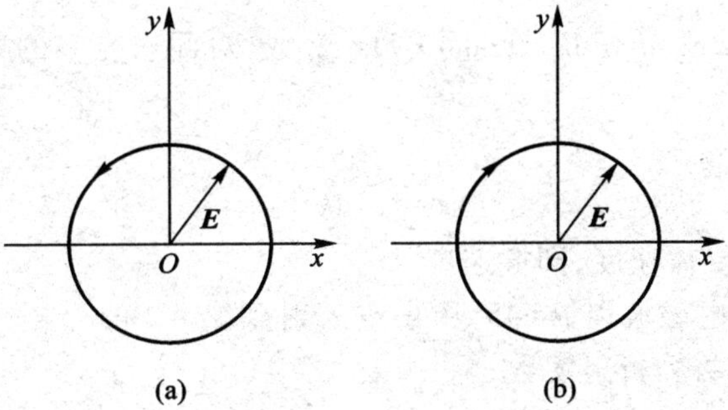

图 4.1 (4.1 题)

4.2 考虑两列振幅相同、偏振方向相同、频率分别为$\omega+\mathrm{d}\omega$和$\omega-\mathrm{d}\omega$的线偏振平面波,它们都沿z轴方向传播.

(1) 求合成波,证明波的振幅不是常数,而是一个波;

(2) 求合成波的相位传播速度和振幅传播速度.

【解】 因$\mathrm{d}\omega<<\omega$,这是两列频率接近的波,波数分别为$k_1=k+\mathrm{d}k$,$k_2=k-\mathrm{d}k$.设它们沿x方向偏振,振幅为E_0,且初相位一致,即

$$\boldsymbol{E}_1=E_0\boldsymbol{e}_x\mathrm{e}^{\mathrm{i}[(k+\mathrm{d}k)z-(\omega+\mathrm{d}\omega)t]},\quad \boldsymbol{E}_2=E_0\boldsymbol{e}_x\mathrm{e}^{\mathrm{i}[(k-\mathrm{d}k)z-(\omega-\mathrm{d}\omega)t]}$$

于是合成波

$$\boldsymbol{E}=\boldsymbol{E}_1+\boldsymbol{E}_2=2E_0\boldsymbol{e}_x\cos(\mathrm{d}k\cdot z-\mathrm{d}\omega\cdot t)\mathrm{e}^{\mathrm{i}(kz-\omega t)}$$

仍是x方向上的线偏振波,其实数形式为

$$\boldsymbol{E}=2E_0\cos(\mathrm{d}k\cdot z-\mathrm{d}\omega\cdot t)\cos(kz-\omega t)\boldsymbol{e}_x$$

这表明频率为ω的高频波受到了频率为$\mathrm{d}\omega$的低频波调制,$2E_0\cos(\mathrm{d}k\cdot z-\mathrm{d}\omega\cdot t)$是已调波的振幅,或称包络线,如图 4.2.等相位面方程为$\phi=kz-\omega t=$常数,

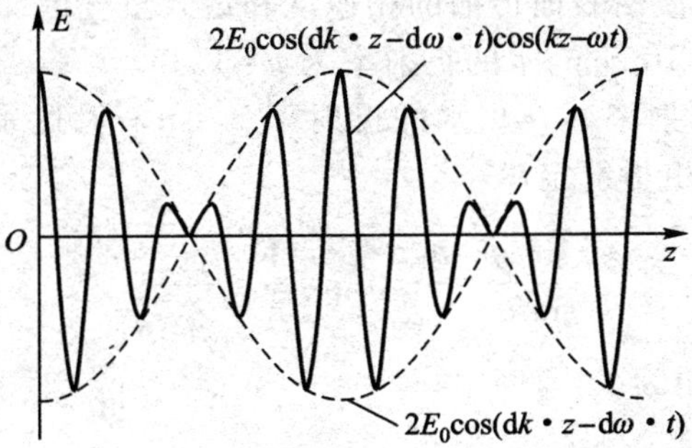

图 4.2 (4.2 题)

对它求时间的导数,得相速度

$$v_p=\frac{dz}{dt}=\frac{\omega}{k}$$

等振幅面方程为 $2E_0\cos(dk\cdot z-d\omega\cdot t)=$ 常数,对此求时间的导数,得振幅传播速度

$$v_g=\frac{d\omega}{dk}$$

它是波包整体的传播速度,即群速度.

4.3 一平面电磁波以 $\theta=45°$ 从真空入射到 $\varepsilon_r=2$ 的介质,电场强度垂直于入射面.求反射系数和折射系数.

【解】 设介质是非铁磁性且线性均匀的,即 $\mu_r\approx1$,折射率 $n_{21}\approx\sqrt{\mu_r\varepsilon_r}=\sqrt{2}$,因入射角 $\theta=45°$,由折射定律 $\sin\theta/\sin\theta''=n_{21}$,得

$$\sin\theta''=1/2,\quad \cos\theta''=\sqrt{3}/2$$

即折射角 $\theta''=30°$,如图 4.3.当 $\boldsymbol{E}$ 垂直于入射面时,由边值关系

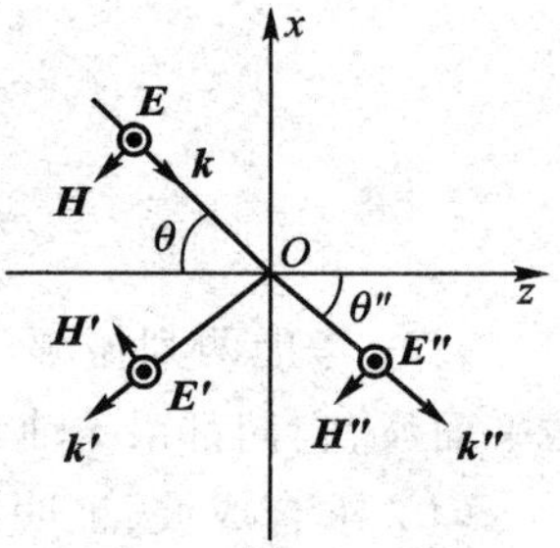

图 4.3 (4.3 题)

$$E+E'=E'',\quad H\cos\theta-H'\cos\theta=H''\cos\theta''$$

及 $H=\sqrt{\varepsilon_0/\mu_0}E$, $H'=\sqrt{\varepsilon_0/\mu_0}E'$, $H''=\sqrt{\varepsilon/\mu_0}E''$,可解出 E',反射系数为

$$R=\frac{\overline{S'_n}}{\overline{S_n}}=\left|\frac{E'}{E}\right|^2=\frac{2-\sqrt{3}}{2+\sqrt{3}}=(2-\sqrt{3})^2=7-4\sqrt{3}=0.072$$

不考虑介质损耗时,折射系数为

$$T=1-R=\frac{2\sqrt{3}}{2+\sqrt{3}}=0.928$$

4.4 有一个可见平面光波由水入射到空气,入射角为 60°.证明这时将会发生全反射,并求折射波沿表面传播的相速度和透入空气的深度.设该波在空气中的波长为 $\lambda_0=6.28\times10^{-5}$ cm,水的折射率为 $n=1.33$.

【解】 空气的折射率 $n_2\approx1$,水的折射率 $n_1=n>n_2$,这是光从光密介质入射至光疏介质的问题.由折射定律

$$\frac{\sin\theta}{\sin\theta''}=\frac{n_2}{n_1}=n_{21}=\frac{1}{n}=\frac{\sqrt{\mu_0\varepsilon_0}}{\sqrt{\mu_1\varepsilon_1}} \tag{1}$$

可得这问题的临界角为

$$\theta_c=\arcsin\frac{n_2}{n_1}=\arcsin 0.751\ 8=49°45' \tag{2}$$

入射角 $\theta=60°>\theta_c$，故 $\sin\theta''=n\sin\theta>1$，已没有实数意义上的折射角，将发生全反射.设界面为 $z=0$ 的平面，入射面为 xz 平面，入射波矢 $\boldsymbol{k}=k_x\boldsymbol{e}_x+k_z\boldsymbol{e}_z$，折射波矢 $\boldsymbol{k}''=k''_x\boldsymbol{e}_x+k''_z\boldsymbol{e}_z$，$k=\omega\sqrt{\mu_1\varepsilon_1}$，$k''=\omega\sqrt{\mu_0\varepsilon_0}$，由折射定律(1)，有

$$k''=n_{21}k,\quad k''_x=k''\sin\theta''>k'' \tag{3}$$

$$k''_z=\sqrt{k''^2-k''^2_x}=\mathrm{i}k\sqrt{\sin^2\theta-n_{21}^2}=\mathrm{i}k \tag{4}$$

折射波矢的法向分量 k''_z 为虚数，故折射波电场为

$$\boldsymbol{E}''=\boldsymbol{E}''_0\mathrm{e}^{\mathrm{i}(\boldsymbol{k}''\cdot\boldsymbol{x}-\omega t)}=\boldsymbol{E}''_0\mathrm{e}^{-\kappa z}\mathrm{e}^{\mathrm{i}(k''_x x-\omega t)} \tag{5}$$

可见这是沿界面切向 x 传播，振幅在法向 z 按指数规律衰减的表面波.设 $\boldsymbol{E}''=E''\boldsymbol{e}_y$，由

$$\boldsymbol{B}''=\mu_0\boldsymbol{H}''=(\boldsymbol{k}''\times\boldsymbol{E}'')/\omega \tag{6}$$

得折射波磁场两个分量：

$$H''_z=E''\sqrt{\frac{\varepsilon_0}{\mu_0}}\frac{\sin\theta}{n_{21}},\quad H''_x=-\mathrm{i}E''\sqrt{\frac{\varepsilon_0}{\mu_0}}\sqrt{\frac{\sin^2\theta}{n_{21}^2}-1} \tag{7}$$

因此折射波的法向平均能流密度：

$$\overline{S''_z}=-\frac{1}{2}\mathrm{Re}(E''^*H''_x)=0 \tag{8}$$

透射系数 $T=0$.这是因为入射波能量在半个周期内透入第二介质，在另半个周期内又完全反射回第一介质所致.由 $k=nk''=2n\pi/\lambda_0$，波透入空气中的深度为

$$\delta=\kappa^{-1}=\frac{1}{k\sqrt{\sin^2\theta-n_{21}^2}}$$
$$=\frac{\lambda_0}{2n\pi\sqrt{\sin^2\theta-1/n^2}}=1.7\times10^{-5}\,\mathrm{cm} \tag{9}$$

它仅为波长 λ_0 的 1/4.折射波的相速度为

$$v_p=\frac{\omega}{k''_x}=\frac{\omega}{k\sin\theta}=\frac{2\sqrt{3}}{3n}c=\frac{\sqrt{3}}{2}c \tag{10}$$

4.5 频率为 ω 的电磁波在各向异性介质中传播时，若 $\boldsymbol{E},\boldsymbol{D},\boldsymbol{B},\boldsymbol{H}$ 仍按 $\mathrm{e}^{\mathrm{i}(\boldsymbol{k}\cdot\boldsymbol{x}-\omega t)}$ 变化，但 $\boldsymbol{D}$ 不再与 $\boldsymbol{E}$ 平行(即 $\boldsymbol{D}=\varepsilon\boldsymbol{E}$ 不成立).

(1) 证明 $\boldsymbol{k}\cdot\boldsymbol{B}=\boldsymbol{k}\cdot\boldsymbol{D}=\boldsymbol{B}\cdot\boldsymbol{D}=\boldsymbol{B}\cdot\boldsymbol{E}=0$，但一般 $\boldsymbol{k}\cdot\boldsymbol{E}\neq0$.

(2) 证明 $\boldsymbol{D}=[k^2\boldsymbol{E}-(\boldsymbol{k}\cdot\boldsymbol{E})\boldsymbol{k}]/\omega^2\mu$.

(3) 证明能流 $\boldsymbol{S}$ 与波矢 $\boldsymbol{k}$ 一般不在同一方向上.

【证】 设介质内 $\rho_f=0$，$\boldsymbol{J}_f=0$ 即介质中的场方程为

$$\nabla\cdot\boldsymbol{D}=0,\quad \nabla\times\boldsymbol{E}=-\partial\boldsymbol{B}/\partial t$$
$$\nabla\cdot\boldsymbol{B}=0,\quad \nabla\times\boldsymbol{H}=\partial\boldsymbol{D}/\partial t \tag{1}$$

设 $\boldsymbol{B}=\mu\boldsymbol{H}$ 成立，将 $\boldsymbol{E}=\boldsymbol{E}_0\mathrm{e}^{\mathrm{i}(\boldsymbol{k}\cdot\boldsymbol{x}-\omega t)}$，$\boldsymbol{D}=\boldsymbol{D}_0\mathrm{e}^{\mathrm{i}(\boldsymbol{k}\cdot\boldsymbol{x}-\omega t)}$，$\boldsymbol{B}=\boldsymbol{B}_0\mathrm{e}^{\mathrm{i}(\boldsymbol{k}\cdot\boldsymbol{x}-\omega t)}$，$\boldsymbol{H}=$

$\boldsymbol{H}_0 e^{i(\boldsymbol{k}\cdot\boldsymbol{x}-\omega t)}$代入上述场方程,得

$$\boldsymbol{k}\cdot\boldsymbol{D}=0,\quad \boldsymbol{k}\cdot\boldsymbol{B}=0,\quad \boldsymbol{B}=\frac{1}{\omega}\boldsymbol{k}\times\boldsymbol{E},\quad \boldsymbol{D}=\frac{-1}{\omega\mu}\boldsymbol{k}\times\boldsymbol{B} \tag{2}$$

$$\boldsymbol{E}\cdot\boldsymbol{B}=0,\quad \boldsymbol{B}\cdot\boldsymbol{D}=0,\quad \boldsymbol{k}\cdot\boldsymbol{E}\neq\boldsymbol{k}\cdot\boldsymbol{D}/\varepsilon=0 \tag{3}$$

$\boldsymbol{k}\cdot\boldsymbol{E}\neq 0$ 是由于 $\boldsymbol{D}\neq\varepsilon\boldsymbol{E}$.将(2)的第三式代入第四式,得

$$\boldsymbol{D}=\frac{-1}{\omega^2\mu}\boldsymbol{k}\times(\boldsymbol{k}\times\boldsymbol{E})=\frac{1}{\omega^2\mu}[k^2\boldsymbol{E}-(\boldsymbol{k}\cdot\boldsymbol{E})\boldsymbol{k}] \tag{4}$$

因 $\boldsymbol{k}\cdot\boldsymbol{E}\neq 0$,故 $\boldsymbol{D}$ 与电场 $\boldsymbol{E}$ 不同向．介质中的能流密度为

$$\boldsymbol{S}=\boldsymbol{E}\times\boldsymbol{H}=\frac{1}{\omega\mu}\boldsymbol{E}\times(\boldsymbol{k}\times\boldsymbol{E})=\frac{1}{\omega\mu}[E^2\boldsymbol{k}-(\boldsymbol{k}\cdot\boldsymbol{E})\boldsymbol{E}] \tag{5}$$

显然,$\boldsymbol{S}$ 与波矢 $\boldsymbol{k}$ 不在同一方向.

4.6 平面电磁波垂直入射到金属表面上,试证明:透入金属内部的电磁波能量全部变为焦耳热.

【证】 设金属表面为 $z=0$ 的平面,则折射波矢量为 $\boldsymbol{k}''=(\beta+i\alpha)\boldsymbol{e}_z$,折射波电场为

$$\boldsymbol{E}=\boldsymbol{E}_0 e^{-\alpha z} e^{i(\beta z-\omega t)} \tag{1}$$

对于频率不太高的电磁波,金属可视为良导体,即有

$$\alpha\approx\beta\approx\sqrt{\omega\mu\sigma/2} \tag{2}$$

于是折射波的磁场强度为

$$\boldsymbol{H}=\frac{\boldsymbol{B}}{\mu}=\frac{1}{\omega\mu}\boldsymbol{k}''\times\boldsymbol{E}=\sqrt{\frac{\sigma}{\omega\mu}}e^{i\frac{\pi}{4}}\boldsymbol{e}_z\times\boldsymbol{E} \tag{3}$$

透入金属内的平均能流密度为

$$\overline{\boldsymbol{S}}=\frac{1}{2}\mathrm{Re}(\boldsymbol{E}^*\times\boldsymbol{H})=\frac{1}{2}\sqrt{\frac{\sigma}{2\omega\mu}}E_0^2 e^{-2\alpha z}\boldsymbol{e}_z \tag{4}$$

在金属表面即 $z=0$ 处,单位时间从单位面积流进的平均能量为

$$\overline{S}\,\Big|_{z=0}=\frac{1}{2}\sqrt{\frac{\sigma}{2\omega\mu}}E_0^2 \tag{5}$$

金属内部由于电流热效应引起的损耗功率密度为

$$\overline{p}=\frac{1}{2}\mathrm{Re}(\boldsymbol{J}_f^*\cdot\boldsymbol{E})=\frac{\sigma}{2}\mathrm{Re}(\boldsymbol{E}^*\cdot\boldsymbol{E})=\frac{\sigma}{2}E_0^2 e^{-2\alpha z} \tag{6}$$

以单位面积为截面积,高 $z\to\infty$ 的导体柱内,平均损耗的功率为

$$\int_0^\infty \overline{p}\,\mathrm{d}z=\frac{1}{2}\sqrt{\frac{\sigma}{2\omega\mu}}E_0^2 \tag{7}$$

(5)式与(7)式表明,从表面进入金属内的电磁能量,全部被电流热效应损耗.

4.7 已知海水的 $\mu_r=1$,$\sigma=1\ \mathrm{S\cdot m^{-1}}$,试计算频率 ν 为 50 Hz,10^6 Hz 和 10^9 Hz的三种电磁波在海水中的透入深度.

【解】由 $\varepsilon_0 \approx 8.854\times10^{-12}\ \mathrm{F\cdot m^{-1}}$，在微波频率以下海水的 ε_r 数量级为 10^1，电导率 $\sigma=1\ \mathrm{S\cdot m^{-1}}$，因此对于频率为 50 Hz，$10^6$ Hz和 10^9 Hz 的三种电磁波，均有

$$\frac{\sigma}{\varepsilon\omega}=\frac{\sigma}{2\pi\varepsilon_r\varepsilon_0\nu}>>1$$

即海水对上述频率的波可视为良导体，波的穿透深度均可表为

$$\delta=\frac{1}{\alpha}\approx\sqrt{\frac{2}{\omega\mu\sigma}}=\sqrt{\frac{1}{\pi\nu\ \mu_0\sigma}}$$

将 $\mu_0=4\pi\times10^{-7}\ \mathrm{H\cdot m^{-1}}$，$\sigma=1\ \mathrm{S\cdot m^{-1}}$，$\nu=50$ Hz，10^6 Hz 和10^9 Hz代入上式，分别得

$$\delta=71.2\ \mathrm{m},\quad \delta=0.5\ \mathrm{m},\quad \delta=16\ \mathrm{mm}$$

4.8 平面电磁波由真空倾斜入射到导电介质表面上，入射角为 θ.求导电介质中电磁波的相速度和衰减长度.若导电介质为金属，结果如何？

【解】设导电介质表面为 $z=0$ 的平面，入射面为 xz 平面，入射波矢量 $\boldsymbol{k}$ 的 x 分量 $k_x=k\sin\theta$，透射波矢量为

$$\boldsymbol{k}''=\boldsymbol{\beta}+\mathrm{i}\boldsymbol{\alpha},\quad k''_x=\beta_x+\mathrm{i}\alpha_x,\quad k''_z=\beta_z+\mathrm{i}\alpha_z$$

而 $k''_x=k_x$，因此

$$\beta_x=k\sin\theta=\omega\sin\theta/c,\quad \alpha_x=0$$

于是由 $\boldsymbol{k}''=\boldsymbol{\beta}+\mathrm{i}\boldsymbol{\alpha}$，$k''=\omega\sqrt{\mu\varepsilon'}$，$\varepsilon'=\varepsilon+\mathrm{i}\sigma/\omega$，有

$$\beta_x^2+\beta_z^2-\alpha_z^2=\omega^2\mu\varepsilon,\quad \alpha_z\beta_z=\omega\mu\sigma$$

将 β_x 的值代入第一式，可从这两式解出

$$\beta_z^2=\frac{1}{2}A+\frac{1}{2}[A^2+B^2]^{1/2},\quad \alpha_z^2=-\frac{1}{2}A+\frac{1}{2}[A^2+B^2]^{1/2}$$

其中

$$A=\omega^2(\mu\varepsilon-\sin^2\theta/c^2),\quad B=\omega\mu\sigma$$

波在导电介质中的相速度和透入深度分别为

$$v_p=\frac{\omega}{\beta}=\frac{\omega}{\sqrt{\beta_x^2+\beta_z^2}},\quad \delta=\frac{1}{\alpha}=\frac{1}{\alpha_z}$$

若导电介质为金属，即 $\sigma/\omega\varepsilon>>1$ 时，有

$$\beta_x<<\beta_z,\quad \beta_z\approx\alpha_z\approx\sqrt{\frac{\omega\mu\sigma}{2}}$$

$$v_p\approx\frac{\omega}{\beta_z}\approx\sqrt{\frac{2\omega}{\mu\sigma}},\quad \delta=\frac{1}{\alpha_z}\approx\sqrt{\frac{2}{\omega\mu\sigma}}$$

4.9 电磁波 $\boldsymbol{E}(x,y,z,t)=\boldsymbol{E}(x,y)\mathrm{e}^{\mathrm{i}(k_z z-\omega t)}$ 在波导管中沿 z 方向传播，试用 $\nabla\times\boldsymbol{E}=\mathrm{i}\omega\mu_0\boldsymbol{H}$ 及 $\nabla\times\boldsymbol{H}=-\mathrm{i}\omega\varepsilon_0\boldsymbol{E}$，证明电磁场所有分量都可以用 $E_z(x,y)$ 及

$H_z(x,y)$这两个分量表示.

【证】由于波导管看成无限长，$\boldsymbol{E}$ 和 $\boldsymbol{H}$ 的振幅只是 x,y 的函数:

$$\boldsymbol{E}=\boldsymbol{E}(x,y)\mathrm{e}^{\mathrm{i}(k_z z-\omega t)},\boldsymbol{H}=\boldsymbol{H}(x,y)\mathrm{e}^{\mathrm{i}(k_z z-\omega t)}$$

将上述两式代入$\nabla\times\boldsymbol{H}=-\mathrm{i}\omega\varepsilon_0\boldsymbol{E}$，有

$$-\mathrm{i}\omega\varepsilon_0 E_x=\frac{\partial H_z}{\partial y}-\mathrm{i}k_z H_y,\quad -\mathrm{i}\omega\varepsilon_0 E_y=-\frac{\partial H_z}{\partial x}+\mathrm{i}k_z H_x$$

$$-\mathrm{i}\omega\varepsilon_0 E_z=\frac{\partial H_y}{\partial x}-\frac{\partial H_x}{\partial y}$$

又由$\nabla\times\boldsymbol{E}=\mathrm{i}\omega\mu_0\boldsymbol{H}$，有

$$\mathrm{i}\omega\mu_0 H_x=\frac{\partial E_z}{\partial y}-\mathrm{i}k_z E_y,\quad \mathrm{i}\omega\mu_0 H_y=-\frac{\partial E_z}{\partial x}+\mathrm{i}k_z E_x$$

$$\mathrm{i}\omega\mu_0 H_z=\frac{\partial E_y}{\partial x}-\frac{\partial E_x}{\partial y}$$

由上述两组方程可得

$$E_x=\frac{\mathrm{i}}{k^2-k_z^2}\left(\omega\mu_0\frac{\partial H_z}{\partial y}+k_z\frac{\partial E_z}{\partial x}\right)$$

$$E_y=\frac{\mathrm{i}}{k^2-k_z^2}\left(-\omega\mu_0\frac{\partial H_z}{\partial x}+k_z\frac{\partial E_z}{\partial y}\right)$$

$$H_x=\frac{\mathrm{i}}{k^2-k_z^2}\left(-\omega\varepsilon_0\frac{\partial E_z}{\partial y}+k_z\frac{\partial H_z}{\partial x}\right)$$

$$H_y=\frac{\mathrm{i}}{k^2-k_z^2}\left(\omega\varepsilon_0\frac{\partial E_z}{\partial x}+k_z\frac{\partial H_z}{\partial y}\right)$$

其中 $k=\omega/c$.这组方程表明，波导内电磁场的纵向分量 E_z 和 H_z 不能同时为零，否则所有横向分量均为零.实际应用中可选择$E_z=0,H_z\neq0$(TE 波)，或 $H_z=0$，$E_z\neq0$(TM 波).

4.10 论证矩形波导管内不存在 TM_{m0}波或 TM_{0n}波.

【解】矩形波导内的电场为

$$E_x=A_1\cos k_x x\sin k_y y\mathrm{e}^{\mathrm{i}(k_z z-\omega t)}$$

$$E_y=A_2\sin k_x x\cos k_y y\mathrm{e}^{\mathrm{i}(k_z z-\omega t)}$$

$$E_z=A_3\sin k_x x\sin k_y y\mathrm{e}^{\mathrm{i}(k_z z-\omega t)}$$

其中 $k_x=m\pi/a,k_y=n\pi/b$

$$A_1k_x+A_2k_y-\mathrm{i}A_3k_z=0$$

由 $\mathrm{i}\omega\mu_0\boldsymbol{H}=\nabla\times\boldsymbol{E}$，可得

$$\mathrm{i}\omega\mu_0 H_x=(k_yA_3-\mathrm{i}k_zA_2)\sin k_x x\cos k_y y\mathrm{e}^{\mathrm{i}(k_z z-\omega t)}$$

$$\mathrm{i}\omega\mu_0 H_y=(-k_xA_3+\mathrm{i}k_zA_1)\cos k_x x\sin k_y y\mathrm{e}^{\mathrm{i}(k_z z-\omega t)}$$

$$i\omega\mu_0 H_z=(k_xA_2-k_yA_1)\cos k_x x\cos k_y y e^{i(k_z z-\omega t)}$$

当 $n=0,k_y=0,\sin k_y y=0$,故 $H_y=0$,TM 波 $H_z=0$,故 $A_2=0$,因而 $H_x=0$,即不存在 TM_{m0}波.当 $m=0,k_x=0,\sin k_x x=0$ 故 $H_x=0$,TM 波 $H_z=0$,故 $A_1=0$,因此$H_y=0$,即也不存在 TM_{0n}波.

4.11 频率为 30×10^9 Hz 的微波,在 0.7 cm×0.4 cm 的矩形波导管中能以什么波模传播?在 0.7 cm×0.6 cm 的矩形波导管中能以什么波模传播?

【解】 频率为 $\nu=30\times10^9$ Hz 的微波,波长为 $\lambda=c/\nu=1$ cm.在截面积为$a\times b$的矩形波导内,截止角频率和相应波长为

$$\omega_{c,mn}=\pi c\sqrt{(m/a)^2+(n/b)^2}$$

$$\lambda_{c,mn}=\frac{2\pi c}{\omega_{c,mn}}=\frac{2ab}{\sqrt{m^2b^2+n^2a^2}}$$

以 $a=0.7$ cm,$b=0.4$ cm 和 $a=0.7$ cm,$b=0.6$ cm 分别代入上式,可算出最初几个波模的截止波长,并由此可知 0.7 cm×0.4 cm波导只能传播 TE_{10}波;0.7 cm×0.6 cm 波导只能传播 TE_{10}波或 TE_{01}波.

4.12 无限长的矩形波导管,在 $z=0$ 处被一块垂直插入的理想导体平板完全封闭,求在 $z=-\infty$ 到 $z=0$ 这段管内可能存在的波模.

【解】 因一端被理想导体封闭,波在此处将被完全反射,因此这波导管内电场不具有 $\boldsymbol{E}(\boldsymbol{x},t)=\boldsymbol{E}(x,y)e^{i(k_z z-\omega t)}$形式.现令$\boldsymbol{E}(\boldsymbol{x},t)=\boldsymbol{E}(\boldsymbol{x})e^{-i\omega t}$,$\boldsymbol{E}(\boldsymbol{x})$是方程

$$\nabla^2\boldsymbol{E}+k^2\boldsymbol{E}=0,\quad k=\omega/c \tag{1}$$

满足条件

$$\nabla\cdot\boldsymbol{E}=0\quad 和\quad \boldsymbol{e}_n\times\boldsymbol{E}|_S=0 \tag{2}$$

的解,界面 S 是管壁.$\boldsymbol{E}(\boldsymbol{x})$的三个直角分量均满足方程:

$$\nabla^2E_i+k^2E_i=0,\quad i=x,y,z \tag{3}$$

其中

$$k^2=k_x^2+k_y^2+k_z^2=\omega^2/c^2 \tag{4}$$

令 $E_x=X(x)Y(y)Z(z)$,从方程(3)得到三个一维亥母霍兹方程:

$$\frac{d^2X}{dx^2}+k_x^2X=0,\quad \frac{d^2Y}{dy^2}+k_y^2Y=0,\quad \frac{d^2Z}{dz^2}+k_z^2Z=0 \tag{5}$$

它们都有形如 $C_i\cos k_ix_i+D_i\sin k_ix_i$ 的通解,因此

$$E_x=(C_1\cos k_xx+D_1\sin k_xx)(C_2\cos k_yy+D_2\sin k_yy)\cdot(C_3\cos k_zz+D_3\sin k_zz) \tag{6}$$

设波导管 x 方向的宽度为 a,y 方向的宽度为 b.由条件(2),有

$$x=0\text{ 处},\quad \frac{\partial E_x}{\partial x}=0;\quad y=0\text{ 及 }z=0\text{ 处},\quad E_x=0$$

由此得 $D_1=C_2=C_3=0$,于是

$$E_x=A_1\cos k_xx\sin k_yy\sin k_zz \tag{7}$$

常数 A_1 是 E_x 的振幅.同理可得

$$E_y=A_2\sin k_x x\cos k_y y\sin k_z z \tag{8}$$

$$E_z=A_2\sin k_x x\sin k_y y\cos k_z z \tag{9}$$

再由条件(2),有

$$x=a\text{ 处},\quad \frac{\partial E_x}{\partial x}=0,\quad E_y=E_z=0$$

$$y=b\text{ 处},\quad \frac{\partial E_y}{\partial y}=0,\quad E_x=E_z=0$$

将(7),(8),(9)三式代入上述条件,解得

$$k_x=m\pi/a,\quad k_y=n\pi/b\quad (m,n=0,1,2,\cdots)$$

$$k_z=\sqrt{k^2-k_x^2-k_y^2}=\sqrt{(\omega/c)^2-(m\pi/a)^2-(n\pi/b)^2}$$

管内电场还应满足$\nabla\cdot\boldsymbol{E}=0$,将(7),(8),(9)三式代入这条件,得

$$A_1k_x+A_2k_y+A_3k_z=0$$

可见 A_1,A_2,A_3 中只有两个是独立的,即(7),(8),(9)表示的解中,对每一组 m,n 值,管内有两种独立的波模.

4.13 写出矩形波导管内磁场 $\boldsymbol{H}$ 满足的方程和边界条件.

【解】 从麦克斯韦方程组,可得波导管内时谐波的场方程:

$$\nabla\cdot\boldsymbol{E}(\boldsymbol{x})=0,\quad \nabla\times\boldsymbol{E}(\boldsymbol{x})=\mathrm{i}\omega\mu\boldsymbol{H}(\boldsymbol{x})$$

$$\nabla\cdot\boldsymbol{H}(\boldsymbol{x})=0,\quad \nabla\times\boldsymbol{H}(\boldsymbol{x})=-\mathrm{i}\omega\varepsilon\boldsymbol{E}(\boldsymbol{x}) \tag{1}$$

由此得磁场的空间分布函数 $\boldsymbol{H}(\boldsymbol{x})$满足亥姆霍兹方程:

$$\nabla^2\boldsymbol{H}+k^2\boldsymbol{H}=0,\quad k=\omega/c \tag{2}$$

$$\text{及条件}\quad \nabla\cdot\boldsymbol{H}=0 \tag{3}$$

在理想导体表面,边值关系为

$$\boldsymbol{e}_\mathrm{n}\times\boldsymbol{H}|_S=\boldsymbol{\alpha}_\mathrm{f},\quad \boldsymbol{e}_\mathrm{n}\times\boldsymbol{E}|_S=0 \tag{4}$$

由(1)的第四式,以及(4)的第二式,有

$$\boldsymbol{e}_\mathrm{n}\times(\nabla\times\boldsymbol{H})|_S=0 \tag{5}$$

设边界为 $x=0,a$ 和 $y=0,b$,由(4)的第一式和(5)式,得磁场的边界条件为

$$x=0,a\text{ 处},\quad H_x=0,\quad \frac{\partial H_y}{\partial x}=\frac{\partial H_z}{\partial x}=0 \tag{6}$$

$$y=0,b\text{ 处},\quad H_y=0,\quad \frac{\partial H_x}{\partial y}=\frac{\partial H_z}{\partial y}=0 \tag{7}$$

4.14 一对无限大的平行理想导体板,相距为 b,电磁波沿平行于板面的 z 方向传播,设波在 x 方向是均匀的,求可能传播的波模和每种波模的截止频率.

【解】 波在 x 方向均匀,即 $\boldsymbol{E}$ 与坐标 x 无关,$\boldsymbol{E}(\boldsymbol{x},t)=\boldsymbol{E}(y)\mathrm{e}^{\mathrm{i}(k_z z-\omega t)}$,$k_x=0$. $\boldsymbol{E}(y)$的每一个直角分量 E_i 均满足方程

$$\frac{\mathrm{d}^2E_i}{\mathrm{d}y^2}+k_y^2E_i=0$$

其通解为

$$E_i=A_i\cos k_yy+B_i\sin k_yy \quad (i=x,y,z)$$

A_i 和 B_i 为待定系数.由条件 $\boldsymbol{e}_n\times\boldsymbol{E}|_S=0,\nabla\cdot\boldsymbol{E}=0$,即有

$$y=0\text{ 和 }b\text{ 处}, \quad E_x=E_z=0, \quad \frac{\partial E_y}{\partial y}=0$$

由此得

$$E_x=A_1\sin k_yy, \quad E_y=A_2\cos k_yy, \quad E_z=A_3\sin k_yy$$

$$k_y=m\pi/b \quad (m=0,1,2,\cdots)$$

$$k_z=\sqrt{k^2-k_y^2}=\sqrt{(\omega/c)^2-(m\pi/b)^2}$$

再由条件$\nabla\cdot\boldsymbol{E}=0$,得

$$A_2k_y=\mathrm{i}A_3k_z \quad (A_1\text{ 独立})$$

即对每一个 m 值,有两种独立的波模.截止频率为 $\omega_{c,m}=m\pi c/b$.

4.15 证明整个谐振腔内的电场能量和磁场能量对时间的平均值总相等.

【解】 在边长为 l_1,l_2,l_3 的矩形谐振腔内,电场为

$$E_x=A_1\cos k_xx\sin k_yy\sin k_zz\mathrm{e}^{-\mathrm{i}\omega t}$$

$$E_y=A_2\sin k_xx\cos k_yy\sin k_zz\mathrm{e}^{-\mathrm{i}\omega t}$$

$$E_z=A_3\sin k_xx\sin k_yy\cos k_zz\mathrm{e}^{-\mathrm{i}\omega t} \tag{1}$$

其中

$$k_x^2+k_y^2+k_z^2=\omega^2/c^2, \quad k_xA_1+k_yA_2+k_zA_3=0 \tag{2}$$

A_1,A_2,A_3 是电场三个分量的振幅,故电场能量密度的时间平均值为

$$\frac{1}{2}\varepsilon_0E_0^2=\frac{1}{2}\varepsilon_0(A_1^2+A_2^2+A_3^2) \tag{3}$$

将电场三个分量代入 $\mathrm{i}\omega\boldsymbol{B}=\nabla\times\boldsymbol{E}$,得谐振腔内的磁场:

$$B_x=-\mathrm{i}B_{0x}\sin k_xx\cos k_yy\cos k_zz\mathrm{e}^{-\mathrm{i}\omega t}$$

$$B_y=-\mathrm{i}B_{0y}\cos k_xx\sin k_yy\cos k_zz\mathrm{e}^{-\mathrm{i}\omega t}$$

$$B_z=-\mathrm{i}B_{0z}\cos k_xx\cos k_yy\sin k_zz\mathrm{e}^{-\mathrm{i}\omega t} \tag{4}$$

其中磁场各分量的振幅为

$$B_{0x}=\frac{k_yA_3-k_zA_2}{\omega},B_{0y}=\frac{k_zA_1-k_xA_3}{\omega},B_{0z}=\frac{k_yA_1-k_xA_2}{\omega}$$

利用(2)的两式,可得磁场能量密度的时间平均值:

$$\frac{B_0^2}{2\mu_0}=\frac{1}{2}\varepsilon_0c^2(B_{0x}^2+B_{0y}^2+B_{0z}^2)$$

$$=\frac{1}{2}\varepsilon_0(A_1^2+A_2^2+A_3^2) \tag{5}$$

(3)式和(5)式表明,电场与磁场能量密度的时间平均值相等,整个谐振腔内两者能量的时间平均值当然也相等.(3)和(5)两式表明 $E_0=cB_0$,这是真空中电磁波的电场与磁场振幅普遍遵从的规律.

4.16 考虑图 4.4 的一维光子晶体.对于 TM 波,证明传播因子 e^{iKa} 中,参数

$$K=\frac{1}{a}\arccos\left(\cos(k_z^1h_1)\cos(k_z^2h_2)-\frac{1}{2}\left(\left(\frac{n_2}{n_1}\right)^2\frac{k_z^1}{k_z^2}+\left(\frac{n_1}{n_2}\right)^2\frac{k_z^2}{k_z^1}\right)\sin(k_z^1h_1)\sin(k_z^2h_2)\right)$$

【解】 两种磁导率 $\mu\approx\mu_0$ 的层状电介质沿 z 方向交替排列,折射率分别为 $n_1=\sqrt{\varepsilon_{1r}}$ 和 $n_2=\sqrt{\varepsilon_{2r}}$,厚度分别为 h_1 和 h_2,周期为 $a=h_1+h_2$,介质沿 x 和 y 方向均匀.故折射率是 z 的函数:

$$n(z)=\begin{cases}n_1, & ma<z<ma+h_1\\ n_2, & ma+h_1<z<(m+1)a\end{cases} \tag{1}$$

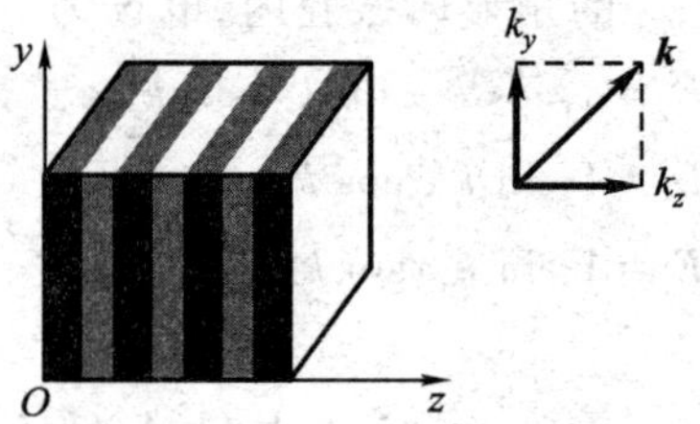

图 4.4 (4.16 题)

其中,$m=1,2,3\cdots$.在每一种均匀的介质内,角频率为 ω 的时谐波磁场都是亥姆霍兹方程

$$\nabla^2\boldsymbol{H}(\boldsymbol{x})+k^2\boldsymbol{H}(\boldsymbol{x})=0,\quad k=\frac{n\omega}{c} \tag{2}$$

满足条件 $\nabla\cdot\boldsymbol{H}(\boldsymbol{x})=0$ 的解.电场则由

$$\boldsymbol{E}=\frac{\mathrm{i}}{\omega\varepsilon}\nabla\times\boldsymbol{H}=\frac{\mathrm{i}}{\omega n^2}\nabla\times\boldsymbol{H} \tag{3}$$

给出.在两种介质的界面上,边值关系是 $\boldsymbol{H}$ 和 $\boldsymbol{E}$ 的切向分量均连续:

$$H_t^1=H_t^2,\quad E_t^1=E_t^2 \tag{4}$$

电磁波在平行于 yz 平面上传播,波矢量 $\boldsymbol{k}$ 只有 k_y 分量和 k_z 分量,由 $k^2=(k_z^\alpha)^2+(k_y)^2$,有

$$k_z^\alpha=\sqrt{\left(\frac{n_\alpha\omega}{c}\right)^2-(k_y)^2} \tag{5}$$

其中 n_α 是第 $\alpha(\alpha=1,2)$ 种电介质的折射率.对于 TM 波,每一层介质中磁场 $\boldsymbol{H}$ 均垂直于 yz 平面,且与 x 无关,它沿 y 方向是平面波,沿 z 方向则由一个向前的入射波和一个向后的反射波叠加,故第 α 种介质中方程(2)的解可写成

$$H^\alpha(y,z,t)=(A_m^\alpha e^{ik_z^\alpha\tilde{z}}+B_m^\alpha e^{-ik_z^\alpha\tilde{z}})\,e^{i(k_yy-\omega t)} \tag{6}$$

其中,$0\leqslant\tilde{z}\leqslant a$,$z=\tilde{z}+ma$,$A_m^\alpha$ 和 B_m^α 分别为第 m 个周期 α 介质层中入射波的复振幅和反射波的复振幅.在第 m 个周期中,第一种介质与第二种介质的界面上,由边值关系(4)有

$$H^1(y,h_1+ma,t)=H^2(y,h_1+ma,t) \tag{7}$$

$$E_t^1(y,h_1+ma,t)=E_t^2(y,h_1+ma,t) \tag{8}$$

由(6)式,(7)式给出

$$A_m^1e^{ik_z^1h_1}+B_m^1e^{-ik_z^1h_1}=A_m^2e^{ik_z^2h_1}+B_m^2e^{-ik_z^2h_1} \tag{9}$$

把(7)式代入方程(3),并由(8)式,有

$$\frac{1}{(n_1)^2}\frac{\partial}{\partial z}H^1(y,h_1+ma,t)=\frac{1}{(n_2)^2}\frac{\partial}{\partial z}H^2(y,h_1+ma,t) \tag{10}$$

由(6)式,(10)式给出

$$\frac{1}{(n_1)^2}k_z^1(A_m^1e^{ik_z^1h_1}-B_m^1e^{-ik_z^1h_1})=\frac{1}{(n_2)^2}k_z^2(A_m^2e^{ik_z^2h_1}-B_m^2e^{-ik_z^2h_1}) \tag{11}$$

把(9)式和(11)式合写成矩阵形式:

$$\begin{pmatrix} e^{ik_z^1h_1} & e^{-ik_z^1h_1} \\ \dfrac{k_z^1e^{ik_z^1h_1}}{(n_1)^2} & -\dfrac{k_z^1e^{-ik_z^1h_1}}{(n_1)^2} \end{pmatrix}\begin{pmatrix} A_m^1 \\ B_m^1 \end{pmatrix}=\begin{pmatrix} e^{ik_z^2h_1} & e^{-ik_z^2h_1} \\ \dfrac{k_z^2e^{ik_z^2h_1}}{(n_2)^2} & -\dfrac{k_z^2e^{-ik_z^2h_1}}{(n_2)^2} \end{pmatrix}\begin{pmatrix} A_m^2 \\ B_m^2 \end{pmatrix} \tag{12}$$

类似地,从第 m 周期的第 2 种介质与第 $m+1$ 周期的第 1 种介质的边值关系,可得

$$\begin{pmatrix} e^{ik_z^2a} & e^{-ik_z^2a} \\ \dfrac{k_z^2e^{ik_z^2a}}{(n_2)^2} & -\dfrac{k_z^2e^{-ik_z^2a}}{(n_2)^2} \end{pmatrix}\begin{pmatrix} A_m^2 \\ B_m^2 \end{pmatrix}=\begin{pmatrix} 1 & 1 \\ \dfrac{k_z^1}{(n_1)^2} & -\dfrac{k_z^1}{(n_1)^2} \end{pmatrix}\begin{pmatrix} A_{m+1}^1 \\ B_{m+1}^1 \end{pmatrix} \tag{13}$$

引入矩阵

$$M(k,z,n)=\begin{pmatrix} e^{ikz} & e^{-ikz} \\ \dfrac{ke^{ikz}}{n_2} & -\dfrac{ke^{-ikz}}{n_2} \end{pmatrix} \tag{14}$$

$$W_m^\alpha=\begin{pmatrix} A_m^\alpha \\ B_m^\alpha \end{pmatrix} \tag{15}$$

则(12)和(13)式可分别写成

$$M(k_z^1,h_1,n_1)W_m^1=M(k_z^2,h_1,n_2)W_m^2 \tag{16}$$

$$M(k_z^2,a,n_2)W_m^2=M(k_z^1,0,n_1)W_{m+1}^1 \tag{17}$$

从中消去矩阵 W_m^2,得

$$W_{m+1}^1=TW_m^1 \tag{18}$$

其中 T 称为转移矩阵:

$$T\equiv M^{-1}(k_z^1,0,n_1)M(k_z^2,a,n_2)M^{-1}(k_z^2,h_1,n_2)M(k_z^1,h_1,n_1) \tag{19}$$

它是一个 2×2 矩阵.计算上式右边的矩阵乘积,得到矩阵元

$$T_{11}=e^{ik_z^1h_1}\left[\cos k_z^2h_2+\frac{i}{2}\left(\left(\frac{n_2}{n_1}\right)^2\frac{k_z^1}{k_z^2}+\left(\frac{n_1}{n_2}\right)^2\frac{k_z^2}{k_z^1}\right)\sin k_z^2h_2\right] \tag{20}$$

$$T_{12}=e^{-ik_z^1h_1}\left[-\frac{i}{2}\left(\left(\frac{n_2}{n_1}\right)^2\frac{k_z^1}{k_z^2}-\left(\frac{n_1}{n_2}\right)^2\frac{k_z^2}{k_z^1}\right)\sin k_z^2h_2\right] \tag{21}$$

$$T_{21}=e^{ik_z^1h_1}\left[\frac{i}{2}\left(\left(\frac{n_2}{n_1}\right)^2\frac{k_z^1}{k_z^2}-\left(\frac{n_1}{n_2}\right)^2\frac{k_z^2}{k_z^1}\right)\sin k_z^2h_2\right] \tag{22}$$

$$T_{22}=e^{-ik_z^1h_1}\left[\cos k_z^2h_2-\frac{i}{2}\left(\left(\frac{n_2}{n_1}\right)^2\frac{k_z^1}{k_z^2}+\left(\frac{n_1}{n_2}\right)^2\frac{k_z^2}{k_z^1}\right)\sin k_z^2h_2\right] \tag{23}$$

可以验证,转移矩阵的行列式

$$\det(T)=\begin{vmatrix}T_{11} & T_{12}\\ T_{21} & T_{22}\end{vmatrix}=T_{11}T_{22}-T_{12}T_{21}=1 \tag{24}$$

导致这个结果的原因是——沿 z 方向介质有周期性结构且为无穷长,而且我们没有考虑传播过程中光的吸收与产生.因此波在传播过程中能流密度的平均值保持不变,即

$$\overline{S}=\frac{1}{2}\mathrm{Re}(\boldsymbol{E}^*\times\boldsymbol{H})=\text{常量} \tag{25}$$

能量密度的平均值$\overline{\omega}$同样保持不变.故电场振幅$|\boldsymbol{E}|$和磁场振幅$|\boldsymbol{H}|$有稳定的周期性分布.于是从$\tilde{z}+ma$ 到$\tilde{z}+(m+1)a$,波的传播可以写成

$$E[y,\tilde{z}+(m+1)a,t]=e^{iKa}E(y,\tilde{z}+ma,t) \tag{26}$$

$$H[y,\tilde{z}+(m+1)a,t]=e^{iKa}H(y,\tilde{z}+ma,t) \tag{27}$$

e^{iKa}为传播因子.后面将会看到,参数 K 的值与两种介质的折射率 n_1 和 n_2,厚度 h_1 和 h_2,以及波的频率 ω 有关.由(6)式,从(27)式得到

$$A_{m+1}^{\alpha}e^{ik_z^{\alpha}\tilde{z}}+B_{m+1}^{\alpha}e^{-ik_z^{\alpha}\tilde{z}}=e^{iKa}(A_m^{\alpha}e^{ik_z^{\alpha}\tilde{z}}+B_m^{\alpha}e^{-ik_z^{\alpha}\tilde{z}}) \tag{28}$$

上式对任意的$\tilde{z}(0\leqslant\tilde{z}\leqslant a)$均成立,于是有

$$A_{m+1}^{\alpha}=e^{iKa}A_m^{\alpha},\quad B_{m+1}^{\alpha}=e^{iKa}B_m^{\alpha} \tag{29}$$

将(29)式代入(18)式,得

$$e^{iKa}\begin{pmatrix}A_m^{\alpha}\\B_m^{\alpha}\end{pmatrix}=T\begin{pmatrix}A_m^{\alpha}\\B_m^{\alpha}\end{pmatrix} \tag{30}$$

这方程有非零解的充分必要条件是系数行列式等于零：

$$\begin{vmatrix}T_{11}-e^{iKa} & T_{12}\\ T_{21} & T_{22}-e^{iKa}\end{vmatrix}=0 \tag{31}$$

由此可解出传播因子

$$e^{iKa}=\frac{1}{2}\left(T_{11}+T_{22}\pm\sqrt{(T_{11}+T_{22})^2-4(\det T)}\right) \tag{32}$$

计算(32)式与它的倒数之和，并由(24)式，有

$$\begin{aligned}e^{iKa}+e^{-iKa}&=\frac{1}{2}\left(T_{11}+T_{22}\pm\sqrt{(T_{11}+T_{22})^2-4}\right)+\frac{2}{T_{11}+T_{22}\pm\sqrt{(T_{11}+T_{22})^2-4}}\\&=\frac{1}{2}\frac{\left(T_{11}+T_{22}\pm\sqrt{(T_{11}+T_{22})^2-4}\right)^2+4}{T_{11}+T_{22}\pm\sqrt{(T_{11}+T_{22})^2-4}}\\&=T_{11}+T_{22}\end{aligned} \tag{33}$$

因此有

$$\cos Ka=\frac{1}{2}(T_{11}+T_{22}) \tag{34}$$

于是由(20)和(23)式，得

$$\begin{aligned}K&=\frac{1}{a}\arccos\left[\frac{1}{2}(T_{11}+T_{22})\right]\\&=\frac{1}{a}\arccos\left(\cos(k_z^1h_1)\cos(k_z^2h_2)-\frac{1}{2}\left(\left(\frac{n_2}{n_1}\right)^2\frac{k_z^1}{k_z^2}+\left(\frac{n_1}{n_2}\right)^2\frac{k_z^2}{k_z^1}\right)\sin(k_z^1h_1)\sin(k_z^2h_2)\right)\end{aligned} \tag{35}$$

用(5)式给出的 k_z^1 和 k_z^2 代入(35)式，便给出频率 ω、波矢 k_y 和参数 K 三者的关系式，它隐含着 TM 波的色散关系 $\omega=\omega(k_y,K)$. 可以看到，即使 k_z^1 或 k_z^2 为虚数，$T_{11}+T_{22}$ 总是实数. 只要满足 $|T_{11}+T_{22}|/2\leqslant 1$，$K$ 即为实数，相应频率的 TM 波可以在光子晶体中传播. 若 $|T_{11}+T_{22}|/2>1$，则 K 有不为零的虚部，波将指数衰减，这意味着某些频率的 TM 波被禁止传播，即出现"带隙". 数值计算给出 TM 波的色散关系如图 4.5，其中斜纹阴影区可传播 TM 模，白色区为带隙，斜率为 1 的虚线和纵轴所围区域给出可以从真空进入光子晶体的 TM 模范围，因此，黑色阴影区给出全角反射的 TM 模，即在该范围 TM 模的光无论从什么角度入射都将被完全反射回真空. 对垂直入射光，即 $k_y=0$ 时，TM 模与 TE 模的带结构是一样的. 但对非垂直入射光，TM 模与 TE 模的色散关系(见主教材第四章图 4-12)有所不同：TE 模的带隙随波矢 k_y 增加而增加，而 TM 模的带隙随波矢 k_y 增加而减少. 对 TE 模，也有相应的全反射区域. 但可以证明(或比较图 4.5 和主教材第四

章图 4-12)，全反射 TM 模的频率范围总是被 TE 模的全反射频率范围覆盖，所以，全反射频率范围由 TM 模决定，即由图 4.5 中黑色阴影区给出.

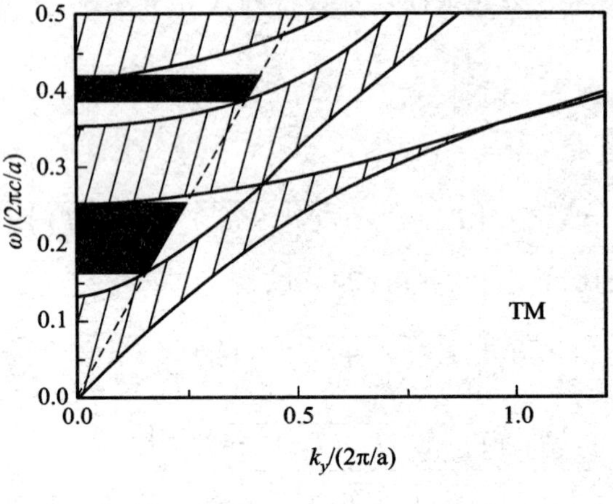

图 4.5

补　充　题

4.17　频率为 ω 的平面电磁波从真空垂直入射到厚度为 d 折射率 $n=\sqrt{\varepsilon_r}$ 的介质膜，计算反射系数 R，并求出无反射(这种介质膜称为增透膜)的条件.

【解】如图 4.6，设介质膜的法向沿 z 轴，电场沿 x 方向偏振，则磁场沿 y 方向偏振. 在区域 1 中，令入射波和反射波电场振幅分别为 E_{10} 与 E'_{10}，则合成波为

$$\boldsymbol{E}_1=(E_{10}e^{ik_1z}+E'_{10}e^{-ik_1z})\boldsymbol{e}_x$$

$$\boldsymbol{H}_1=\sqrt{\frac{\varepsilon_0}{\mu_0}}(E_{10}e^{ik_1z}-E'_{10}e^{-ik_1z})\boldsymbol{e}_y$$

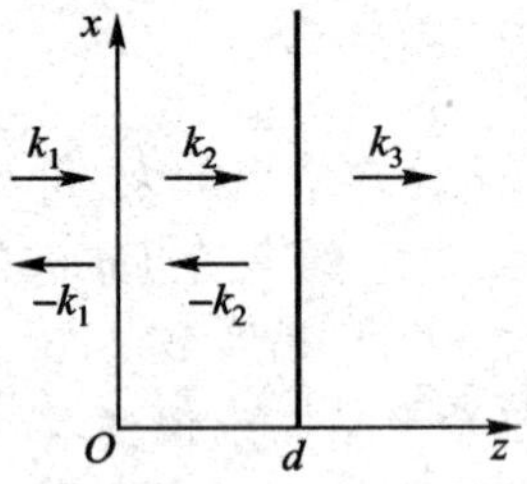

图 4.6　(4.17 题)

其中 $k_1=\omega/c$. 在介质膜中，波向前传播的同时，在两个界面不断地来回反射，合成波可写成

$$\boldsymbol{E}_2=(E_{20}e^{ik_2z}+E'_{20}e^{-ik_2z})\boldsymbol{e}_x$$

$$\boldsymbol{H}_2=n\sqrt{\frac{\varepsilon_0}{\mu_0}}(E_{20}e^{ik_2z}-E'_{20}e^{-ik_2z})\boldsymbol{e}_y$$

其中 $k_2=n\omega/c$. 区域 3 中只有透射波：

$$\boldsymbol{E}_3=E_{30}\mathrm{e}^{\mathrm{i}k_3z}\boldsymbol{e}_x,\quad \boldsymbol{H}_3=\sqrt{\frac{\varepsilon_0}{\mu_0}}E_{30}\mathrm{e}^{\mathrm{i}k_3z}\boldsymbol{e}_y$$

其中 $k_3=\omega/c$.上面各式右方均略写了因子 $\mathrm{e}^{-\mathrm{i}\omega t}$.由 $z=0$ 及 $z=d$ 处 $\boldsymbol{E}$ 和 $\boldsymbol{H}$ 切向分量连续的条件,得

$$E_{10}+E'_{10}=E_{20}+E'_{20},\quad E_{10}-E'_{10}=n(E_{20}-E'_{20})$$

$$E_{20}\mathrm{e}^{\mathrm{i}k_2d}+E'_{20}\mathrm{e}^{-\mathrm{i}k_2d}=E_{30}\mathrm{e}^{\mathrm{i}k_3d},\quad n(E_{20}\mathrm{e}^{\mathrm{i}k_2d}-E'_{20}\mathrm{e}^{-\mathrm{i}k_2d})=E_{30}\mathrm{e}^{\mathrm{i}k_3d}$$

从上述代数方程可解出

$$\frac{E'_{10}}{E_{10}}=\frac{r(1-\mathrm{e}^{\mathrm{i}2k_2d})}{1-r^2\mathrm{e}^{\mathrm{i}2k_2d}},\quad R=\left|\frac{E'_{10}}{E_{10}}\right|^2=\frac{2r^2(1-\cos 2k_2d)}{1+r^4-2r^2\cos 2k_2d}$$

其中 $r=(1-n)/(1+n)$.反射系数 $R=0$ 的条件是 $\cos 2k_2d=1$,即要求

$$k_2d=m\pi\quad(m=1,2,3,\cdots)$$

而 $k_2=nk_1=n2\pi/\lambda_0$,λ_0 为真空中入射波的波长,故无反射条件为 $nd=m\lambda_0/2$.

第五章　电磁波的辐射

要点概述

5.1　电磁势与规范变换　达朗贝尔方程

由麦克斯韦方程组

$$\nabla\cdot\boldsymbol{E}=\rho/\varepsilon_0,\quad \nabla\times\boldsymbol{E}=-\frac{\partial\boldsymbol{B}}{\partial t}$$

$$\nabla\cdot\boldsymbol{B}=0,\quad \nabla\times\boldsymbol{B}=\mu_0\boldsymbol{J}+\frac{1}{c^2}\frac{\partial\boldsymbol{E}}{\partial t}\tag{5.1}$$

可看到,变化的 $\boldsymbol{B}$ 场激发的 $\boldsymbol{E}$ 场是有旋场,用矢势 $\boldsymbol{A}$ 和标势 φ 描写电磁场时,应使

$$\boldsymbol{B}=\nabla\times\boldsymbol{A},\quad \boldsymbol{E}=-\nabla\varphi-\frac{\partial\boldsymbol{A}}{\partial t}\tag{5.2}$$

对于时变电磁场,φ 已无静电势能含义.在经典电动力学中,$(\boldsymbol{E},\boldsymbol{B})$是客观物理量,$(\varphi,\boldsymbol{A})$只作为数学上的引入量,若一组$(\varphi,\boldsymbol{A})$描写$(\boldsymbol{E},\boldsymbol{B})$,则当$(\varphi,\boldsymbol{A})$变换为

$$\boldsymbol{A}\to\boldsymbol{A}'=\boldsymbol{A}+\nabla\psi,\quad \varphi\to\varphi'=\varphi-\frac{\partial\psi}{\partial t}\tag{5.3}$$

时,$(\boldsymbol{E},\boldsymbol{B})$保持不变,其中 ψ 为任意标量场.(5.3)称为规范变换,这变换保持$(\boldsymbol{E},\boldsymbol{B})$不变——规范不变性.但在微观电磁现象中,$\boldsymbol{E}$ 和 $\boldsymbol{B}$ 的局域作用理论不能完全反映电磁场对带电粒子的所有物理效应,(3.27)式描写的相因子是磁场对粒子作用的客观物理量,当 $\boldsymbol{A}$ 按(5.3)变换时,对任意闭合路径 L,客观物理量

$$\oint_L\boldsymbol{A}'\cdot d\boldsymbol{l}=\oint_L\boldsymbol{A}\cdot d\boldsymbol{l}\tag{5.4}$$

同样保持不变.这表明,在宏观和微观电磁现象中,用势描写电磁场时均有许多选择.原因在于(5.2)中只规定 $\boldsymbol{A}$ 的旋度,并未限定其散度,故 $\boldsymbol{A}$ 未确定.对$\nabla\cdot\boldsymbol{A}$的每一种选择称为一种规范.库仑规范

$$\nabla\cdot\boldsymbol{A}=0\tag{5.5}$$

限定 $\boldsymbol{A}$ 为无散场(横场),在此规范下,将(5.2)代入场方程(5.1),得

$$\nabla^2 \boldsymbol{A}-\frac{1}{c^2}\frac{\partial^2 \boldsymbol{A}}{\partial t^2}-\frac{1}{c^2}\frac{\partial}{\partial t}\nabla\varphi=-\mu_0 \boldsymbol{J}$$

$$\nabla^2\varphi=-\rho/\varepsilon_0 \tag{5.6}$$

此时 $\boldsymbol{E}$ 的横场部分(无散场)由 $\boldsymbol{A}$ 描写,纵场部分(无旋场)由 φ 描写.若选择洛伦兹规范

$$\nabla\cdot\boldsymbol{A}+\frac{1}{c^2}\frac{\partial\varphi}{\partial t}=0 \tag{5.7}$$

从场方程(5.1)可得达朗贝尔方程:

$$\nabla^2 \boldsymbol{A}-\frac{1}{c^2}\frac{\partial^2 \boldsymbol{A}}{\partial t^2}=-\mu_0 \boldsymbol{J},\quad \nabla^2\varphi-\frac{1}{c^2}\frac{\partial^2\varphi}{\partial t^2}=-\rho/\varepsilon_0 \tag{5.8}$$

这组方程表现出对称性——电流产生矢势波动,电荷产生标势波动.

5.2 推迟势和辐射场

电磁波从源点传播至场点,存在推迟效应.真空中电磁波的传播速度为 c,因此达朗贝尔方程的解为推迟势:

$$\boldsymbol{A}(\boldsymbol{x},t)=\frac{\mu_0}{4\pi}\int_V\frac{\boldsymbol{J}(\boldsymbol{x}',t-r/c)}{r}\mathrm{d}V' \tag{5.9}$$

$$\varphi(\boldsymbol{x},t)=\frac{1}{4\pi\varepsilon_0}\int_V\frac{\rho(\boldsymbol{x}',t-r/c)}{r}\mathrm{d}V' \tag{5.10}$$

r 是源点 $\boldsymbol{x}'$到场点 $\boldsymbol{x}$ 的距离,t 时刻场点的势决定于 $t'=t-r/c$ 时刻辐射源的状态,即场点上势的变化滞后于源的变化.当电荷电流以角频率 ω 振动时

$$\boldsymbol{J}(\boldsymbol{x}',t')=\boldsymbol{J}(\boldsymbol{x}')\mathrm{e}^{-\mathrm{i}\omega t'},\quad \rho(\boldsymbol{x}',t')=\rho(\boldsymbol{x}')\mathrm{e}^{-\mathrm{i}\omega t'} \tag{5.11}$$

由电荷守恒定律得$\nabla'\cdot\boldsymbol{J}=\mathrm{i}\omega\rho$,可知电流分布 $\boldsymbol{J}$ 给定,电荷分布 ρ 也就给定.故矢势

$$\boldsymbol{A}(\boldsymbol{x},t)=\boldsymbol{A}(\boldsymbol{x})\mathrm{e}^{-\mathrm{i}\omega t},\quad \boldsymbol{A}(\boldsymbol{x})=\frac{\mu_0}{4\pi}\int_V\frac{\boldsymbol{J}(\boldsymbol{x}')\mathrm{e}^{\mathrm{i}kr}}{r}\mathrm{d}V' \tag{5.12}$$

可以完全地确定电磁场.相因子 $\mathrm{e}^{\mathrm{i}kr}$ 表示波从源点传至场点时,相位滞后了 $\phi=kr$,其中 $k=\omega/c=2\pi/\lambda$,λ 为波长.任意点的场强为

$$\boldsymbol{B}=\nabla\times\boldsymbol{A},\quad \boldsymbol{E}=\frac{\mathrm{i}c}{k}\nabla\times\boldsymbol{B} \tag{5.13}$$

只要知道电流分布函数 $\boldsymbol{J}$,由(5.12)和(5.13)便可计算电磁辐射,包括天线辐射.

时变电磁场在如下三个区域中有不同的特点:

(1) **近区** $r\ll\lambda$,故 $kr\to0$,(5.12)式中 $\mathrm{e}^{\mathrm{i}kr}\approx1$,即推迟效应可忽略,因此

近区的场为似稳场，电场近似于静电场，磁场近似于稳恒磁场，场强 $\boldsymbol{E}$ 和 $\boldsymbol{B}\sim 1/r^2$.近区的场与激发源的电荷电流相互作用相互制约，因此，对于一般的辐射系统，应当通过求解边值问题，才能找出电流分布函数.

（2）**远区** $r>>\lambda, kr>>1$，(5.12)式中分母 $r\approx R$，R 是坐标原点到场点的距离，相因子中 $kr\approx kR-k\boldsymbol{e}_R\cdot\boldsymbol{x}'$.此处主要为横向的辐射场(TEM 波)：

$$\boldsymbol{B}=\nabla\times\boldsymbol{A}\approx \mathrm{i}k\boldsymbol{e}_R\times\boldsymbol{A},\quad \boldsymbol{E}=c\boldsymbol{B}\times\boldsymbol{e}_R \tag{5.14}$$

波矢量 $\boldsymbol{k}=k\boldsymbol{e}_R$，$\boldsymbol{e}_R$ 是坐标原点指向场点的单位矢量，场强 $\sim 1/R$.

（3）**感应区** $r\sim\lambda$，似稳场与辐射场的过渡区域.

5.3 辐射场的多极展开

当激发源的线度 $l<<\lambda$，在远处即 $r>>l$，将(5.12)式中的相因子 $\mathrm{e}^{\mathrm{i}kr}$ 对 $k\boldsymbol{e}_R\cdot\boldsymbol{x}'$ 展开为级数，有

$$\boldsymbol{A}(\boldsymbol{x})=\frac{\mu_0\mathrm{e}^{\mathrm{i}kR}}{4\pi R}\int_V\boldsymbol{J}(\boldsymbol{x}')[1-\mathrm{i}k\boldsymbol{e}_R\cdot\boldsymbol{x}'+\cdots]\mathrm{d}V' \tag{5.15}$$

第一项为电偶极辐射，第二项包括磁偶极和电四极辐射，略去的各项为各高级矩的辐射.电偶极辐射场为

$$\boldsymbol{A}=\frac{\mu_0\mathrm{e}^{\mathrm{i}kR}}{4\pi R}\dot{\boldsymbol{p}} \tag{5.16}$$

$$\boldsymbol{B}=\mathrm{i}k\boldsymbol{e}_R\times\boldsymbol{A}=\frac{\mathrm{e}^{\mathrm{i}kR}}{4\pi\varepsilon_0c^3R}\ddot{\boldsymbol{p}}\times\boldsymbol{e}_R$$

$$\boldsymbol{E}=c\boldsymbol{B}\times\boldsymbol{e}_R=\frac{\mathrm{e}^{\mathrm{i}kR}}{4\pi\varepsilon_0c^2R}(\ddot{\boldsymbol{p}}\times\boldsymbol{e}_R)\times\boldsymbol{e}_R \tag{5.17}$$

电偶极矩 $\boldsymbol{p}$ 的振幅 p_0 由第二章(2.12)式计算.当 $\boldsymbol{p}=p_0\mathrm{e}^{-\mathrm{i}\omega t}\boldsymbol{e}_z$，平均辐射能流和辐射功率为

$$\overline{\boldsymbol{S}}=\frac{c}{2\mu_0}(\boldsymbol{B}^*\cdot\boldsymbol{B})\boldsymbol{e}_R=\frac{\mu_0\omega^4p_0^2}{32\pi^2cR^2}\sin^2\theta\ \boldsymbol{e}_R \tag{5.18}$$

$$\overline{P}=\oint_S\overline{\boldsymbol{S}}\cdot R^2\mathrm{d}\Omega\ \boldsymbol{e}_R=\frac{\mu_0\omega^4p_0^2}{12\pi c} \tag{5.19}$$

因子 $\sin^2\theta$ 描述辐射的方向性(角分布).磁偶极辐射场为

$$\boldsymbol{A}=\frac{\mathrm{i}k\mu_0\mathrm{e}^{\mathrm{i}kR}}{4\pi R}\boldsymbol{e}_R\times\boldsymbol{m} \tag{5.20}$$

$$\boldsymbol{B}=\mathrm{i}k\boldsymbol{e}_R\times\boldsymbol{A}=\frac{\mu_0\mathrm{e}^{\mathrm{i}kR}}{4\pi c^2R}(\ddot{\boldsymbol{m}}\times\boldsymbol{e}_R)\times\boldsymbol{e}_R$$

$$\boldsymbol{E}=c\boldsymbol{B}\times\boldsymbol{e}_R=-\frac{\mu_0\mathrm{e}^{\mathrm{i}kR}}{4\pi cR}\ddot{\boldsymbol{m}}\times\boldsymbol{e}_R \tag{5.21}$$

$\boldsymbol{m}$ 的振幅 m_0 由第三章(3.8)式计算.若在(5.17)式中,作代换 $\boldsymbol{p}\to\boldsymbol{m}/c,\boldsymbol{E}\to c\boldsymbol{B}$,$c\boldsymbol{B}\to-\boldsymbol{E}$,亦可得到磁偶极 $\boldsymbol{m}$ 的辐射场.当 $\boldsymbol{m}=m_0\mathrm{e}^{-\mathrm{i}\omega t}\boldsymbol{e}_z$,平均辐射能流和辐射功率为

$$\overline{\boldsymbol{S}}=\frac{c}{2\mu_0}(\boldsymbol{B}^*\cdot\boldsymbol{B})\boldsymbol{e}_R=\frac{\mu_0\omega^4m_0^2}{32\pi^2c^3R^2}\sin^2\theta\ \boldsymbol{e}_R$$

$$\overline{P}=\frac{\mu_0\omega^4m_0^2}{12\pi c^3} \tag{5.22}$$

电四极的辐射场,平均辐射能流和辐射功率为

$$\boldsymbol{A}_D=\frac{\mu_0\mathrm{e}^{\mathrm{i}kR}}{24\pi cR}\dddot{\mathscr{D}},\quad \text{其中矢量 } \mathscr{D}=\boldsymbol{e}_R\cdot\overleftrightarrow{\mathscr{D}} \tag{5.23}$$

$$\boldsymbol{B}=\frac{\mu_0\mathrm{e}^{\mathrm{i}kR}}{24\pi c^2R}\dddot{\mathscr{D}}\times\boldsymbol{e}_R,\quad \boldsymbol{E}=c\boldsymbol{B}\times\boldsymbol{e}_R \tag{5.24}$$

$$\overline{\boldsymbol{S}}=\frac{c}{2\mu_0}(\boldsymbol{B}^*\cdot\boldsymbol{B})\boldsymbol{e}_R=\frac{\mu_0}{4\pi}\frac{1}{288\pi c^3R^2}(\dddot{\mathscr{D}}\times\boldsymbol{e}_R)^2\boldsymbol{e}_R \tag{5.25}$$

$$\overline{P}=\frac{\mu_0}{4\pi}\frac{1}{360c^3}\sum_{i,j=1}^{3}|\dddot{\mathscr{D}}_{ij}|^2 \tag{5.26}$$

电四极矩的振幅可由第二章(2.13)或(2.15)式计算.

若激发源的电流振幅为 I_0,电偶极的平均辐射功率 $\overline{P}\sim(l/\lambda)^2I_0^2$,而磁偶极和电四极均有 $\overline{P}\sim(l/\lambda)^4I_0^2$,由于 $l<<\lambda$,故电偶极辐射能力比磁偶极和电四极大 $(l/\lambda)^2$ 数量级.

5.4 电磁波的衍射

当电磁波遇到障碍物或小孔时,将发生衍射.经典光学把光波面上每一点 $\boldsymbol{x}'$,都看成是可以发射子波的次级光源,向前传播的光波是所有子波的叠加.场强的任一直角分量 $\phi(\boldsymbol{x})$,以及作为次级光源的波面每一点上的格林函数 $G(\boldsymbol{x},\boldsymbol{x}')$,分别满足方程:

$$(\nabla^2+k^2)\phi(\boldsymbol{x})=0 \tag{5.27}$$

$$(\nabla^2+k^2)G(\boldsymbol{x},\boldsymbol{x}')=-4\pi\delta(\boldsymbol{x}-\boldsymbol{x}') \tag{5.28}$$

于是由格林公式(附录Ⅲ.5式),在区域 V 内任一点 $\boldsymbol{x}$ 上,有

$$\phi(\boldsymbol{x})=-\frac{1}{4\pi}\oint_S\frac{\mathrm{e}^{\mathrm{i}kr}}{r}\boldsymbol{e}_\mathrm{n}\cdot\left[\nabla'\phi(\boldsymbol{x}')+\left(\mathrm{i}k-\frac{1}{r}\right)\frac{\boldsymbol{r}}{r}\phi(\boldsymbol{x}')\right]\mathrm{d}S' \tag{5.29}$$

这便是基尔霍夫公式,其中 $\boldsymbol{e}_\mathrm{n}$ 是 V 的边界面 S 指向内部的法向单位矢量,$\mathrm{e}^{\mathrm{i}kr}/r$ 是方程(5.28)的解,表示从 S 每一点 $\boldsymbol{x}'$ 向场点 $\boldsymbol{x}$ 发出的子波,子波的强度为 $\phi(\boldsymbol{x}')$,其法向导数为 $\boldsymbol{e}_\mathrm{n}\cdot\nabla'\phi(\boldsymbol{x}')=\partial\phi/\partial n$,若能对这两个函数作出近似估计,由(5.29)式便可计算 V 内的波.

当电磁波从无穷大屏幕中的小孔通过时，设小孔处的入射波为平面波，入射波矢为 $\boldsymbol{k}_1$，振幅为 ϕ_0，假定屏幕各点上 $\phi=0$，$\partial\phi/\partial n=0$，于是由(5.29)式，衍射波的表达式为

$$\phi(\boldsymbol{x})=-\frac{\mathrm{i}\phi_0\mathrm{e}^{\mathrm{i}kR}}{4\pi R}\int_{S_0}\mathrm{e}^{\mathrm{i}(\boldsymbol{k}_1-\boldsymbol{k}_2)\cdot\boldsymbol{x}'}(\cos\theta_1+\cos\theta_2)\,\mathrm{d}S' \tag{5.30}$$

积分遍及小孔面积 S_0，R 是小孔中心到场点 $\boldsymbol{x}$ 的距离，$\boldsymbol{x}'$是小孔面上任一点的位矢，衍射波矢 $\boldsymbol{k}_2=k\boldsymbol{e}_R$，$\theta_1$ 和 θ_2 分别是 $\boldsymbol{k}_1$ 和 $\boldsymbol{k}_2$ 与孔面法线的夹角. $\cos\theta_1+\cos\theta_2$ 称为倾斜因子.

5.5 电磁波的动量和动量流 辐射压力

真空中电磁波的能量密度、动量密度和动量流密度分别为

$$w=\frac{1}{2}(\varepsilon_0E^2+B^2/\mu_0)=\varepsilon_0E^2=B^2/\mu_0 \tag{5.31}$$

$$\boldsymbol{g}=\varepsilon_0\boldsymbol{E}\times\boldsymbol{B}=\boldsymbol{S}/c^2=(w/c)\boldsymbol{e}_k \tag{5.32}$$

$$\overleftrightarrow{T}=cg\boldsymbol{e}_k\boldsymbol{e}_k=w\boldsymbol{e}_k\boldsymbol{e}_k \tag{5.33}$$

$\boldsymbol{e}_k$ 为波矢方向的单位矢量. 电磁波对宏观物体表面的辐射压力为

$$\boldsymbol{f}_{\mathrm{S}}=-\boldsymbol{e}_{\mathrm{n}}\cdot\overleftrightarrow{T} \tag{5.34}$$

$\boldsymbol{e}_{\mathrm{n}}$ 是物体表面外法向的单位矢量.

习题与解答

5.1 把麦克斯韦方程组的所有矢量都分解为无旋的(纵场)和无散的(横场)两部分，写出 $\boldsymbol{E}$ 和 $\boldsymbol{B}$ 的两部分在真空中所满足的方程式，并证明电场的无旋部分对应于库仑场.

【解】 令 $\boldsymbol{E}=\boldsymbol{E}_{\mathrm{L}}+\boldsymbol{E}_{\mathrm{T}}$，$\boldsymbol{B}=\boldsymbol{B}_{\mathrm{L}}+\boldsymbol{B}_{\mathrm{T}}$，$\boldsymbol{J}=\boldsymbol{J}_{\mathrm{L}}+\boldsymbol{J}_{\mathrm{T}}$，下角标 L 表示纵场即无旋场，T 表示横场即无散场：

$$\begin{gathered}\nabla\times\boldsymbol{E}_{\mathrm{L}}=0,\quad \nabla\times\boldsymbol{B}_{\mathrm{L}}=0,\quad \nabla\times\boldsymbol{J}_{\mathrm{L}}=0\\ \nabla\cdot\boldsymbol{E}_{\mathrm{T}}=0,\quad \nabla\cdot\boldsymbol{B}_{\mathrm{T}}=0,\quad \nabla\cdot\boldsymbol{J}_{\mathrm{T}}=0\end{gathered} \tag{1}$$

于是从麦克斯韦方程组

$$\begin{gathered}\nabla\cdot\boldsymbol{E}=\rho/\varepsilon_0,\quad \nabla\times\boldsymbol{E}=-\frac{\partial\boldsymbol{B}}{\partial t}\\ \nabla\cdot\boldsymbol{B}=0,\quad \nabla\times\boldsymbol{B}=\mu_0\boldsymbol{J}+\frac{1}{c^2}\frac{\partial\boldsymbol{E}}{\partial t}\end{gathered} \tag{2}$$

得

$$\nabla\cdot\boldsymbol{E}_{\mathrm{L}}=\rho/\varepsilon_0,\quad \nabla\times\boldsymbol{E}_{\mathrm{L}}=0,\quad \frac{1}{c^2}\frac{\partial\boldsymbol{E}_{\mathrm{L}}}{\partial t}=-\mu_0\boldsymbol{J}_{\mathrm{L}} \tag{3}$$

$$\nabla\times\boldsymbol{E}_{\mathrm{T}}=-\frac{\partial\boldsymbol{B}_{\mathrm{T}}}{\partial t},\quad \nabla\cdot\boldsymbol{E}_{\mathrm{T}}=0 \tag{4}$$

$$\nabla\cdot\boldsymbol{B}_{\mathrm{L}}=0,\quad \nabla\times\boldsymbol{B}_{\mathrm{L}}=0,\quad \frac{\partial\boldsymbol{B}_{\mathrm{L}}}{\partial t}=0 \tag{5}$$

$$\nabla\times\boldsymbol{B}_{\mathrm{T}}=\mu_0\boldsymbol{J}_{\mathrm{T}}+\frac{1}{c^2}\frac{\partial\boldsymbol{E}_{\mathrm{T}}}{\partial t},\quad \nabla\cdot\boldsymbol{B}_{\mathrm{T}}=0 \tag{6}$$

方程组(3)的前两个方程表明,时变电场的纵向分量 $\boldsymbol{E}_{\mathrm{L}}$ 由电荷激发,它与静电场(库仑场)一样是有散无旋场,故 $\boldsymbol{E}_{\mathrm{L}}$ 对应于库仑场;第三个方程表示 $\boldsymbol{E}_{\mathrm{L}}$ 的时变率与电流的纵向分量 $\boldsymbol{J}_{\mathrm{L}}$ 有关,这方程其实与电流连续性方程关联,只要对其两边求散度,并利用第一个方程,即得电流连续性方程.方程组(4)表示,变化的磁场(横场)激发电场的横向分量 $\boldsymbol{E}_{\mathrm{T}}$.

方程组(5)表示,磁场的纵向分量 $\boldsymbol{B}_{\mathrm{L}}$ 是一个与空间坐标和时间都无关的任意常矢量,只能有 $\boldsymbol{B}_{\mathrm{L}}=0$.事实上,由于迄今仍未发现磁单极子,磁场为无散场,它不可能有纵向分量.方程组(6)正是表明,电流的横向分量 $\boldsymbol{J}_{\mathrm{T}}$ 和变化电场的横向分量 $\boldsymbol{E}_{\mathrm{T}}$ 激发的磁场都是横场.

5.2 证明:在线性各向同性均匀的非导电介质中,若 $\rho=0,\boldsymbol{J}=0$,则 $\boldsymbol{E}$ 和 $\boldsymbol{B}$ 完全可由矢势 $\boldsymbol{A}$ 决定,若取 $\varphi=0$,这时 $\boldsymbol{A}$ 满足哪两个方程?

【证】 对于单色波,线性各向同性均匀介质内 $\boldsymbol{D}=\varepsilon\boldsymbol{E},\boldsymbol{B}=\mu\boldsymbol{H}$,若 $\rho=0,\boldsymbol{J}=0$,场方程为

$$\nabla\cdot\boldsymbol{E}=0,\quad \nabla\times\boldsymbol{E}=-\frac{\partial\boldsymbol{B}}{\partial t}$$

$$\nabla\cdot\boldsymbol{B}=0,\quad \nabla\times\boldsymbol{B}=\mu\varepsilon\frac{\partial\boldsymbol{E}}{\partial t} \tag{1}$$

将

$$\boldsymbol{B}=\nabla\times\boldsymbol{A},\quad \boldsymbol{E}=-\nabla\varphi-\frac{\partial\boldsymbol{A}}{\partial t} \tag{2}$$

代入场方程(1),并选择洛伦兹规范

$$\nabla\cdot\boldsymbol{A}+\mu\varepsilon\frac{\partial\varphi}{\partial t}=0 \tag{3}$$

得 $\boldsymbol{A}$ 和 φ 均遵从齐次波动方程:

$$\nabla^2\boldsymbol{A}-\mu\varepsilon\frac{\partial^2\boldsymbol{A}}{\partial t^2}=0,\quad \nabla^2\varphi-\mu\varepsilon\frac{\partial^2\varphi}{\partial t^2}=0 \tag{4}$$

将角频率为 ω 的单色波

$$\boldsymbol{A}(\boldsymbol{x},t)=\boldsymbol{A}(\boldsymbol{x})\mathrm{e}^{-\mathrm{i}\omega t},\quad \varphi(\boldsymbol{x},t)=\varphi(\boldsymbol{x})\mathrm{e}^{-\mathrm{i}\omega t} \tag{5}$$

代入(3)式,并求梯度,得

$$\nabla\varphi=-\frac{\mathrm{i}}{\omega\mu\varepsilon}\nabla(\nabla\cdot\boldsymbol{A})\tag{6}$$

于是由(2),可知 $\boldsymbol{E}$ 和 $\boldsymbol{B}$ 完全由矢势 $\boldsymbol{A}$ 确定:

$$\boldsymbol{B}=\nabla\times\boldsymbol{A},\quad \boldsymbol{E}=\frac{\mathrm{i}}{\omega\mu\varepsilon}\nabla(\nabla\cdot\boldsymbol{A})+\mathrm{i}\omega\boldsymbol{A}\tag{7}$$

若取 $\varphi=0$,则(3)式变成 $\nabla\cdot\boldsymbol{A}=0$,此时 $\boldsymbol{A}$ 满足的两个方程为

$$\nabla^2\boldsymbol{A}-\mu\varepsilon\frac{\partial^2\boldsymbol{A}}{\partial t^2}=0,\quad \nabla\cdot\boldsymbol{A}=0\tag{8}$$

由给定的边界条件,从这两个方程解出 $\boldsymbol{A}$,便可给出 $\boldsymbol{B}=\nabla\times\boldsymbol{A}$, $\boldsymbol{E}=\mathrm{i}\omega\boldsymbol{A}$.

5.3 证明沿 z 轴方向传播的平面电磁波可用矢势 $\boldsymbol{A}(\omega,\tau)$ 表示,其中 $\tau=t-z/c$, $\boldsymbol{A}$ 垂直于 z 轴方向.

【证】 在洛伦兹规范

$$\nabla\cdot\boldsymbol{A}+\frac{1}{c^2}\frac{\partial\varphi}{\partial t}=0$$

下,齐次达朗贝尔方程的平面波解为

$$\boldsymbol{A}=\boldsymbol{A}_0\mathrm{e}^{\mathrm{i}(\boldsymbol{k}\cdot\boldsymbol{x}-\omega t)},\quad \varphi=\varphi_0\mathrm{e}^{\mathrm{i}(\boldsymbol{k}\cdot\boldsymbol{x}-\omega t)}$$

由于 $\boldsymbol{k}\cdot\boldsymbol{A}=0$,即 $\boldsymbol{A}$ 为横场,于是由洛伦兹规范,得

$$\mathrm{i}\boldsymbol{k}\cdot\boldsymbol{A}-\frac{\mathrm{i}\omega}{c^2}\varphi=0,\quad \varphi=0$$

而波矢量 $\boldsymbol{k}=k\boldsymbol{e}_z$,故矢势为

$$\boldsymbol{A}=\boldsymbol{A}_0\mathrm{e}^{\mathrm{i}(kz-\omega t)}=\boldsymbol{A}_0\mathrm{e}^{-\mathrm{i}\omega(t-z/c)}=\boldsymbol{A}(\omega,\tau)$$

其中 $\tau=t-z/c$.这平面波的电磁场用矢势表示为

$$\boldsymbol{B}=\nabla\times\boldsymbol{A}=\mathrm{i}\boldsymbol{k}\times\boldsymbol{A}(\omega,\tau),\quad \boldsymbol{E}=-\frac{\partial\boldsymbol{A}}{\partial t}=\mathrm{i}\omega\,\boldsymbol{A}(\omega,\tau)$$

5.4 设真空中矢势可用复数傅里叶展开为

$\boldsymbol{A}(\boldsymbol{x},t)=\sum\limits_{k}[\boldsymbol{a}_k(t)\mathrm{e}^{\mathrm{i}\boldsymbol{k}\cdot\boldsymbol{x}}+\boldsymbol{a}_k^*(t)\mathrm{e}^{-\mathrm{i}\boldsymbol{k}\cdot\boldsymbol{x}}]$,其中 $\boldsymbol{a}_k^*$ 是 $\boldsymbol{a}_k$ 的复共轭.

(1) 证明 $\boldsymbol{a}_k$ 满足谐振子方程 $\dfrac{\mathrm{d}^2\boldsymbol{a}_k(t)}{\mathrm{d}t^2}+k^2c^2\boldsymbol{a}_k(t)=0$;

(2) 当选取规范 $\nabla\cdot\boldsymbol{A}=0$, $\varphi=0$ 时,证明 $\boldsymbol{k}\cdot\boldsymbol{a}_k=0$;

(3) 把 $\boldsymbol{E}$ 和 $\boldsymbol{B}$ 用 $\boldsymbol{a}_k$ 和 $\boldsymbol{a}_k^*$ 表示出来.

【证】 在洛伦兹规范

$$\nabla\cdot\boldsymbol{A}+\frac{1}{c^2}\frac{\partial\varphi}{\partial t}=0\tag{1}$$

下,真空中 $\boldsymbol{A}$ 的齐次波动方程为

$$\nabla^2 \boldsymbol{A}-\frac{1}{c^2}\frac{\partial^2 \boldsymbol{A}}{\partial t^2}=0 \tag{2}$$

这是一个线性方程,任何频率的单色平面波是它的解,由各种不同频率的单色波线性叠加而成的任何电磁波,都是它的解.故一般地可将这方程的解表为级数:

$$\boldsymbol{A}(\boldsymbol{x},t)=\sum_k\left[\boldsymbol{a}_k(t)\mathrm{e}^{\mathrm{i}\boldsymbol{k}\cdot\boldsymbol{x}}+\boldsymbol{a}_k^*(t)\mathrm{e}^{-\mathrm{i}\boldsymbol{k}\cdot\boldsymbol{x}}\right] \tag{3}$$

矢量 $\boldsymbol{a}_k(t)$ 代表角频率为 $\omega=k/c$ 的单色波,$\boldsymbol{k}$ 是其波矢量,$\boldsymbol{a}_k^*(t)$ 是其复共轭.将(3)代入方程(2),可得

$$\frac{\mathrm{d}^2\boldsymbol{a}_k(t)}{\mathrm{d}t^2}+k^2c^2\boldsymbol{a}_k(t)=0,\quad \frac{\mathrm{d}^2\boldsymbol{a}_k^*(t)}{\mathrm{d}t^2}+k^2c^2\boldsymbol{a}_k^*(t)=0 \tag{4}$$

即每一个单色波 $\boldsymbol{a}_k$ 及其复共轭都满足谐振子方程.若选择 $\varphi=0$,洛伦兹规范(1)即变成 $\nabla\cdot\boldsymbol{A}=0$,将(3)式代入此条件,得

$$\boldsymbol{k}\cdot\boldsymbol{a}_k(t)=0,\quad \boldsymbol{k}\cdot\boldsymbol{a}_k^*(t)=0 \tag{5}$$

即每个单色波都是横波.按上述规范条件,便有

$$\boldsymbol{B}=\nabla\times\boldsymbol{A}=\sum_k \mathrm{i}\boldsymbol{k}\times\left[\boldsymbol{a}_k(t)\mathrm{e}^{\mathrm{i}\boldsymbol{k}\cdot\boldsymbol{x}}+\boldsymbol{a}_k^*(t)\mathrm{e}^{-\mathrm{i}\boldsymbol{k}\cdot\boldsymbol{x}}\right] \tag{6}$$

$$\boldsymbol{E}=-\frac{\partial\boldsymbol{A}}{\partial t}=-\sum_k\left[\frac{\mathrm{d}\boldsymbol{a}_k(t)}{\mathrm{d}t}\mathrm{e}^{\mathrm{i}\boldsymbol{k}\cdot\boldsymbol{x}}+\frac{\mathrm{d}\boldsymbol{a}_k^*(t)}{\mathrm{d}t}\mathrm{e}^{-\mathrm{i}\boldsymbol{k}\cdot\boldsymbol{x}}\right] \tag{7}$$

由于每个单色波都是横波,即有 $\boldsymbol{E}_k=c\boldsymbol{B}_k\times\boldsymbol{e}_k$,$\boldsymbol{e}_k$ 是每个单色波传播波方向上的单位矢量,故(7)式实际上是

$$\boldsymbol{E}=\sum_k(c\boldsymbol{B}_k\times\boldsymbol{e}_k)=\sum_k \mathrm{i}ck\left[\boldsymbol{a}_k(t)\mathrm{e}^{\mathrm{i}\boldsymbol{k}\cdot\boldsymbol{x}}+\boldsymbol{a}_k^*(t)\mathrm{e}^{-\mathrm{i}\boldsymbol{k}\cdot\boldsymbol{x}}\right] \tag{8}$$

5.5 设 $\boldsymbol{A}$ 和 φ 是满足洛伦兹规范的矢势和标势.

(1) 引入一矢量函数 $\boldsymbol{Z}(\boldsymbol{x},t)$(即赫兹势),使 $\varphi=-\nabla\cdot\boldsymbol{Z}$,证明 $\boldsymbol{A}=\frac{1}{c^2}\frac{\partial\boldsymbol{Z}}{\partial t}$.

(2) 若令 $\rho=-\nabla\cdot\boldsymbol{P}$,证明 $\boldsymbol{Z}$ 满足方程 $\nabla^2\boldsymbol{Z}-\frac{1}{c^2}\frac{\partial^2\boldsymbol{Z}}{\partial t^2}=-\boldsymbol{P}/\varepsilon_0$,并写出它在真空中的推迟解.

(3) 证明 $\boldsymbol{E}$ 和 $\boldsymbol{B}$ 可通过 $\boldsymbol{Z}$ 用下列公式表出

$$\boldsymbol{E}=\nabla\times(\nabla\times\boldsymbol{Z})-\boldsymbol{P}/\varepsilon_0,\quad \boldsymbol{B}=\frac{1}{c^2}\frac{\partial}{\partial t}(\nabla\times\boldsymbol{Z})$$

【证】 在洛伦兹规范

$$\nabla\cdot\boldsymbol{A}+\frac{1}{c^2}\frac{\partial\varphi}{\partial t}=0 \tag{1}$$

下,$\boldsymbol{A}$ 和 φ 遵从达朗贝尔方程:

$$\nabla^2\boldsymbol{A}-\frac{1}{c^2}\frac{\partial^2\boldsymbol{A}}{\partial t^2}=-\mu_0\boldsymbol{J},\quad \nabla^2\varphi-\frac{1}{c^2}\frac{\partial^2\varphi}{\partial t^2}=-\rho/\varepsilon_0 \tag{2}$$

将

$$\varphi=-\nabla\cdot\boldsymbol{Z} \tag{3}$$

代入(1)式,得

$$\nabla\cdot\left(\boldsymbol{A}-\frac{1}{c^2}\frac{\partial\boldsymbol{Z}}{\partial t}\right)=0 \tag{4}$$

因(1)式对任意点任意时刻都成立,故方程(4)对任意点任意时刻也成立,因此括号内两个矢量最多只相差一个无散场$\nabla\times\boldsymbol{c}$,令其为零,便有

$$\boldsymbol{A}=\frac{1}{c^2}\frac{\partial\boldsymbol{Z}}{\partial t} \tag{5}$$

若令

$$\rho=-\nabla\cdot\boldsymbol{P} \tag{6}$$

(与介质中$\rho_{\mathrm{P}}=-\nabla\cdot\boldsymbol{P}$比较,此处$\boldsymbol{P}$也有极化强度的含义,但$\rho$一般地包括自由电荷与极化电荷密度,故在只有自由电荷的区域,如等离子体内,同样可引入极化强度概念),由电流连续性方程,便有

$$\frac{\partial\rho}{\partial t}=-\nabla\cdot\frac{\partial\boldsymbol{P}}{\partial t}=-\nabla\cdot\boldsymbol{J},\ 即\ \boldsymbol{J}=\frac{\partial\boldsymbol{P}}{\partial t} \tag{7}$$

将(3)式和(6)式代入(2)的第二式,或将(5)式和(7)式代入(2)的第一式,均可得

$$\nabla^2\boldsymbol{Z}-\frac{1}{c^2}\frac{\partial^2\boldsymbol{Z}}{\partial t^2}=-\boldsymbol{P}/\varepsilon_0 \tag{8}$$

这方程与$\boldsymbol{A}$的达朗贝尔方程有完全相同的形式,因此它也有推迟解:

$$\boldsymbol{Z}(\boldsymbol{x},t)=\frac{1}{4\pi\varepsilon_0}\int_V\frac{\boldsymbol{P}(\boldsymbol{x}',t-r/c)}{r}\mathrm{d}V' \tag{9}$$

只要给定V内的电荷密度ρ,由(6)式可求出$\boldsymbol{P}$,进而由(9)式便可找到赫兹势.将(3)式和(5)式代入$\boldsymbol{B}=\nabla\times\boldsymbol{A}$,$\boldsymbol{E}=-\nabla\varphi-\partial\boldsymbol{A}/\partial t$,并利用方程(8),得

$$\boldsymbol{B}=\frac{1}{c^2}\frac{\partial}{\partial t}(\nabla\times\boldsymbol{Z}),\quad \boldsymbol{E}=\nabla\times(\nabla\times\boldsymbol{Z})-\boldsymbol{P}/\varepsilon_0 \tag{10}$$

在电荷分布区域外,$\boldsymbol{E}$和$\boldsymbol{B}$完全由赫兹势$\boldsymbol{Z}$描写.

5.6 两个质量、电荷都相等的粒子相向而行发生碰撞,证明电偶极辐射和磁偶极辐射都不会发生.

【证明】 由于两粒子相向碰撞且质量m相等,因此系统的总动量为零:

$$m\boldsymbol{v}_1+m\boldsymbol{v}_2=0$$

由此可知两个粒子的运动速度和位置矢量等值反向,即$\boldsymbol{v}_1=-\boldsymbol{v}_2$,$\boldsymbol{x}_1=-\boldsymbol{x}_2$.又因为两个粒子的电荷量$q$相等,这系统的电偶极矩和磁偶极矩均为零:

$$\boldsymbol{p}=\sum_{i=1}^{2}q_i\boldsymbol{x}_i=q\boldsymbol{x}_1+q\boldsymbol{x}_2=0,\quad \boldsymbol{m}=\frac{1}{2}\sum_{i=1}^{2}\boldsymbol{x}_i\times q_i\boldsymbol{v}_i=0$$

因此不会发生电偶极和磁偶极辐射.

5.7 设有一个球对称的电荷分布,以角频率 ω 沿径向作简谐运动,求辐射场,并对结果给予物理解释.

【解】不会发生辐射.因为电荷球对称分布意味着电荷密度$\rho=\rho(r')$只是 r' 的函数而与坐标 θ',ϕ'无关.设在平衡状态下,球内任一点源的位矢为 $\boldsymbol{r}'_0$,当电荷沿径向振动时其位矢和速度分别为

$$\boldsymbol{r}'=\boldsymbol{r}'_0\mathrm{e}^{-\mathrm{i}\omega t'},\quad \boldsymbol{v}'=-\mathrm{i}\omega\boldsymbol{r}'$$

于是球内任意一点上的电流密度为

$$\boldsymbol{J}(\boldsymbol{x}',t')=\rho(r')\boldsymbol{v}'=-\mathrm{i}\omega\rho(r')\boldsymbol{r}'$$

显然,在任意一条球径上,由于两个对称点上电荷密度 $\rho(r')$ 相等,而位矢 $\boldsymbol{r}'$则等值反向,因而 $\boldsymbol{J}(\boldsymbol{x}',t')$ 等值反向而互相抵消,故推迟势必定为零:

$$\boldsymbol{A}(\boldsymbol{x},t)=\frac{\mu_0}{4\pi}\int_V\frac{\boldsymbol{J}(\boldsymbol{x}',t')}{r}\mathrm{d}V'=0$$

5.8 一个飞轮半径为 R,并有电荷均匀分布在其边缘上,总电荷量为 q,设此飞轮以恒定的角速度 ω 旋转,求辐射场.

【解】轮缘的电荷线密度为 $\lambda=q/2\pi R$,因旋转角速度 ω 恒定,由此形成的电流

$$I=\lambda v=\lambda\omega R=\omega q/2\pi$$

是稳恒的.稳定的电荷和电流分布只能产生稳定的电场与磁场,而不会发生辐射.

5.9 利用电荷守恒定律,验证 $\boldsymbol{A}$ 和 φ 的推迟势满足洛伦兹条件.

【证】$\boldsymbol{A}$ 和 φ 的推迟势为

$$\boldsymbol{A}(\boldsymbol{x},t)=\frac{\mu_0}{4\pi}\int_V\frac{\boldsymbol{J}(\boldsymbol{x}',t')}{r}\mathrm{d}V'$$

$$\varphi(\boldsymbol{x},t)=\frac{1}{4\pi\varepsilon_0}\int_V\frac{\rho(\boldsymbol{x}',t')}{r}\mathrm{d}V'$$

其中 $t'=t-r/c$.由$\nabla t'=-\nabla r/c$,以及算符代换关系$\nabla'\to-\nabla$,有

$$\begin{aligned}\nabla'\cdot\boldsymbol{J}(\boldsymbol{x}',t')&=\nabla'\cdot\boldsymbol{J}(\boldsymbol{x}',t')_{t'\text{不变}}+\frac{\partial\boldsymbol{J}(\boldsymbol{x}',t')}{\partial t'}\cdot\nabla't'\\&=\nabla'\cdot\boldsymbol{J}(\boldsymbol{x}',t')_{t'\text{不变}}-\nabla\cdot\boldsymbol{J}(\boldsymbol{x}',t')\end{aligned}$$

$$\begin{aligned}\nabla'\cdot\frac{\boldsymbol{J}(\boldsymbol{x}',t')}{r}&=\frac{1}{r}\nabla'\cdot\boldsymbol{J}(\boldsymbol{x}',t')+\nabla'\frac{1}{r}\cdot\boldsymbol{J}(\boldsymbol{x}',t')\\&=\frac{1}{r}\nabla'\cdot\boldsymbol{J}(\boldsymbol{x}',t')_{t'\text{不变}}-\frac{1}{r}\nabla\cdot\boldsymbol{J}(\boldsymbol{x}',t')-\nabla\frac{1}{r}\cdot\boldsymbol{J}(\boldsymbol{x}',t')\end{aligned}$$

因此

$$\nabla\cdot\boldsymbol{A}(\boldsymbol{x},t)=\frac{\mu_0}{4\pi}\int_V\left[\frac{1}{r}\nabla\cdot\boldsymbol{J}(\boldsymbol{x}',t')+\nabla\frac{1}{r}\cdot\boldsymbol{J}(\boldsymbol{x}',t')\right]\mathrm{d}V'$$

$$=\frac{\mu_0}{4\pi}\int_V\left[-\nabla'\cdot\frac{\boldsymbol{J}(\boldsymbol{x}',t')}{r}+\frac{1}{r}\nabla'\cdot\boldsymbol{J}(\boldsymbol{x}',t')_{t'\text{不变}}\right]\mathrm{d}V'$$

$$=\frac{\mu_0}{4\pi}\int_V\frac{1}{r}\nabla'\cdot\boldsymbol{J}(\boldsymbol{x}',t')_{t'\text{不变}}\mathrm{d}V'$$

在第二步中，右方第一项化为面积分，总可以取积分面大于电流分布区域的界面，因而积分面上电流密度 $\boldsymbol{J}=0$，故此项为零. 而

$$\frac{\partial}{\partial t}\varphi(\boldsymbol{x},t)=\frac{1}{4\pi\varepsilon_0}\int_V\frac{1}{r}\frac{\partial}{\partial t'}\rho(\boldsymbol{x}',t')\mathrm{d}V'$$

于是由电荷守恒定律：

$$\nabla'\cdot\boldsymbol{J}(\boldsymbol{x}',t')_{t'\text{不变}}+\frac{\partial\rho(\boldsymbol{x}',t')}{\partial t'}=0$$

得 $\boldsymbol{A}$ 和 φ 满足洛伦兹条件：

$$\nabla\cdot\boldsymbol{A}(\boldsymbol{x},t)+\frac{1}{c^2}\frac{\partial}{\partial t}\varphi(\boldsymbol{x},t)=0$$

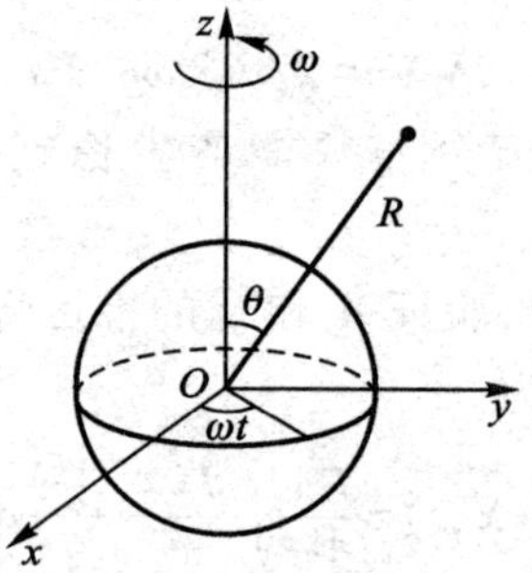

图 5.1 (5.10 题)

5.10 半径为 R_0 的均匀永磁体小球，磁化强度为 $\boldsymbol{M}_0$，球以恒定角速度 ω 绕通过球心而垂直于 $\boldsymbol{M}_0$ 的轴旋转，设 $R_0\omega<<c$，求辐射场和辐射能流.

【解】此球的磁矩振幅为 $\boldsymbol{m}_0=4\pi R_0^3\boldsymbol{M}_0/3$，条件 $R_0\omega<<c$，即辐射波长 $\lambda>>2\pi R_0$，因此远处的辐射场只需考虑磁偶极场. 如图 5.1，以 z 轴为旋转轴，则 $\boldsymbol{m}$ 与 xy 平面平行，将它分解为两个独立的振动：

$$\boldsymbol{m}=m_x\boldsymbol{e}_x+m_y\boldsymbol{e}_y=m_0\cos\omega t\boldsymbol{e}_x+m_0\sin\omega t\boldsymbol{e}_y$$

并写成复数形式：

$$\boldsymbol{m}=m_0(\boldsymbol{e}_x+\mathrm{i}\boldsymbol{e}_y)\mathrm{e}^{-\mathrm{i}\omega t}=\frac{4\pi R_0^3M_0}{3}(\boldsymbol{e}_x+\mathrm{i}\boldsymbol{e}_y)\mathrm{e}^{-\mathrm{i}\omega t}$$

由直角坐标基矢量与球坐标基矢量的变换：

$$\boldsymbol{e}_x = \sin\theta\cos\phi\,\boldsymbol{e}_R + \cos\theta\cos\phi\,\boldsymbol{e}_\theta - \sin\phi\,\boldsymbol{e}_\phi$$

$$\boldsymbol{e}_y = \sin\theta\sin\phi\,\boldsymbol{e}_R + \cos\theta\sin\phi\,\boldsymbol{e}_\theta + \cos\phi\,\boldsymbol{e}_\phi$$

有

$$\boldsymbol{m} = m_0 \mathrm{e}^{-\mathrm{i}\omega t + \mathrm{i}\phi}(\sin\theta\,\boldsymbol{e}_R + \cos\theta\,\boldsymbol{e}_\theta + \mathrm{i}\boldsymbol{e}_\phi), \quad \ddot{\boldsymbol{m}} = -\omega^2 \boldsymbol{m}$$

辐射场和平均辐射能流密度为

$$\begin{aligned}\boldsymbol{B} &= \frac{\mu_0 \mathrm{e}^{\mathrm{i}kR}}{4\pi c^2 R}(\ddot{\boldsymbol{m}} \times \boldsymbol{e}_R) \times \boldsymbol{e}_R \\ &= \frac{\mu_0 \omega^2 M_0 R_0^3}{3c^2 R}(\cos\theta\boldsymbol{e}_\theta + \mathrm{i}\boldsymbol{e}_\phi)\mathrm{e}^{\mathrm{i}(kR - \omega t + \phi)}\end{aligned}$$

$$\boldsymbol{E} = c\boldsymbol{B} \times \boldsymbol{e}_R = \frac{\mu_0 \omega^2 M_0 R_0^3}{3cR}(\mathrm{i}\boldsymbol{e}_\theta - \cos\theta\,\boldsymbol{e}_\phi)\mathrm{e}^{\mathrm{i}(kR - \omega t + \phi)}$$

$$\overline{\boldsymbol{S}} = \frac{c}{2\mu_0}(\boldsymbol{B}^* \cdot \boldsymbol{B})\boldsymbol{e}_R = \frac{\mu_0 \omega^4 M_0^2 R_0^6}{18c^3 R^2}(1 + \cos^2\theta)\boldsymbol{e}_R$$

从 $\boldsymbol{E}$(或 $\boldsymbol{B}$)的表达式可知,在任一半径 R 的球面上,波在 $\theta = \pi/2$ 处为线偏振,在 $\theta = 0, \pi$ 处是圆偏振,θ 为其他值处是椭圆偏振.

5.11 带电粒子 e 作半径为 a 的非相对论性圆周运动,回旋角频率为 ω,求远处的辐射电磁场和辐射能流.

【解】设粒子在 xy 平面运动,如图 5.2.其电偶极矩振幅为 $p_0 = ea$,将电矩矢量

$$\boldsymbol{p} = ea\boldsymbol{e}_r = ea(\cos\omega t\boldsymbol{e}_x + \sin\omega t\boldsymbol{e}_y)$$

写成复数形式,有

$$\boldsymbol{p} = ea(\boldsymbol{e}_x + \mathrm{i}\boldsymbol{e}_y)\mathrm{e}^{-\mathrm{i}\omega t}$$

$$\dot{\boldsymbol{p}} = -\mathrm{i}\omega\boldsymbol{p}, \quad \ddot{\boldsymbol{p}} = -\omega^2 \boldsymbol{p}$$

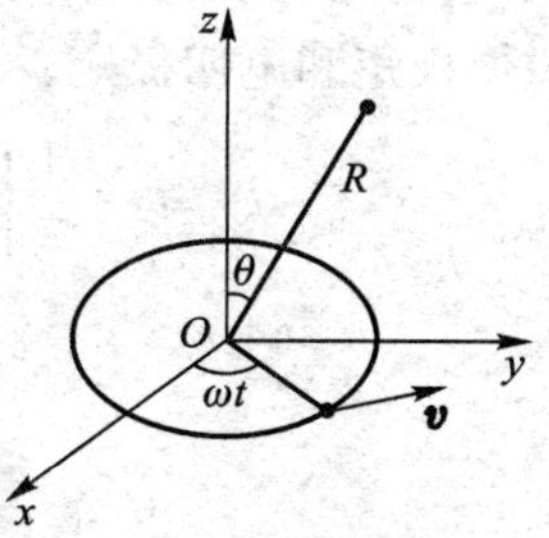

图 5.2 (5.11 题)

将 $\boldsymbol{e}_x$ 和 $\boldsymbol{e}_y$ 变换到球坐标基矢,得电偶极辐射场及其平均辐射能流密度:

$$\boldsymbol{B} = \frac{\mathrm{e}^{\mathrm{i}kR}}{4\pi\varepsilon_0 c^3 R}\ddot{\boldsymbol{p}} \times \boldsymbol{e}_R = \frac{\mu_0 \omega^2 ea}{4\pi cR}(-\mathrm{i}\boldsymbol{e}_\theta + \cos\theta\,\boldsymbol{e}_\phi)\mathrm{e}^{\mathrm{i}(kR - \omega t + \phi)}$$

$$\boldsymbol{E} = c\boldsymbol{B} \times \boldsymbol{e}_R = \frac{\mu_0 \omega^2 ea}{4\pi R}(\cos\theta\,\boldsymbol{e}_\theta + \mathrm{i}\boldsymbol{e}_\phi)\mathrm{e}^{\mathrm{i}(kR - \omega t + \phi)}$$

$$\overline{\boldsymbol{S}} = \frac{c}{2\mu_0}(\boldsymbol{B}^* \cdot \boldsymbol{B})\boldsymbol{e}_R = \frac{\mu_0 \omega^4 e^2 a^2}{32\pi^2 cR^2}(1 + \cos^2\theta)\boldsymbol{e}_R$$

在同一个球面上不同的 θ 处,波有不同的偏振状态.这粒子的运动还形成磁偶极矩和电四极矩:

$$\boldsymbol{m}=\frac{1}{2}a\boldsymbol{e}_r\times e\boldsymbol{v}\mathrm{e}^{-\mathrm{i}\omega t}=\frac{1}{2}a\omega p_0\boldsymbol{e}_z\mathrm{e}^{-\mathrm{i}\omega t}$$

$$\overleftrightarrow{\mathscr{D}}=3ea^2\boldsymbol{e}_r\boldsymbol{e}_r\mathrm{e}^{-\mathrm{i}\omega t}=3ap_0\boldsymbol{e}_r\boldsymbol{e}_r\mathrm{e}^{-\mathrm{i}\omega t}$$

但因其速度 $\boldsymbol{v}=\omega a<<c$,即 $a<<\lambda$(波长),磁偶极和电四极辐射强度比电偶极辐射低$(a/\lambda)^2$ 数量级,因此主要是电偶极辐射.

5.12 设有一电矩振幅为 $\boldsymbol{p}_0$,振动角频率为 ω 的电偶极子距理想导体平面为 $a/2$ 处,$\boldsymbol{p}_0$ 平行于导体平面.设 $a<<\lambda$,求在 $R>>\lambda$ 处的电磁场及平均辐射能流.

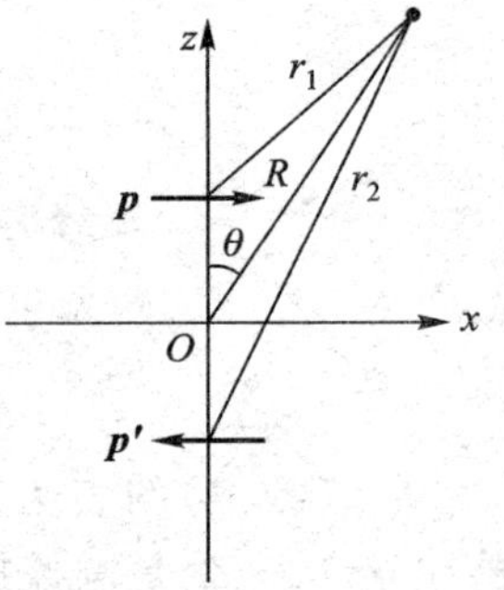

图 5.3 (5.12 题)

【解】 电偶极子 $\boldsymbol{p}$ 的场作用于理想导体,引起导体出现表面电流,导体外的场是 $\boldsymbol{p}$ 的场与表面电流产生的场之叠加.由于 $a<<\lambda$,故导体表面附近的场为似稳场,可近似作为静场.设导体表面为 $z=0$ 的平面,并设其电势为零,即

$$\varphi|_{z=0}=0$$

如图 5.3.令 $\boldsymbol{p}=p_0\mathrm{e}^{-\mathrm{i}\omega t}\boldsymbol{e}_x$,以 $\boldsymbol{p}$ 的像 $\boldsymbol{p}'$产生的场代替导体表面电流产生的场,要保证上述边界条件满足,应使

$$\boldsymbol{p}'=-\boldsymbol{p}=-p_0\mathrm{e}^{-\mathrm{i}\omega t}\boldsymbol{e}_x,\text{且位于 } z=-a/2$$

【方法一】 由于 $\boldsymbol{p}$ 与 $\boldsymbol{p}'$等值反向,因此这系统总电偶极矩为零,但它包含着磁偶极矩和电四极矩:

$$\boldsymbol{m}=\frac{1}{2}\left[\frac{a}{2}\boldsymbol{e}_z\times\dot{\boldsymbol{p}}+\left(-\frac{a}{2}\right)\boldsymbol{e}_z\times(-\dot{\boldsymbol{p}})\right]=-\frac{\mathrm{i}\omega p_0a}{2}\mathrm{e}^{-\mathrm{i}\omega t}\boldsymbol{e}_y$$

$$\ddot{\boldsymbol{m}}=-\omega^2\boldsymbol{m}=\frac{\mathrm{i}\omega^3p_0a}{2}\mathrm{e}^{-\mathrm{i}\omega t}\boldsymbol{e}_y$$

$$\mathscr{D}_{xz}=\mathscr{D}_{zx}=\sum_{i=1}^{4}3q_ix_i'z_i'=3qla=3p_0a$$

$$\overleftrightarrow{\mathscr{D}}=3p_0a(\boldsymbol{e}_x\boldsymbol{e}_z+\boldsymbol{e}_z\boldsymbol{e}_x)\mathrm{e}^{-\mathrm{i}\omega t}$$

$$\mathscr{D}=\boldsymbol{e}_R\cdot\overleftrightarrow{\mathscr{D}}=3p_0a(\sin\theta\cos\phi\,\boldsymbol{e}_z+\cos\theta\,\boldsymbol{e}_x)\mathrm{e}^{-\mathrm{i}\omega t}$$

$$\dddot{\mathscr{D}}=\mathrm{i}3\omega^3p_0a(\sin\theta\cos\phi\,\boldsymbol{e}_z+\cos\theta\,\boldsymbol{e}_x)\mathrm{e}^{-\mathrm{i}\omega t}$$

由基矢量变换

$$\boldsymbol{e}_x=\sin\theta\cos\phi\,\boldsymbol{e}_R+\cos\theta\cos\phi\,\boldsymbol{e}_\theta-\sin\phi\,\boldsymbol{e}_\phi$$

$$\boldsymbol{e}_y=\sin\theta\sin\phi\,\boldsymbol{e}_R+\cos\theta\sin\phi\,\boldsymbol{e}_\theta+\cos\phi\,\boldsymbol{e}_\phi$$

$$\boldsymbol{e}_z=\cos\theta\,\boldsymbol{e}_R-\sin\theta\,\boldsymbol{e}_\theta$$

得磁偶极和电四极矩辐射的磁场:

$$\boldsymbol{B}_{\mathrm{m}} = \frac{\mu_0 e^{ikR}}{4\pi c^2 R}(\ddot{\boldsymbol{m}}\times\boldsymbol{e}_R)\times\boldsymbol{e}_R$$

$$= \frac{-i\mu_0\omega^3 p_0 a}{8\pi c^2 R}(\cos\theta\sin\phi\,\boldsymbol{e}_\theta+\cos\phi\,\boldsymbol{e}_\phi)e^{i(kR-\omega t)}$$

$$\boldsymbol{B}_{\mathrm{D}} = \frac{e^{ikR}}{24\pi\varepsilon_0 c^4 R}\dddot{\mathscr{D}}\times\boldsymbol{e}_R$$

$$= \frac{-i\mu_0\omega^3 p_0 a}{8\pi c^2 R}(\cos\theta\sin\phi\,\boldsymbol{e}_\theta+\cos 2\theta\cos\phi\,\boldsymbol{e}_\phi)e^{i(kR-\omega t)}$$

可见 $\boldsymbol{B}_{\mathrm{D}}$ 和 $\boldsymbol{B}_{\mathrm{m}}$ 有相同的数量级.总辐射场为

$$\boldsymbol{B} = \boldsymbol{B}_{\mathrm{m}}+\boldsymbol{B}_{\mathrm{D}}$$

$$= \frac{-i\mu_0\omega^3 p_0 a}{4\pi c^2 R}(\cos\theta\sin\phi\,\boldsymbol{e}_\theta+\cos^2\theta\cos\phi\,\boldsymbol{e}_\phi)e^{i(kR-\omega t)}$$

$$\boldsymbol{E} = c\boldsymbol{B}\times\boldsymbol{e}_R$$

$$= \frac{-i\mu_0\omega^3 p_0 a}{4\pi c R}(-\cos\theta\sin\phi\,\boldsymbol{e}_\phi+\cos^2\theta\cos\phi\,\boldsymbol{e}_\theta)e^{i(kR-\omega t)}$$

在同一个球面上,波的偏振状态随 θ 和 ϕ 的不同而改变.平均辐射能流密度为

$$\overline{\boldsymbol{S}} = \frac{c}{2\mu_0}(\boldsymbol{B}^*\cdot\boldsymbol{B})\boldsymbol{e}_R = \frac{\mu_0\omega^6 p_0^2 a^2}{32\pi^2 c^3 R^2}(\cos^2\theta\sin^2\phi+\cos^4\theta\cos^2\phi)\boldsymbol{e}_R$$

【方法二】 辐射区的磁场是 $\boldsymbol{p}$ 和 $\boldsymbol{p}'$ 的磁场之叠加.令 r_1 和 r_2 分别是 $\boldsymbol{p}$ 和 $\boldsymbol{p}'$ 到场点的距离,在远处

$$r_1 \approx R-\frac{a}{2}\cos\theta,\quad r_2 \approx R+\frac{a}{2}\cos\theta$$

故 $\boldsymbol{p}$ 和 $\boldsymbol{p}'$ 产生的辐射磁场分别为

$$\boldsymbol{B}_p = \frac{e^{ikr_1}}{4\pi\varepsilon_0 c^3 r_1}\ddot{\boldsymbol{p}}\times\boldsymbol{e}_{r1} \approx \frac{e^{ikR}e^{-\frac{1}{2}ika\cos\theta}}{4\pi\varepsilon_0 c^3 R}\ddot{\boldsymbol{p}}\times\boldsymbol{e}_R$$

$$\boldsymbol{B}_{p'} = \frac{e^{ikr_2}}{4\pi\varepsilon_0 c^3 r_2}\ddot{\boldsymbol{p}}'\times\boldsymbol{e}_{r2} \approx \frac{e^{ikR}e^{\frac{1}{2}ika\cos\theta}}{4\pi\varepsilon_0 c^3 R}\ddot{\boldsymbol{p}}'\times\boldsymbol{e}_R$$

其中

$$\ddot{\boldsymbol{p}} = -\omega^2\boldsymbol{p} = -\omega^2 p_0 e^{-i\omega t}\boldsymbol{e}_x,\quad \ddot{\boldsymbol{p}}' = -\omega^2\boldsymbol{p}' = \omega^2 p_0 e^{-i\omega t}\boldsymbol{e}_x$$

$$e^{\pm\frac{ika}{2}\cos\theta} \approx 1\pm\frac{ika}{2}\cos\theta$$

辐射区的磁场为

$$B = B_p + B_{p'} = \frac{\omega^2 p_0 e^{i(kR-\omega t)}}{4\pi\varepsilon_0 c^3 R}\left(-e^{-\frac{ika}{2}\cos\theta} + e^{\frac{ika}{2}\cos\theta}\right)\boldsymbol{e}_x \times \boldsymbol{e}_R$$

$$= \frac{-i\mu_0\omega^3 p_0 a}{4\pi c^2 R}(\cos\theta\sin\phi\,\boldsymbol{e}_\theta + \cos^2\theta\cos\phi\,\boldsymbol{e}_\phi)e^{i(kR-\omega t)}$$

这与磁偶极和电四极辐射磁场叠加所得结果是一致的.

5.13 设有偏振平面波 $\boldsymbol{E} = \boldsymbol{E}_0 e^{i(\boldsymbol{k}\cdot\boldsymbol{x}-\omega t)}$ 照射到一个绝缘介质球上($\boldsymbol{E}_0$ 在 z 方向),引起介质球极化,极化矢量 $\boldsymbol{P}$ 是随时间变化的,因而产生辐射.设平面波的波长 $2\pi/k$ 远大于球半径 R_0,求介质球所产生的辐射场和能流.

【解】由于波长 $\lambda = 2\pi/k >> R_0$,介质球及其表面附近的场为似稳场,近似地作为静电场边值问题,以求出介质球的极化电流分布.球内外静电势均满足拉普拉斯方程 $\nabla^2\varphi = 0$,边界条件为

$$R=0,\varphi_1 \text{ 应有限};\quad R\to\infty \text{ 处},\varphi_2 \to -E_0 R\cos\theta$$

$$R=R_0 \text{ 处},\ \varphi_2 = \varphi_1,\ \varepsilon_0\frac{\partial\varphi_2}{\partial R} = \varepsilon\frac{\partial\varphi_1}{\partial R}$$

ε 为介质球的电容率.由 z 轴对称性和边界条件,可解出

$$\varphi_1 = -\frac{3\varepsilon_0}{\varepsilon+2\varepsilon_0}E_0 R\cos\theta\quad (R<R_0)$$

$$\varphi_2 = -E_0 R\cos\theta + \frac{\varepsilon-\varepsilon_0}{\varepsilon+2\varepsilon_0}\frac{E_0 R_0^3}{R^2}\cos\theta\quad (R>R_0)$$

介质球内 $\boldsymbol{D}_1 = \varepsilon_0\boldsymbol{E}_1 + \boldsymbol{P} = \varepsilon\boldsymbol{E}_1$,得介质球极化强度的振幅

$$\boldsymbol{P}_0 = (\varepsilon-\varepsilon_0)\boldsymbol{E}_1 = -(\varepsilon-\varepsilon_0)\nabla\varphi_1 = \frac{3\varepsilon_0(\varepsilon-\varepsilon_0)}{\varepsilon+2\varepsilon_0}E_0\boldsymbol{e}_z$$

极化电荷分布构成的电偶极矩振幅为

$$\boldsymbol{p}_0 = \frac{4\pi R_0^3}{3}\boldsymbol{P}_0 = \frac{4\pi\varepsilon_0(\varepsilon-\varepsilon_0)}{\varepsilon+2\varepsilon_0}R_0^3 E_0\boldsymbol{e}_z$$

极化电荷及其形成的电偶极矩也以作用电场的角频率 ω 振动:

$$\boldsymbol{p} = \boldsymbol{p}_0 e^{-i\omega t},\quad \ddot{\boldsymbol{p}} = -\omega^2\boldsymbol{p}$$

于是辐射场和平均辐射能流密度为

$$\boldsymbol{B} = \frac{e^{i\omega R}}{4\pi\varepsilon_0 c^3 R}\ddot{\boldsymbol{p}}\times\boldsymbol{e}_R = -\frac{\omega^2 p_0 e^{i(kR-\omega t)}}{4\pi\varepsilon_0 c^3 R}\sin\theta\,\boldsymbol{e}_\phi$$

$$\boldsymbol{E} = c\boldsymbol{B}\times\boldsymbol{e}_R = -\frac{\omega^2 p_0 e^{i(kR-\omega t)}}{4\pi\varepsilon_0 c^2 R}\sin\theta\,\boldsymbol{e}_\theta$$

$$\overline{\boldsymbol{S}} = \frac{c}{2\mu_0}(\boldsymbol{B}^*\cdot\boldsymbol{B})\boldsymbol{e}_R = \frac{\omega^4 p_0^2}{32\pi^2\varepsilon_0 c^3 R^2}\sin^2\theta\,\boldsymbol{e}_R$$

补 充 题

5.14 太阳辐射在地球表面的平均能流密度为$\overline{S}=1.35\times10^3\ \mathrm{W\cdot m^{-2}}$，估算地球表面理想导体板受到的辐射压力.

【**解**】假定太阳光是单色平面波，投射在地球表面的平均能量密度为

$$\overline{w_i}=\overline{S}/c=\varepsilon_0E_0^2/2$$

E_0 为入射波电场振幅.设太阳光垂直入射，入射面为 xz 平面，导体表面为 $z=0$ 平面，并设电场沿 y 方向偏振，入射波和反射波电场分别为

$$\boldsymbol{E}=E_0\boldsymbol{e}_y\mathrm{e}^{\mathrm{i}(kz-\omega t)},\quad \boldsymbol{E}'=E'_0\boldsymbol{e}_y\mathrm{e}^{\mathrm{i}(-kz-\omega t)}$$

电磁波在理想导体表面发生完全反射，其内部电磁场为零，由界面上电场切向分量连续的条件，得反射波电场振幅 $E'_0=-E_0$，导体表面即 $z=0$ 处总场强为

$$\boldsymbol{E}_\mathrm{t}=\boldsymbol{E}+\boldsymbol{E}'=0$$

$$\boldsymbol{B}_\mathrm{t}=\frac{k\boldsymbol{e}_z}{\omega}\times\boldsymbol{E}+\frac{-k\boldsymbol{e}_z}{\omega}\times\boldsymbol{E}'=-\frac{2E_0}{c}\boldsymbol{e}_x\mathrm{e}^{-\mathrm{i}\omega t}$$

投射在导体表面的动量流密度及单位面积受到的辐射压力的瞬时值分别是

$$\overleftrightarrow{T}=-\frac{1}{\mu_0}\boldsymbol{B}_\mathrm{t}\boldsymbol{B}_\mathrm{t}+w\overleftrightarrow{I}$$

$$\boldsymbol{f}_\mathrm{S}=-\boldsymbol{e}_\mathrm{n}\cdot\overleftrightarrow{T}=\boldsymbol{e}_z\cdot\overleftrightarrow{T}=w\ \boldsymbol{e}_z$$

$w=B_\mathrm{t}^2/2\mu_0=2\varepsilon_0E_0^2$ 是作用于导体表面能量密度的瞬时值，其平均值$\overline{w}=\varepsilon_0E_0^2$ 等于入射波平均能量密度$\overline{w_i}$ 的两倍，故导体表面受到的平均辐射压力为

$$\bar{f}_\mathrm{S}=\overline{w}=\varepsilon_0E_0^2=2\ \overline{S}/c=9\times10^{-6}\ \mathrm{N\cdot m^{-2}}$$

第六章　狭义相对论

要点概述

6.1　相对论的基本原理和时空理论

认为时空和质量的测量有绝对意义,与观测者所处的参考系无关,这种绝对时空和绝对质量观念是经典力学的“公理”基础,其集中反映便是伽利略变换.但从 19 世纪后期起,一些物理学家逐渐发现这种观念与电磁现象和高速运动的实验事实不符.

迈克尔孙等人的光速测量实验否定了电磁波传播问题上的“以太”介质说,从而也就否定了特殊参考系的存在.爱因斯坦于 1905 年创立了狭义相对论.这一理论的两个基本假设是:

相对性原理——物理定律在所有惯性系都有相同的形式;

光速不变原理——真空中的光速在所有惯性系沿任何方向都是常量 c,与光源的运动无关.

间隔不变性　间隔不变性是相对性原理与光速不变原理的数学表述.设惯性系 Σ 中,任意两事件的时空坐标为(x_1,y_1,z_1,t_1)和(x_2,y_2,z_2,t_2),定义两事件的间隔为

$$s^2=c^2(t_2-t_1)^2-(x_2-x_1)^2-(y_2-y_1)^2-(z_2-z_1)^2 \tag{6.1}$$

在另一惯性系 Σ'中,这两事件的时空坐标为(x_1',y_1',z_1',t_1')和(x_2',y_2',z_2',t_2'),间隔为

$$s'^2=c^2(t_2'-t_1')^2-(x_2'-x_1')^2-(y_2'-y_1')^2-(z_2'-z_1')^2 \tag{6.2}$$

惯性系概念要求时空坐标变换必须是线性变换,即 $s'^2=As^2$,$s^2=A's'^2$,而当两个惯性系的相对速度 $v\to 0$ 时,这两个惯性系将等同于一个惯性系.因而对任何两个惯性系,应当有

$$s'^2=s^2 \tag{6.3}$$

洛伦兹变换　设惯性系 Σ'以速度 v 沿惯性系 Σ 的 x 轴正向运动,两参考系

相应坐标轴平行，$t=t'=0$ 时刻两参考系的原点重合（一个事件），由(6.3)式，可导出任一事件的时空坐标从 Σ 系到 Σ′系的变换——洛伦兹变换：

$$x'=\gamma(x-vt),\quad y'=y,\quad z'=z,\quad t'=\gamma\left(t-\frac{v}{c^2}x\right) \tag{6.4}$$

$$\text{其中 } \gamma=1/\sqrt{1-\beta^2},\quad \beta=v/c \tag{6.5}$$

将(6.4)式中的 v 换为 $-v$，可得逆变换.当 $v<<c$，(6.4)过渡到伽利略变换.这表明，从经典力学中总结出来的伽利略变换，只是洛伦兹变换在低速情形下的极限.

因果律与相互作用的最大传播速度　洛伦兹变换表明，时空的测量有相对意义，即测量结果与观测者所处的参考系有关，这是相对论时空观的一个方面.另一方面，是认为事物发展变化的因果关系有绝对意义，即因果关系不因参考系的变换而改变，从时间次序来说，就是在一个惯性系中，作为结果的事件必定发生在作为原因的事件之后，变换到任何其他惯性系，都必须保持这一时间次序.从这一要求出发，由间隔不变性或洛伦兹变换，可得出推论——真空中的光速 c 是自然界一切相互作用传播速度的极限.

间隔分类　在任何一个惯性系中，任何两事件的间隔只能属于如下三种分类之一：类时间隔 $s^2>0$；类光间隔 $s^2=0$；类空间隔 $s^2<0$.

在一个惯性系中有因果关系的两事件，两者之间必定存在某种相互作用，其传播速度只能小于 c 或等于 c，因而有因果关系的两事件之间隔必定类时或类光，变换到任何其他惯性系，绝对保持因果关系，相互作用的传播速度仍然小于 c 或等于 c，即间隔仍然类时或类光.在一个惯性系中无因果关系的两事件（间隔可以是类空、类时、类光），变换到任何其他惯性系，绝对保持非因果关系.

同时相对性　在某个惯性系中，如果两事件于不同地点同时发生，即这两事件无因果关系，由洛伦兹变换可推知，在其他惯性系看来，这两事件的发生不同时.这意味着，在某个惯性系不同地点对准的时钟，在其他惯性系看来没有对准.

时钟延缓效应　在物体静止的参考系 Σ′中，测得任一过程进行的时间 $\Delta\tau$，称为这过程的“固有时”.由洛伦兹变换，在其他惯性系 Σ 中，测得这过程进行的时间变慢了：

$$\Delta t=\frac{\Delta\tau}{\sqrt{1-\beta^2}}=\gamma\Delta\tau \tag{6.6}$$

这效应对于两个惯性系来说是相对的，即在 Σ 系上看 Σ′系的时钟变慢，在 Σ′系上看 Σ 系的时钟也变慢.但是在有加速运动的情形，时间延缓效应是绝对效应.

尺度缩短效应　当物体以速度 v 相对于惯性系 Σ 运动，若在平行于运动方向上这物体的静止长度为 l_0，由洛伦兹变换，在 Σ 系中测得这长度缩短为

$$l=l_0\sqrt{1-\beta^2}=l_0/\gamma \tag{6.7}$$

这效应对于两个惯性系来说,也是相对的.但在垂直于运动的方向上,这一效应不会发生.

时钟延缓与尺度缩短效应,是在不同参考系中观察物质运动在时空关系上的客观反映,是统一时空的两个基本属性,与运动的具体过程和物质的具体结构无关.

速度变换　由洛伦兹变换(6.4),可导出物体速度从惯性系 Σ 到 Σ′之间的变换:

$$u'_x=\frac{u_x-v}{1-vu_x/c^2},\quad u'_y=\frac{u_y}{\gamma(1-vu_x/c^2)},\quad u'_z=\frac{u_z}{\gamma(1-vu_x/c^2)} \tag{6.8}$$

将 v 换为 $-v$,可得逆变换.可以证明,若在一个参考系中物体的速度 $u<c$,变换到任何其他参考系仍有 $u'<c$.仅当 $v<<c$,(6.8)式才过渡到经典速度变换.

6.2 洛伦兹变换的四维形式　四维协变量

相对论认为时空是统一的.为此将三维空间与第四维虚数坐标 $x_4=\mathrm{i}ct$ 统一为四维复空间

$$x_\mu=(\boldsymbol{x},\mathrm{i}ct)=(x_1,x_2,x_3,x_4) \tag{6.9}$$

于是当 Σ′系以速度 v 沿 Σ 系的 x_1 轴正向运动时,洛伦兹变换(6.4)可表为

$$x'_\mu=a_{\mu\nu}x_\nu\quad(\mu,\nu=1,2,3,4) \tag{6.10}$$

重复指标(上式中右方的 ν)意味着要对它从 1 至 4 求和.变换系数 $a_{\mu\nu}$ 构成的矩阵为

$$a=\begin{bmatrix}\gamma & 0 & 0 & \mathrm{i}\beta\gamma\\ 0 & 1 & 0 & 0\\ 0 & 0 & 1 & 0\\ -\mathrm{i}\beta\gamma & 0 & 0 & \gamma\end{bmatrix} \tag{6.11}$$

由于洛伦兹变换(6.10)满足间隔不变性(6.3),亦即

$$x'_\mu x'_\mu=x_\mu x_\mu=\text{不变量} \tag{6.12}$$

因此,洛伦兹变换是四维时空中的正交变换,即变换矩阵满足

$$a_{\mu\nu}a_{\mu\tau}=\delta_{\nu\tau} \tag{6.13}$$

(6.10)的逆变换为

$$x_\mu=a_{\tau\mu}x'_\tau \tag{6.14}$$

在洛伦兹变换下,按物理量的变换性质分类为

$$\text{标量(零阶张量,不变量)}\ s'=s \tag{6.15}$$

$$\text{四维矢量(一阶张量)}\quad V'_\mu=a_{\mu\nu}V_\nu \tag{6.16}$$

$$\text{四维二阶张量}\quad T'_{\mu\nu}=a_{\mu\lambda}a_{\nu\tau}T_{\lambda\tau} \tag{6.17}$$

例如,间隔和固有时就是洛伦兹不变量.可以证明,每一类四维协变量的平方都

是洛伦兹变换下的不变量.利用这一普遍规律,可将物体的速度和光速,能量和动量,电荷密度和电流密度,标势和矢势,电场和磁场等物理量统一为四维协变量,由此可以清楚地显示出被统一起来的物理量之间的内在联系,并将描写物理定律的方程式表示成相对性原理所要求的协变形式.

6.3 相对论力学

相对论力学方程 在低速运动情形下,经典力学方程 $\boldsymbol{F}=\mathrm{d}\boldsymbol{p}/\mathrm{d}t$ 在伽利略变换下满足协变性.为使高速运动情况下力学方程也满足协变性,构造

四维速度 $$U_\mu=\frac{\mathrm{d}x_\mu}{\mathrm{d}\tau}=\left(\frac{\boldsymbol{u}}{\sqrt{1-(u/c)^2}},\frac{\mathrm{i}c}{\sqrt{1-(u/c)^2}}\right) \tag{6.18}$$

四维动量 $$p_\mu=m_0U_\mu=\left(\frac{m_0\boldsymbol{u}}{\sqrt{1-(u/c)^2}},\frac{\mathrm{i}}{c}\frac{m_0c^2}{\sqrt{1-(u/c)^2}}\right) \tag{6.19}$$

四维力 $$K_\mu=\left(\frac{\boldsymbol{F}}{\sqrt{1-(u/c)^2}},\frac{\mathrm{i}}{c}\frac{\boldsymbol{F}\cdot\boldsymbol{u}}{\sqrt{1-(u/c)^2}}\right)=\left(\boldsymbol{K},\frac{\mathrm{i}}{c}\boldsymbol{K}\cdot\boldsymbol{u}\right) \tag{6.20}$$

(四维加速度 $a_\mu=\mathrm{d}U_\mu/\mathrm{d}\tau$),其中 $\boldsymbol{u}$ 是三维速度,$\boldsymbol{F}$ 是三维力,$\boldsymbol{F}\cdot\boldsymbol{u}$ 是力的功率,$\boldsymbol{K}$ 是四维力的空间分量.由于固有时 $\mathrm{d}\tau$ 和静止质量 m_0 是洛伦兹不变量,因此 U_μ、p_μ 和 K_μ 都是按(6.16)方式变换的四维协变矢量,于是相对论力学方程

$$K_\mu=\frac{\mathrm{d}p_\mu}{\mathrm{d}\tau} \tag{6.21}$$

在洛伦兹变换下满足协变性.由 $\mathrm{d}\tau=\mathrm{d}t\sqrt{1-(u/c)^2}$,这方程包含的两个方程为

$$\boldsymbol{F}=\frac{\mathrm{d}}{\mathrm{d}t}\left(\frac{m_0\boldsymbol{u}}{\sqrt{1-(u/c)^2}}\right)=\frac{\mathrm{d}\boldsymbol{p}}{\mathrm{d}t} \tag{6.22}$$

$$\boldsymbol{F}\cdot\boldsymbol{u}=\frac{\mathrm{d}}{\mathrm{d}t}\left(\frac{m_0c^2}{\sqrt{1-(u/c)^2}}\right)=\frac{\mathrm{d}W}{\mathrm{d}t} \tag{6.23}$$

相对论质量、动量和能量 由方程(6.22)和(6.23)可知,高速运动情形下物体的质量 m、动量 $\boldsymbol{p}$ 和能量 W 分别为

$$m=\frac{m_0}{\sqrt{1-(u/c)^2}}=\gamma\ m_0 \tag{6.24}$$

$$\boldsymbol{p}=\frac{m_0\boldsymbol{u}}{\sqrt{1-(u/c)^2}}=m\boldsymbol{u}=\gamma\ m_0\boldsymbol{u} \tag{6.25}$$

$$W=\frac{m_0c^2}{\sqrt{1-(u/c)^2}}=\gamma\ m_0c^2=mc^2=T+m_0c^2 \tag{6.26}$$

质速关系(6.24)表明,物体的质量 m 随其运动速度 u 的增大而增加,即质量测量与时空测量一样,存在相对论效应.仅当 $u<<c$,才有 $m\approx m_0$,此时相对论

动量(6.25)过渡到经典动量 $\boldsymbol{p}=m_0\boldsymbol{u}$.质能关系(6.26)中,$mc^2$ 是运动物体或粒子的总能量,m_0c^2 是其静止能量,$T=(m-m_0)c^2$ 是其相对论动能.仅当物体或粒子的速度$u<<c$,才有 $T\approx m_0v^2/2$,即非相对论动能.

质能关系的重要意义在于它表明,一定的质量来源于一定的相互作用能量.由 m_0c^2 可推知,静止质量 $m_0\neq 0$ 的粒子,必定有静止能量,因而应当存在某种深层次的内部结构,物体或粒子的静止质量,来源于其内部存在的相互作用能量.由多粒子组成的复合物之所以出现质量亏损,便是这复合物内部的粒子存在一定相互作用能(结合能)的反映.

(6.19)式表示的四维动量,是将相对论动量 $\boldsymbol{p}$ 和能量 W 统一起来的协变矢量:

$$P_\mu=(\boldsymbol{p},\mathrm{i}W/c) \tag{6.27}$$

在物体或粒子静止的参考系 Σ'中,其动量 $\boldsymbol{p}'=0$,能量 $W'=m_0c^2$,在任一惯性系 Σ 中,设其动量为 $\boldsymbol{p}$,能量为 W,由 P_μ 的平方是洛伦兹变换下的不变量,可得物体或粒子在任何惯性系中能量、动量和质量的普遍关系式:

$$W=\sqrt{p^2c^2+m_0^2c^4} \tag{6.28}$$

由(6.26)和(6.28),可得粒子静止质量的一种表达式:

$$m_0=\frac{p^2c^2-T^2}{2Tc} \tag{6.29}$$

即通过测量粒子的动量 $\boldsymbol{p}$ 和动能 T,可计算其静止质量 m_0.

光子的能量和动量 由质能关系(6.26)可推知,以速度 $u=c$ 运动的粒子,例如光子,其静止质量 m_0 应当为零,即这类粒子应当没有内部结构.由波粒二象性,光子能量为 $W=\hbar\omega$,其中 ω 为角频率,$\hbar=h/2\pi$,h 为普朗克常量.因光子 $m_0=0$,由(6.28)式,其动量为 $\boldsymbol{p}=(\hbar\omega/c)\boldsymbol{k}_0=\hbar\boldsymbol{k}$,$\boldsymbol{k}=(\omega/c)\boldsymbol{k}_0$ 为波矢量,$\boldsymbol{k}_0$ 表示光子运动方向的单位矢量.

6.4 电动力学的相对论协变性

相对论电动力学方程 定义四维算符:

$$\frac{\partial}{\partial x_\mu}=\left(\nabla,\frac{1}{\mathrm{i}c}\frac{\partial}{\partial t}\right)=\partial_\mu \tag{6.30}$$

$$\frac{\partial}{\partial x_\mu}\frac{\partial}{\partial x_\mu}=\nabla^2-\frac{1}{c^2}\frac{\partial^2}{\partial t^2}=\partial_\mu\partial_\mu \tag{6.31}$$

∂_μ 是协变矢量算符,$\partial_\mu\partial_\mu$ 是标量算符.

电流是电荷的运动效应,而电荷电流是电磁势和电磁场的激发源.因此,有理由将电荷密度 ρ 与电流密度 $\boldsymbol{J}=\rho\boldsymbol{u}$,标势 φ 与矢势 $\boldsymbol{A}$,电场 $\boldsymbol{E}$ 与磁场 $\boldsymbol{B}$,统一为四维协变量.

$$\text{四维电流密度} \quad J_\mu = \rho_0 U_\mu = (\boldsymbol{J}, \mathrm{i}c\rho) \tag{6.32}$$

$$\text{四维势} \quad A_\mu = (\boldsymbol{A}, \mathrm{i}\varphi/c) \tag{6.33}$$

其中，带电体静止时的电荷密度 ρ_0 是洛伦兹标量，J_μ 和 A_μ 均按(6.16)变换.由

$$\boldsymbol{B} = \nabla\times\boldsymbol{A}, \quad \boldsymbol{E} = -\nabla\varphi - \partial\boldsymbol{A}/\partial t$$

构造电磁场张量：

$$F_{\mu\nu} = \partial_\mu A_\nu - \partial_\nu A_\mu \tag{6.34}$$

它按(6.17)变换.这是一个反对称张量，其矩阵形式为

$$F_{\mu\nu} = \begin{bmatrix} 0 & B_3 & -B_2 & -\mathrm{i}E_1/c \\ -B_3 & 0 & B_1 & -\mathrm{i}E_2/c \\ B_2 & -B_1 & 0 & -\mathrm{i}E_3/c \\ \mathrm{i}E_1/c & \mathrm{i}E_2/c & \mathrm{i}E_3/c & 0 \end{bmatrix} \tag{6.35}$$

构造四维洛伦兹力密度：

$$f_\mu = \rho_0 F_{\mu\nu} U_\nu = F_{\mu\nu} J_\nu = (\boldsymbol{f}, \mathrm{i}\boldsymbol{E}\cdot\boldsymbol{J}/c) \tag{6.36}$$

它按(6.16)变换，其中 $\boldsymbol{f}$ 是三维洛伦兹力密度，$\boldsymbol{E}\cdot\boldsymbol{J}$ 是电场对电荷作的功率密度.于是，电动力学的基本方程：

$$\text{电荷守恒定律} \quad \partial_\mu J_\mu = 0 \tag{6.37}$$

$$\text{洛伦兹规范} \quad \partial_\mu A_\mu = 0 \tag{6.38}$$

$$\text{达朗贝尔方程} \quad \partial_\nu \partial_\nu A_\mu = -\mu_0 J_\mu \tag{6.39}$$

$$\text{麦克斯韦方程} \quad \begin{aligned} &\partial_\nu F_{\mu\nu} = \mu_0 J_\mu \\ &\partial_\lambda F_{\mu\nu} + \partial_\mu F_{\nu\lambda} + \partial_\nu F_{\lambda\mu} = 0 \end{aligned} \tag{6.40}$$

$$\text{能量动量守恒定律} \quad f_\mu = \partial_\lambda T_{\mu\lambda} \tag{6.41}$$

都满足相对论协变性.(6.41)式是将第一章的能量守恒方程(1.19)和动量守恒方程(1.20)统一起来的四维形式，其中 $T_{\mu\lambda}$ 是将电磁场的能量密度 w，能流密度 $\boldsymbol{S}$，动量密度 $\boldsymbol{g}$ 和动量流密度 $\overleftrightarrow{T}$ 统一起来的协变张量——电磁场的能量动量张量：

$$T_{\mu\lambda} = \frac{1}{\mu_0}\left(F_{\mu\nu}F_{\nu\lambda} + \frac{1}{4}\delta_{\mu\lambda}F_{\nu\tau}F_{\nu\tau}\right) \tag{6.42}$$

其矩阵形式为

$$T_{\mu\lambda} = \begin{bmatrix} -T_{11} & -T_{12} & -T_{13} & -\mathrm{i}cg_1 \\ -T_{21} & -T_{22} & -T_{23} & -\mathrm{i}cg_2 \\ -T_{31} & -T_{32} & -T_{33} & -\mathrm{i}cg_3 \\ -\mathrm{i}S_1/c & -\mathrm{i}S_2/c & -\mathrm{i}S_3/c & w \end{bmatrix} \tag{6.43}$$

这是一个无迹对称张量，即 $T_{\mu\lambda} = T_{\lambda\mu}$，$T_{\mu\mu} = 0$.

势和场的相对论变换 在参考系变换下，电荷与电流存在相对性，电磁势和

电磁场必然也存在相对性.当惯性系 Σ' 以速度 v 沿 Σ 系 x_1 轴的正向运动时,电磁势按 $A'_\mu = a_{\mu\nu} A_\nu$ 变换,即

$$A'_1 = \gamma\left(A_1 - \frac{v}{c^2}\varphi\right), \quad A'_2 = A_2, \quad A'_3 = A_3, \quad \varphi' = \gamma(\varphi - vA_1) \tag{6.44}$$

电磁场按 $F'_{\mu\nu} = a_{\mu\lambda} a_{\nu\tau} F_{\lambda\tau}$ 变换,即

$$\boldsymbol{E}'_{/\!/} = \boldsymbol{E}_{/\!/}, \quad \boldsymbol{B}'_{/\!/} = \boldsymbol{B}_{/\!/}$$

$$\boldsymbol{E}'_{\perp} = \gamma(\boldsymbol{E} + \boldsymbol{v} \times \boldsymbol{B})_{\perp}, \quad \boldsymbol{B}'_{\perp} = \gamma\left(\boldsymbol{B} - \frac{\boldsymbol{v}}{c^2} \times \boldsymbol{E}\right)_{\perp} \tag{6.45}$$

其中下标 $/\!/$ 表示与运动方向平行的分量, $\perp$ 表示垂直分量.将(6.44)式和(6.45)式中的 v 改为 $-v$,即得逆变换.

相位是反映电磁波客观状态的物理量.在参考系变换下,电磁波的相位 $\phi = \boldsymbol{k} \cdot \boldsymbol{x} - \omega t$ 是不变量.构造四维波矢量

$$k_\mu = (\boldsymbol{k}, \mathrm{i}\omega/c) \tag{6.46}$$

它与四维时空 $x_\mu = (\boldsymbol{x}, \mathrm{i}ct)$ 的乘积,应当反映出参考系变换下相位的不变性,即 $k'_\mu x'_\mu = k_\mu x_\mu$.当光源沿 Σ 系 x_1 轴的正向以速度 v 运动时,四维波矢量必定按 $k'_\mu = a_{\mu\nu} k_\nu$ 变换.即有

$$k'_1 = \gamma\left(k_1 - \frac{v}{c^2}\omega\right), \quad k'_2 = k_2, \quad k'_3 = k_3, \quad \omega' = \gamma(\omega - vk_1) \tag{6.47}$$

由此可得相对论多普勒效应与光行差的表达式:

$$\omega = \frac{\omega_0}{\gamma(1 - \beta\cos\theta)}, \quad \tan\theta = \frac{\sin\theta'}{\gamma(\cos\theta' + \beta)} \tag{6.48}$$

其中, $\omega_0 = \omega'$ 为光源静止参考系 Σ' 系中的辐射频率, θ' 是波矢 $\boldsymbol{k}'$ 即辐射方向与 x_1 轴正向的夹角; ω 是在 Σ 系中观测到的频率, θ 是这参考系中辐射方向与光源运动方向的夹角.

6.5　电磁场中带电粒子的拉格朗日量和哈密顿量

静止质量为 m_0,电荷为 q 的带电粒子在电磁场中以速度 $\boldsymbol{v}$ 相对于 Σ 系运动时,粒子的相对论运动方程为

$$\frac{\mathrm{d}\boldsymbol{p}}{\mathrm{d}t} = q(\boldsymbol{E} + \boldsymbol{v} \times \boldsymbol{B}) \tag{6.49}$$

$\boldsymbol{p} = m\boldsymbol{v} = \gamma m_0 \boldsymbol{v}$ 为粒子的动量.由 $\boldsymbol{B} = \nabla \times \boldsymbol{A}$, $\boldsymbol{E} = -\nabla\varphi - \partial\boldsymbol{A}/\partial t$,可导出粒子的拉氏量

$$L = -m_0 c^2/\gamma - q(\varphi - \boldsymbol{v} \cdot \boldsymbol{A}) \tag{6.50}$$

而 γL 和作用量 S 都是洛伦兹变换下的不变量:

$$\gamma L = -m_0 c^2 + qA_\mu U_\mu \tag{6.51}$$

$$S=\int L\mathrm{d}t=\int \gamma L\mathrm{d}\tau \tag{6.52}$$

由广义动量的定义 $P_i=\partial L/\partial \dot{q}_i$，可得粒子的正则动量 $\boldsymbol{P}$ 和哈密顿量 H：

$$\boldsymbol{P}=\gamma\ m_0\boldsymbol{v}+q\boldsymbol{A}=\boldsymbol{p}+q\boldsymbol{A} \tag{6.53}$$

$$H=\boldsymbol{P}\cdot\boldsymbol{v}-L=\sqrt{(\boldsymbol{P}-q\boldsymbol{A})^2c^2+m_0^2c^4}+q\varphi \tag{6.54}$$

于是拉格朗日方程

$$\frac{\mathrm{d}}{\mathrm{d}t}\left(\frac{\partial L}{\partial \dot{q}_i}\right)-\frac{\partial L}{\partial q_i}=0 \tag{6.55}$$

和正则运动方程

$$\dot{q}_i=\frac{\partial H}{\partial P_i},\quad \dot{P}_i=-\frac{\partial H}{\partial q_i} \tag{6.56}$$

均与方程(6.49)等价.哈密顿量(6.54)第一项是粒子的相对论能量,故可构造四维正则动量：

$$P_\mu=p_\mu+qA_\mu=(\boldsymbol{P},\mathrm{i}H/c) \tag{6.57}$$

习题与解答

6.1 证明在伽利略变换下,牛顿定律是协变的,麦克斯韦方程不是协变的.

【证】 设惯性系 Σ' 以速度 v 沿另一惯性系 Σ 的 x 轴运动,两参考系相应的坐标轴平行,由伽利略变换

$$x=x'+vt',\quad y=y',\quad z=z',\quad t=t'$$

得速度在这两个惯性系之间的变换：

$$\frac{\mathrm{d}\boldsymbol{r}}{\mathrm{d}t}=\frac{\mathrm{d}\boldsymbol{r}'}{\mathrm{d}t'}+\boldsymbol{v},\quad 即\ \boldsymbol{u}=\boldsymbol{u}'+\boldsymbol{v}$$

物体的动量在这两个惯性系中分别为 $\boldsymbol{p}=m\boldsymbol{u}$, $\boldsymbol{p}'=m'\boldsymbol{u}'$,而质量是伽利略变换下的不变量,即 $m=m'$,于是牛顿定律在 Σ 系和 Σ' 系有相同的形式：

$$\boldsymbol{F}=\frac{\mathrm{d}\boldsymbol{p}}{\mathrm{d}t},\quad \boldsymbol{F}'=\frac{\mathrm{d}\boldsymbol{p}'}{\mathrm{d}t'}$$

即牛顿定律在伽利略变换下是协变的.我们知道,从麦克斯韦方程组可以导出矢势和标势的波动方程,设 Σ 系中标势波动方程为

$$\nabla^2\varphi-\frac{1}{c^2}\frac{\partial^2\varphi}{\partial t^2}=-\rho/\varepsilon_0$$

在伽利略变换下,t 和 $\varphi,\rho,\varepsilon_0$ 均为不变量,但光速 c 不是不变量,因此这方程不是协变的,由此推知麦克斯韦方程组也不是协变的.

6.2 设两根互相平行的尺,在各自静止的参考系中的长度均为 l_0,它们以

相同速率 v 相对于某一参考系运动，但运动方向相反，且平行于尺子.求站在一根尺子上测量另一根尺的长度.

【解】设 1 尺(Σ'系)沿 Σ 系 x 轴正向以速度 v 运动，则 2 尺(Σ''系)相对于 Σ 系的速度为 $u_x=-v$，于是在 1 尺上测得 2 尺的速度及其长度分别为

$$u'_x=\frac{u_x-v}{1-vu_x/c^2}=\frac{-2vc^2}{c^2+v^2}$$

$$l'=l_0\sqrt{1-(u'_x/c)^2}=l_0\frac{c^2-v^2}{c^2+v^2}$$

6.3 静止长度为 l_0 的车厢，以速度 v 相对于地面运行，车厢的后壁以速度 u_0 向前推出一个小球，求地面的观察者测得小球从后壁到前壁的运动时间.

【解】如图 6.1，设地面参考系为 Σ，车厢沿 Σ 的 x 轴正向运动.在 Σ 系中，小球处于车厢后壁的时空坐标为(x_1,t_1)，到达前壁的时空坐标为(x_2,t_2)，在车厢参考系 Σ'中，这两事件的时空坐标为(x'_1,t'_1)，(x'_2,t'_2).

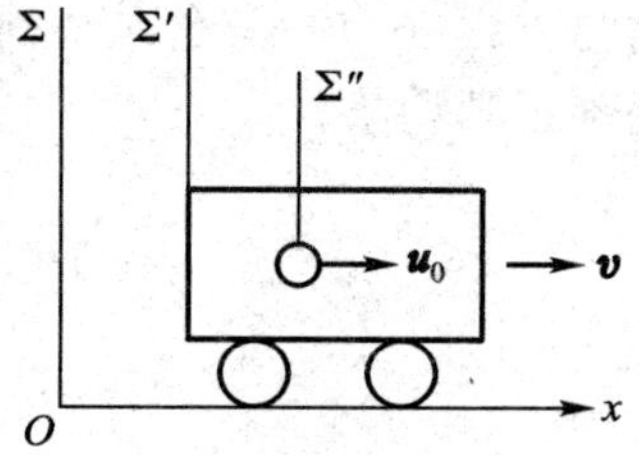

图 6.1 (6.3 题)

【方法一】 洛伦兹变换为

$$x=\gamma(x'+vt'),\quad t=\gamma\left(t'+\frac{v}{c^2}x'\right) \tag{1}$$

其中 $\gamma=1/\sqrt{1-v^2/c^2}$.在 Σ'系中测得车厢静止长度 $\Delta x'=x'_2-x'_1=l_0$，小球运动时间为 $\Delta t'=t'_2-t'_1=l_0/u_0$，于是由变换(1)的第二式，得地面上测得小球的运动时间为

$$\Delta t=t_2-t_1=\gamma\left(\Delta t'+\frac{v}{c^2}\Delta x'\right)=\gamma\left(1+\frac{u_0v}{c^2}\right)\frac{l_0}{u_0} \tag{2}$$

【方法二】 由变换(1)的第一式，地面上测得小球的运动距离为

$$\Delta x=x_2-x_1=\gamma(\Delta x'+v\Delta t')=\gamma\ l_0(1+v/u_0) \tag{3}$$

在地面 Σ 与车厢 Σ'中，这两事件的间隔分别为

$$s^2=c^2(\Delta t)^2-(\Delta x)^2 \tag{4}$$

$$s'^2=c^2(\Delta t')^2-(\Delta x')^2=c^2(l_0/u_0)^2-l_0^2 \tag{5}$$

将(3)式代入(4)式，并由间隔不变性 $s'^2=s^2$，可得 Δt 如(2)式.

【方法三】 在小球静止的 Σ''系观察，车厢以速度 $u''_x=-u_0$ 运动，运动距离和时间分别为

$$l''=l_0\sqrt{1-(u_0/c)^2},\quad \Delta t''=\frac{l''}{u_0}=\frac{l_0}{u_0}\sqrt{1-(u_0/c)^2} \tag{6}$$

地面测得小球的运动速度为

$$u_x=\frac{u_0+v}{1+vu_0/c^2}=\frac{c^2(u_0+v)}{c^2+u_0v} \tag{7}$$

于是地面上测得小球运动时间为

$$\Delta t=\frac{\Delta t''}{\sqrt{1-(u_x/c)^2}}=\gamma\left(1+\frac{u_0v}{c^2}\right)\frac{l_0}{u_0} \tag{8}$$

【方法四】 地面测得车厢的长度为 $l=l_0/\gamma$，小球运动速度如(7)式，设地面上测得小球运动时间为 Δt，则应当有

$$u_x\Delta t=l+v\Delta t \tag{9}$$

由此也可解得

$$\Delta t=\frac{l}{u_x-v}=\gamma\left(1+\frac{u_0v}{c^2}\right)\frac{l_0}{u_0} \tag{10}$$

6.4 一辆以速度 v 运动的列车上的观察者，在经过某一高大建筑物时，看见其避雷针上跳起一脉冲电火花，电光迅速传播，先后照亮了铁路沿线上的两铁塔，求列车上的观察者测量到电光到达两铁塔的时刻差，设建筑物及两铁塔都在一直线上，与列车前进方向一致，铁塔到建筑物的地面距离已知都是 l_0.

【解】 设地面参考系 Σ 中，两铁塔分别位于 $x_2=l_0, x_1=-l_0$，距离 $\Delta x=x_2-x_1=2l_0$，被照亮的时刻相同，即 $t_1=t_2=l_0/c$，故 $\Delta t=t_2-t_1=0$. 由洛伦兹变换

$$t'=\gamma\left(t-\frac{v}{c^2}x\right),\quad x'=\gamma(x-vt) \tag{1}$$

的第一式，在列车参考系 Σ' 中两铁塔被照亮的时刻差为

$$\Delta t'=t_2'-t_1'=\gamma\left(\Delta t-\frac{v}{c^2}\Delta x\right)=-\gamma 2vl_0/c^2 \tag{2}$$

或者，从(1)的第二式，有 $\Delta x'=\gamma(\Delta x-v\Delta t)=2l_0\gamma$，故由间隔不变性

$$c^2(\Delta t)^2-(\Delta x)^2=c^2(\Delta t')^2-(\Delta x')^2 \tag{3}$$

亦可得(2)式的结果.本题结果表明"同时"的相对性含义.

6.5 有一光源 S 与接收器 R 相对静止，距离为 l_0，S－R 装置浸在均匀无限的液体介质(静止折射率 n)中.试对下列三种情况计算光源发出讯号到接收器接到讯号所经历的时间.

(1) 液体介质相对于 S－R 装置静止；

(2) 液体沿着 S－R 连线方向以速度 v 流动；

(3) 液体垂直于 S－R 连线方向以速度 v 流动.

【解】 设 S－R 装置静止的参考系为 Σ，S－R 连线在 x 轴上.

(1) 当液体相对于这装置静止时，光速为 $u_x=c/n$，讯号传播时间为

$$\Delta t=l_0/u_x=nl_0/c$$

(2) 当液体沿着 S－R 连线方向流动时，在液体静止的参考系 Σ' 中光速 u_x'

$=c/n$，故在 Σ 系中光速及讯号传播时间分别是

$$u_x=\frac{u'_x+v}{1+vu'_x/c^2}=\frac{c(c+nv)}{nc+v}$$

$$\Delta t=\frac{l_0}{u_x}=\frac{l_0(nc+v)}{c(c+nv)}$$

(3) 当液体介质沿 Σ 系的 y 轴正方向流动时，在液体静止的 Σ′系中，S－R 装置的运动速度为 $u'_y=-v$，光速 $u'=c/n$，故在 Σ′系中光从 S 至 R 的传播速度和时间分别是

$$u'_x=\sqrt{u'^2-v^2}$$

$$\Delta t'=\frac{l_0}{u'_x}=\frac{nl_0}{\sqrt{c^2-(nv)^2}}$$

变换到 S－R 静止的 Σ 系中，便有

$$\Delta t=\Delta t'\sqrt{1-(v/c)^2}=\frac{nl_0\sqrt{1-(v/c)^2}}{\sqrt{c^2-(nv)^2}}$$

6.6　在参考系 Σ 中，有两个物体都以速度 u 沿 x 轴运动，在 Σ 系看来，它们一直保持距离 l 不变.今有一观察者以速度 v 沿 x 轴运动，他看到这两个物体的距离是多少？

【解】 在两物体静止的参考系 Σ″中，两者距离为

$$l_0=\frac{l}{\sqrt{1-(u/c)^2}}=\frac{cl}{\sqrt{c^2-u^2}}$$

设观察者所在参考系为 Σ′，他测得这两个物体的速度为

$$u'_x=\frac{u-v}{1-vu/c^2}=\frac{c^2(u-v)}{c^2-uv}$$

故观察者测得这两个物体的距离为

$$l'=l_0\sqrt{1-(u'_x/c)^2}=\frac{cl\sqrt{c^2-v^2}}{c^2-uv}$$

6.7　一把直尺相对于 Σ 参考系静止，直尺与 x 轴交角 θ.今有一观察者以速度 v 沿 x 轴运动，他看到直尺与 x 轴交角 θ'有何变化？

【解】 在尺子静止的参考系 Σ 中，有 $\tan\theta=\Delta y/\Delta x$.而在运动的观察者看来，尺子的长度在 x 和 y 两个方向的投影为

$$\Delta x'=\Delta x\sqrt{1-(v/c)^2}=\Delta x/\gamma,\quad \Delta y'=\Delta y$$

因此有

$$\tan\theta'=\frac{\Delta y'}{\Delta x'}=\gamma\tan\theta$$

6.8 两个惯性系 Σ 和 Σ′中各放置若干时钟，同一惯性系中的时钟同步.Σ′相对于 Σ 以速度 v 沿 x 轴方向运动.设两系原点相遇时，$t_0=t_0'=0$.问处于 Σ 系中某点(x,y,z)处的时钟与 Σ′系中何处的时钟相遇时，指示的时刻相同？读数是多少？

【解】 由洛伦兹变换

$$x'=\gamma(x-vt),\quad y'=y,\quad z'=z,\quad t'=\gamma\left(t-\frac{v}{c^2}x\right) \tag{1}$$

当 Σ′系位于(x',y',z')的钟与 Σ 系位于(x,y,z)的钟相遇，而且两钟指示的时刻相同，即 $t'=t$ 时，从(1)的第四式，得

$$x=\frac{c^2}{v}t(1-1/\gamma) \tag{2}$$

将此式代入(1)的第一式，得这两个钟的位置关系以及它们的读数为

$$x'=-x,\quad t'=t=\frac{x}{v}(1+1/\gamma) \tag{3}$$

6.9 火箭由静止状态加速到 $v=\sqrt{0.9999}\,c$，设瞬时惯性系上加速度为 $|\dot{\boldsymbol{v}}|=20\ \mathrm{m\cdot s^{-2}}$，问按静止系的时钟和按火箭内的时钟加速火箭各需多少时间？

【解】 设火箭加速方向沿静止系 Σ 的 x 轴正向，速度为

$$v=u_x=\frac{u_x'+v}{1+vu_x'/c^2}$$

在瞬时惯性系 Σ′中，$u_x'=0$，$a_x'=\mathrm{d}u_x'/\mathrm{d}t'=20\ \mathrm{m\cdot s^{-2}}$，而 $\mathrm{d}t'/\mathrm{d}t=1/\gamma$，故在 Σ 系中火箭的加速度为

$$a_x=\frac{\mathrm{d}v}{\mathrm{d}t}=\frac{\mathrm{d}t'}{\mathrm{d}t}\frac{\mathrm{d}u_x}{\mathrm{d}t'}=\frac{1}{\gamma}a_x'(1-v^2/c^2)=20(1-v^2/c^2)^{3/2}$$

即有

$$\mathrm{d}t=\frac{1}{20}\frac{\mathrm{d}v}{(1-v^2/c^2)^{3/2}}$$

故在 Σ 系中火箭从 $v=0$ 加速到 $v=\sqrt{0.9999}\,c$ 所需时间为

$$t=\frac{1}{20}\int_0^v\frac{\mathrm{d}v}{(1-v^2/c^2)^{3/2}}=47.5(\text{年})$$

而在火箭内的参考系 Σ′中

$$\mathrm{d}t'=\frac{1}{\gamma}\mathrm{d}t=\frac{1}{20}\frac{\mathrm{d}v}{(1-v^2/c^2)}$$

故同样的加速过程，火箭内的时钟记录的时间为

$$t'=\frac{1}{20}\int_0^v\frac{\mathrm{d}v}{(1-v^2/c^2)}=2.52(\text{年})$$

6.10 一平面镜以速度 v 自左向右运动，一束频率为 ω_0，与水平成 θ_0 夹角

的平面光波自右向左入射到镜面上，求反射光波的频率 ω 及反射角 θ.垂直入射情况如何？

【解】这是光在运动镜面上的反射问题.令镜子沿 Σ 系的 x 轴正向运动，镜面垂直于运动方向.如图 6.2，设镜子静止的参考系 Σ' 中，入射波频率为 ω'，入射角为 θ_i'，由反射定律有 $\theta_r'=\theta_i'$，故入射波矢 $\boldsymbol{k}_i'$ 和反射波矢 $\boldsymbol{k}_r'$ 的 x 分量分别为

$$k_{ix}'=-\frac{\omega'}{c}\cos\theta_i',\quad k_{rx}'=\frac{\omega'}{c}\cos\theta_i' \tag{1}$$

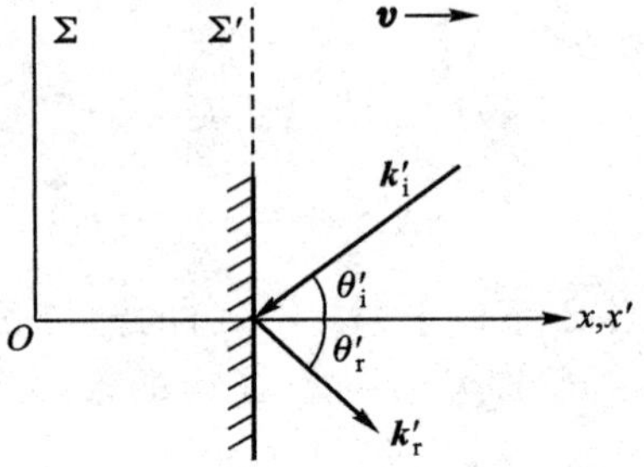

图 6.2 (6.10 题)

在 Σ 系中，观测到入射波频率为 ω_0，入射角为 θ_0，反射波频率为 ω，反射角为 θ，即入射波矢 $\boldsymbol{k}_i$ 和反射波矢 $\boldsymbol{k}_r$ 的 x 分量分别为

$$k_{ix}=-\frac{\omega_0}{c}\cos\theta_0,\quad k_{rx}=\frac{\omega}{c}\cos\theta \tag{2}$$

从 Σ 系到 Σ' 系，入射波的四维波矢变换为

$$k_{ix}'=\gamma\left(k_{ix}-\frac{v}{c^2}\omega_0\right),\quad k_{iy}'=k_{iy},\quad \omega'=\gamma(\omega_0-vk_{ix}) \tag{3}$$

从 Σ' 系到 Σ 系，反射波的四维波矢变换为

$$k_{rx}=\gamma\left(k_{rx}'+\frac{v}{c^2}\omega'\right),\quad k_{ry}=k_{ry}',\quad \omega=\gamma(\omega'+vk_{rx}') \tag{4}$$

由(1)式，有 $k_{rx}'=-k_{ix}'$，以及(3)的第一、三式，和(2)的第一式，从(4)的第三式得 Σ 系中反射波的频率为

$$\omega=\gamma(\omega'-vk_{ix}')=\gamma^2\omega_0(1+\beta^2+2\beta\cos\theta_0) \tag{5}$$

其中 $\beta=v/c$，因为 $0<\cos\theta_0\leqslant 1$，可知总有 $\omega>\omega_0$；仅当 $v<<c$，才有 $\omega\approx\omega_0$.

再由(2)的第二式，(3)的第一、三式，以及(5)式，从(4)的第一式得

$$\cos\theta=\frac{2\beta+(1+\beta^2)\cos\theta_0}{1+\beta^2+2\beta\cos\theta_0} \tag{6}$$

$$\tan\theta=\frac{\sin\theta}{\cos\theta}=\frac{\sin\theta_0}{\gamma^2[2\beta+(1+\beta^2)\cos\theta_0]} \tag{7}$$

可见一般情况下，反射角 $\theta\neq\theta_0$，即静止条件下的反射定律对于运动物体不成立，仅当 $v<<c$，才有 $\theta\approx\theta_0$.当入射角 $\theta_0=0$ 即垂直入射情形，由(5)式和(7)式，有

$$\omega=\frac{c+v}{c-v}\omega_0,\quad \theta=0 \tag{8}$$

(6) 式也可以由速度变换得到.在镜子静止的参考系 Σ' 中,入射波和反射波速度 c 的 x 分量分别是 $u'_{ix}=-c\cos\theta'_i$, $u'_{rx}=c\cos\theta'_i$;而在 Σ 系中,入射波和反射波速度的 x 分量分别是 $u_{ix}=-c\cos\theta_0$, $u_{rx}=c\cos\theta$.由速度变换

$$u_x=\frac{u'_x+v}{1+vu'_x/c^2} \tag{9}$$

对于入射波,得

$$\cos\theta_0=\frac{\cos\theta'_i-\beta}{1-\beta\cos\theta'_i},\quad \cos\theta'_i=\frac{\cos\theta_0+\beta}{1+\beta\cos\theta_0} \tag{10}$$

对于反射波,有

$$\cos\theta=\frac{\cos\theta'_i+\beta}{1+\beta\cos\theta'_i} \tag{11}$$

将(10)的第二式代入(11)式,即可得到(6)式.

6.11 在洛伦兹变换中,若定义快度 y 为 $\tanh y=\beta$.证明

(1) 洛伦兹变换矩阵可写为

$$a=\begin{bmatrix}\mathrm{ch}\,y & 0 & 0 & \mathrm{i}\,\mathrm{sh}\,y\\ 0 & 1 & 0 & 0\\ 0 & 0 & 1 & 0\\ -\mathrm{i}\,\mathrm{sh}\,y & 0 & 0 & \mathrm{ch}\,y\end{bmatrix}$$

(2) 对应的速度合成公式

$$\beta=\frac{\beta'+\beta''}{1+\beta'\beta''}$$

可用快度表为 $y=y'+y''$.

【证】 由双曲函数的定义

$$\mathrm{sh}\,y=(\mathrm{e}^{y}-\mathrm{e}^{-y})/2=1/\mathrm{csch}\,y$$

$$\mathrm{ch}\,y=(\mathrm{e}^{y}+\mathrm{e}^{-y})/2=1/\mathrm{sech}\,y$$

以及 $\tanh y=\mathrm{sh}\,y/\mathrm{ch}\,y$,若定义快度 y 为 $\tanh y=\beta=v/c$,便有

$$\mathrm{ch}\,y=\frac{1}{\mathrm{sech}\,y}=\frac{1}{\sqrt{1-\tanh^2 y}}=\frac{1}{\sqrt{1-\beta^2}}=\gamma$$

$$\mathrm{sh}\,y=\mathrm{ch}\,y\cdot\tanh y=\beta\gamma$$

于是,当 Σ' 以速度 v 沿 Σ 的 x 轴运动且相应的坐标轴平行时,洛伦兹变换矩阵

$$a=\begin{bmatrix}\gamma & 0 & 0 & \mathrm{i}\beta\gamma\\ 0 & 1 & 0 & 0\\ 0 & 0 & 1 & 0\\ -\mathrm{i}\beta\gamma & 0 & 0 & \gamma\end{bmatrix}=\begin{bmatrix}\mathrm{ch}\,y & 0 & 0 & \mathrm{i}\,\mathrm{sh}\,y\\ 0 & 1 & 0 & 0\\ 0 & 0 & 1 & 0\\ -\mathrm{i}\,\mathrm{sh}\,y & 0 & 0 & \mathrm{ch}\,y\end{bmatrix}$$

在 Σ 系与 Σ' 系中速度的 x 分量分别 u_x 和 u'_x,令 $\tanh y=\beta=u_x/c$, $\tanh y'=\beta'=$

u'_x/c, $\tanh y''=\beta''=v/c$,则速度变换

$$u_x=\frac{u'_x+v}{1+vu'_x/c^2},\quad 即\ \beta=\frac{u_x}{c}=\frac{u'_x/c+v/c}{1+vu'_x/c^2}=\frac{\beta'+\beta''}{1+\beta'\beta''}$$

可写成

$$\tanh y=\tanh(y'+y'')=\frac{\tanh y'+\tanh y''}{1+\tanh y'\cdot\tanh y''}$$

$$即\quad y=y'+y''$$

6.12 电偶极子 $\boldsymbol{p}_0$ 以速度 v 作匀速运动,求它产生的电磁势 φ, $\boldsymbol{A}$ 和电磁场 $\boldsymbol{E}$, $\boldsymbol{B}$.

【解】在 $\boldsymbol{p}_0$ 静止的参考系 Σ' 中,仅观察到它的标势 φ',或电场 $\boldsymbol{E}'$:

$$\varphi'=\frac{\boldsymbol{p}_0\cdot\boldsymbol{R}'}{4\pi\varepsilon_0R'^3},\quad \boldsymbol{A}'=0 \tag{1}$$

$$\boldsymbol{E}'=\frac{1}{4\pi\varepsilon_0}\left[\frac{3(\boldsymbol{p}_0\cdot\boldsymbol{R}')\boldsymbol{R}'}{R'^5}-\frac{\boldsymbol{p}_0}{R'^3}\right],\quad \boldsymbol{B}'=0 \tag{2}$$

其中,R'和 $\boldsymbol{R}'$分别是从 $\boldsymbol{p}_0$ 到场点的距离与矢径:

$$R'=(x'^2+y'^2+z'^2)^{1/2},\quad \boldsymbol{R}'=x'\boldsymbol{e}_x+y'\boldsymbol{e}_y+z'\boldsymbol{e}_z \tag{3}$$

令 $\boldsymbol{p}_0$ 沿 Σ 系的 x 轴运动,由四维势变换 $A_\mu=a_{\nu\mu}A'_\nu$,得 Σ 系中的电磁势为

$$\boldsymbol{A}_{/\!/}=\gamma\left(A'_{/\!/}+\frac{v}{c^2}\varphi'\right)=\gamma\frac{v}{c^2}\varphi',\quad \boldsymbol{A}_\perp=0$$

$$\varphi=\gamma(\varphi'+vA'_{/\!/})=\gamma\varphi' \tag{4}$$

下标//表示与运动方向平行的分量,⊥表示垂直分量.又由电磁场量的变换 $F_{\lambda\tau}=a_{\mu\lambda}a_{\nu\tau}F'_{\mu\nu}$,即

$$\boldsymbol{E}_{/\!/}=\boldsymbol{E}'_{/\!/},\quad \boldsymbol{B}_{/\!/}=\boldsymbol{B}'_{/\!/}$$

$$\boldsymbol{E}_\perp=\gamma(\boldsymbol{E}'-\boldsymbol{v}\times\boldsymbol{B}')_\perp,\quad \boldsymbol{B}_\perp=\gamma\left(\boldsymbol{B}'+\frac{\boldsymbol{v}}{c^2}\times\boldsymbol{E}'\right)_\perp \tag{5}$$

则在 Σ 系观察到的电磁场为

$$\boldsymbol{E}_{/\!/}=\boldsymbol{E}'_{/\!/},\quad \boldsymbol{B}_{/\!/}=0$$

$$\boldsymbol{E}_\perp=\gamma\boldsymbol{E}'_\perp,\quad \boldsymbol{B}_\perp=\gamma\left(\frac{\boldsymbol{v}}{c^2}\times\boldsymbol{E}'\right)_\perp \tag{6}$$

设 $t=0$ 时 $\boldsymbol{p}_0$ 刚好经过 Σ 系的原点,此时场点坐标的变换为 $x'=\gamma x$, $y'=y$, $z'=z$,因此在将(1)式代入(4)式,(2)式代入(6)式时,其中的 R'和 $\boldsymbol{R}'$应当换成

$$\widetilde{R}=[(\gamma x)^2+y^2+z^2]^{1/2},\ \widetilde{\boldsymbol{R}}=(\gamma x\boldsymbol{e}_x+y\boldsymbol{e}_y+z\boldsymbol{e}_z) \tag{7}$$

6.13 设在参考系 Σ 内 $\boldsymbol{E}\perp\boldsymbol{B}$, Σ'系沿 $\boldsymbol{E}\times\boldsymbol{B}$ 的方向运动.问 Σ'系应以什么样的速度相对于 Σ 运动才能使其中只有电场或只有磁场?

【解】令 Σ'沿 Σ 系的 x 轴正向运动,按题意,在 Σ 系中

$$E_x=E_z=0,\boldsymbol{E}=E_y\boldsymbol{e}_y;\qquad B_x=B_y=0,\boldsymbol{B}=B_z\boldsymbol{e}_z \tag{1}$$

由电磁场变换关系

$$\boldsymbol{E}'_{/\!/}=\boldsymbol{E}_{/\!/},\quad \boldsymbol{B}'_{/\!/}=\boldsymbol{B}_{/\!/}$$

$$\boldsymbol{E}'_{\perp}=\gamma(\boldsymbol{E}+\boldsymbol{v}\times\boldsymbol{B})_{\perp},\quad \boldsymbol{B}'_{\perp}=\gamma\left(\boldsymbol{B}-\frac{\boldsymbol{v}}{c^2}\times\boldsymbol{E}\right)_{\perp} \tag{2}$$

得 Σ′系中

$$E'_x=B'_x=0$$

$$E'_y=\gamma(E_y-vB_z)=\gamma(|\boldsymbol{E}|-v|\boldsymbol{B}|)$$

$$B'_z=\gamma\left(B_z-\frac{v}{c^2}E_y\right)=\gamma\left(|\boldsymbol{B}|-\frac{v}{c^2}|\boldsymbol{E}|\right) \tag{3}$$

若在 Σ′系中只观察到电场 $\boldsymbol{E}'$,磁场 $\boldsymbol{B}'=0$,由(3)的第三式,要求 Σ′系的速度为

$$v=\frac{c^2|\boldsymbol{B}|}{|\boldsymbol{E}|},即\ \boldsymbol{v}=\frac{c^2}{E^2}\boldsymbol{E}\times\boldsymbol{B} \tag{4}$$

由于总有 $v<c$,故 Σ 系中应满足$|\boldsymbol{E}|>c|\boldsymbol{B}|$.

若在 Σ′系中只观察到磁场 $\boldsymbol{B}'$,电场 $\boldsymbol{E}'=0$,则从(3)的第二式,要求 Σ′系的速度为

$$\boldsymbol{v}=\frac{1}{B^2}\boldsymbol{E}\times\boldsymbol{B} \tag{5}$$

而且 Σ 系中应满足$|\boldsymbol{E}|<c|\boldsymbol{B}|$.

6.14 作匀速运动的点电荷所产生的电场在运动方向发生“压缩”,这时在运动方向上电场与库仑场相比较会发生减弱,如何理解这一减弱与变换公式 $\boldsymbol{E}_{/\!/}=\boldsymbol{E}'_{/\!/}$的关系?

【解】 设点电荷 q 沿 Σ 系 x 轴以速度 v 运动.在电荷静止的 Σ′系中,任意时刻都观察到球对称的库仑场,它在运动方向上的分量为

$$\boldsymbol{E}'_{/\!/}=\frac{qx'}{4\pi\varepsilon_0 r'^3},\quad 其中\ r'=(x'^2+y'^2+z'^2)^{1/2} \tag{1}$$

(x',y',z')是 Σ′系中场点的坐标.变换到 Σ 系中,虽然有

$$\boldsymbol{E}_{/\!/}=\boldsymbol{E}'_{/\!/}=\frac{qx'}{4\pi\varepsilon_0 r'^3} \tag{2}$$

但在 Σ 系中场点坐标为(x,y,z),而场点坐标是按

$$x'=\gamma(x-vt),\quad y'=y,\quad z'=z \tag{3}$$

变换的.设 $t=t'=0$ 时电荷 q 刚好经过 Σ 系的原点,此时对同一个场点,因 $\gamma>1$,故 $x<x'$,因而必有 $\boldsymbol{E}_{/\!/}<\boldsymbol{E}'_{/\!/}$,即对于同一个场点,在 Σ 系中观察到的 $\boldsymbol{E}_{/\!/}$ 分量实际上被“压缩”了;按(3)式,对同一个场点任何时刻都有 $\boldsymbol{E}_{/\!/}<\boldsymbol{E}'_{/\!/}$.而变换式 $\boldsymbol{E}_{/\!/}=\boldsymbol{E}'_{/\!/}$则是描写在两个参考系中,当 $x=x'$,$r=r'$,亦即不同场点上 $\boldsymbol{E}$ 的平行分量相等.

6.15 有一沿 z 轴方向螺旋进动的静磁场 $\boldsymbol{B}=B_0(\cos k_m z\boldsymbol{e}_x+\sin k_m z\boldsymbol{e}_y)$，其中 $k_m=2\pi/\lambda_m$，λ_m 为磁场周期长度.现有一沿 z 轴以速度 $v=\beta c$ 运动的惯性系，求在该惯性系中观察到的电磁场.证明当 $\beta\approx 1$ 时，该电磁场类似于一列频率为 $\gamma\beta ck_m$ 的圆偏振电磁波.

【解】 在 Σ 系中 $\boldsymbol{B}_{/\!/}=0$，且 $\boldsymbol{E}=0$，故在运动参考系 Σ' 中观察到的电磁场为

$$\boldsymbol{E}'_{/\!/}=\boldsymbol{E}_{/\!/}=0,\quad \boldsymbol{B}'_{/\!/}=\boldsymbol{B}_{/\!/}=0$$

$$\boldsymbol{E}'_{\perp}=\gamma(\boldsymbol{v}\times\boldsymbol{B})_{\perp}=\gamma\beta cB_0(\cos k_m z\boldsymbol{e}_y-\sin k_m z\boldsymbol{e}_x)$$

$$\boldsymbol{B}'_{\perp}=\gamma\boldsymbol{B}_{\perp}=\gamma B_0(\cos k_m z\boldsymbol{e}_x+\sin k_m z\boldsymbol{e}_y)$$

由 $k_m=2\pi/\lambda_m$，有 $k'_m=\gamma k_m$，而 $z'=z/\gamma$，因此 $k_m z=k'_m z'$.将这电磁场写成复数形式

$$\boldsymbol{E}'_{\perp}=\gamma\beta cB_0(\boldsymbol{e}_y+\mathrm{i}\boldsymbol{e}_x)\mathrm{e}^{\mathrm{i}k'_m z'},\quad \boldsymbol{B}'_{\perp}=\frac{-k'_m\boldsymbol{e}_z}{\omega'}\times\boldsymbol{E}'_{\perp}$$

其中 $\omega'=\gamma\beta ck_m=\beta ck'_m$.可见当 $\beta\approx 1$，即 Σ' 系的速度 $v\approx c$ 时，这电磁场类似于一列频率为 $\omega'\approx\gamma ck_m=ck'_m$，沿着负 z 轴方向传播的圆偏振波.

6.16 有一无限长均匀带电直线，在其静止参考系中线电荷密度为 λ.该线电荷以速度 $v=\beta c$ 沿自身长度匀速运动.在与直线相距为 d 的地方有一以同样速度平行于直线运动的点电荷 q.分别用下列两种方法求出作用在电荷上的力：

（1）在带电直线静止系中确定力，然后用四维力变换公式；

（2）直接计算线电荷和线电流作用在运动电荷上的电磁力.

【解】 设带电直线沿 Σ 系的 x 轴运动.在该系统静止的 Σ' 系中，带电线的电磁场为

$$\boldsymbol{E}'_{/\!/}=0,\quad \boldsymbol{E}'_{\perp}=\frac{\lambda}{2\pi\varepsilon_0 d}\boldsymbol{e}_r,\quad \boldsymbol{B}'=0$$

故电荷受到的作用力为

$$\boldsymbol{F}'=q\boldsymbol{E}'=\frac{\lambda q}{2\pi\varepsilon_0 d}\boldsymbol{e}_r$$

由于 Σ' 系中电荷速度 $\boldsymbol{v}'=0$，故四维力为

$$K'_\mu=\left(\boldsymbol{K}',\frac{\mathrm{i}}{c}\boldsymbol{K}'\cdot\boldsymbol{v}'\right)=\left(0,0,\frac{\lambda q}{2\pi\varepsilon_0 d},0\right)$$

即 $\boldsymbol{K}'=\boldsymbol{F}'$.而在 Σ 系中 $\boldsymbol{K}=\gamma\boldsymbol{F}$，其中 $\gamma=1/\sqrt{1-\beta^2}$，由四维力变换 $K_\mu=a_{\nu\mu}K'_\nu$，得 Σ 系中电荷受到的力为

$$\boldsymbol{F}=\frac{\boldsymbol{F}'}{\gamma}=\frac{\lambda q}{2\pi\varepsilon_0\gamma d}\boldsymbol{e}_r$$

若直接在 Σ 系观察，则带电线的电磁场为

$$\boldsymbol{E}_{/\!/}=\boldsymbol{E}'_{/\!/}=0, \quad \boldsymbol{B}_{/\!/}=\boldsymbol{B}'_{/\!/}=0$$

$$\boldsymbol{E}_{\perp}=\gamma\boldsymbol{E}'_{\perp}, \quad \boldsymbol{B}_{\perp}=\gamma\frac{v}{c^2}\boldsymbol{E}'_{\perp}$$

故电荷受到的作用力为

$$\boldsymbol{F}=q\boldsymbol{E}+q\,\boldsymbol{v}\times\boldsymbol{B}=q\gamma\left[\boldsymbol{E}'_{\perp}-\left(\frac{v}{c}\right)^2\boldsymbol{E}'_{\perp}\right]=\frac{\lambda q}{2\pi\varepsilon_0\gamma d}\boldsymbol{e}_r$$

6.17 质量为 m 的静止粒子衰变为两个粒子 m_1 和 m_2,求粒子 m_1 的动量和能量.

【解】 设衰变后产生的两个粒子动量为 $\boldsymbol{p}_1$ 和 $\boldsymbol{p}_2$,则两粒子的能量为

$$E_1=\sqrt{p_1^2c^2+m_1^2c^4}, \quad E_2=\sqrt{p_2^2c^2+m_2^2c^4}$$

由衰变前后系统的能量和动量守恒

$$mc^2=E_1+\sqrt{p_2^2c^2+m_2^2c^4}$$

$$0=\boldsymbol{p}_1+\boldsymbol{p}_2 \text{ 即 } \boldsymbol{p}_1=-\boldsymbol{p}_2$$

解出

$$E_1=\frac{c^2}{2m}(m^2+m_1^2-m_2^2)$$

$$p_1=\frac{c}{2m}\sqrt{[m^2-(m_1+m_2)^2][m^2-(m_1-m_2)^2]}$$

6.18 已知某一粒子 m 衰变成质量为 m_1 和 m_2,动量为 $\boldsymbol{p}_1$ 和 $\boldsymbol{p}_2$(两者方向间的夹角为 θ)的两个粒子,求该粒子的质量 m.

【解】 设衰变前粒子的动量为 $\boldsymbol{p}$,由衰变前后能量和动量守恒

$$\sqrt{p^2c^2+m^2c^4}=\sqrt{p_1^2c^2+m_1^2c^4}+\sqrt{p_2^2c^2+m_2^2c^4}$$

$$\boldsymbol{p}=\boldsymbol{p}_1+\boldsymbol{p}_2,\text{即 } p^2=p_1^2+p_2^2+2p_1p_2\cos\theta$$

解出

$$m^2=m_1^2+m_2^2+\frac{2}{c^2}\left[\sqrt{(m_1^2c^2+p_1^2)(m_2^2c^2+p_2^2)}-p_1p_2\cos\theta\right]$$

6.19 (1) 设 E 和 $\boldsymbol{p}$ 是粒子体系在实验室参考系 Σ 中的总能量和总动量($\boldsymbol{p}$ 与 x 轴方向夹角为 θ).证明在另一参考系 Σ'(相对于 Σ 以速度 v 沿 x 轴方向运动)中粒子体系的总能量和总动量满足

$$p'_x=\gamma(p_x-\beta E/c), \quad E'=\gamma(E-c\beta p_x)$$

$$\tan\theta'=\frac{\sin\theta}{\gamma(\cos\theta-\beta E/cp)}$$

(2) 某光源发出的光束在两个惯性系中与 x 轴的夹角分别为 θ 和 θ',证明

$$\cos\theta'=\frac{\cos\theta-\beta}{1-\beta\cos\theta}, \quad \sin\theta'=\frac{\sin\theta}{\gamma(1-\beta\cos\theta)}$$

（3）考虑在 Σ 系中立体角为 $d\Omega=-d\cos\theta d\phi$ 的光束，证明当变换到另一惯性系 Σ′时，立体角变为

$$d\Omega'=\frac{d\Omega}{\gamma^2(1-\beta\cos\theta)^2}$$

【解】（1）设粒子体系在 Σ 系中的四维动量为

$$p_1=p\cos\theta,\quad p_2=p\sin\theta,\quad p_3=0,\quad p_4=iE/c$$

由四维动量变换 $p'_\mu=a_{\mu\nu}p_\nu$，得 Σ′系中

$$p'_1=\gamma(p_1-\beta E/c),\quad p'_2=p_2$$

$$p'_3=p_3=0,\quad E'=\gamma(E-c\beta p_1)$$

动量方向由下式描述

$$\tan\theta'=\frac{p'_2}{p'_1}=\frac{\sin\theta}{\gamma(\cos\theta-\beta E/pc)}$$

（2）设光束在 Σ 系中的角频率为 ω，辐射方向 $\boldsymbol{k}$ 与 x 轴的夹角为 θ，四维波矢量为

$$k_1=\frac{\omega}{c}\cos\theta,\quad k_2=\frac{\omega}{c}\sin\theta,\quad k_3=0,\quad k_4=\frac{i\omega}{c}$$

设在 Σ′系中角频率为 ω'，辐射方向 $\boldsymbol{k}'$与 x 轴的夹角为 θ'，四维波矢量为

$$k'_1=\frac{\omega'}{c}\cos\theta',\quad k'_2=\frac{\omega'}{c}\sin\theta',\quad k'_3=0,\quad k'_4=\frac{i\omega'}{c}$$

由四维波矢量变换 $k'_\mu=a_{\mu\nu}k_\nu$，得

$$k'_1=\gamma\left(k_1-\frac{v}{c^2}\omega\right),\quad k'_2=k_2,\quad k'_3=k_3=0,\quad \omega'=\gamma(\omega-vk_1)$$

最后一式为相对论多普勒效应.由上述诸式，可解出

$$\cos\theta'=\frac{\cos\theta-\beta}{1-\beta\cos\theta},\quad \sin\theta'=\frac{\sin\theta}{\gamma(1-\beta\cos\theta)}$$

$$\tan\theta'=\frac{\sin\theta'}{\cos\theta'}=\frac{\sin\theta}{\gamma(\cos\theta-\beta)}$$

这就是相对论光行差公式.用速度变换，能更快捷地得到这结果.在 Σ 系中光速 c 的两个分量为 $u_x=c\cos\theta$，$u_y=c\sin\theta$，在 Σ′系中有 $u'_x=c\cos\theta'$，$u'_y=c\sin\theta'$，由

$$u'_x=\frac{u_x-v}{1-u_xv/c^2},\quad u'_y=\frac{u_y}{\gamma(1-u_xv/c^2)}$$

得

$$\cos\theta'=\frac{u'_x}{c}=\frac{\cos\theta-\beta}{1-\beta\cos\theta}$$

$$\sin\theta'=\frac{u'_y}{c}=\frac{\sin\theta}{\gamma(1-\beta\cos\theta)}$$

(3) 由于 ϕ 角与运动方向垂直,故 $d\phi'=d\phi$,对上面第一式两边求微分,可得

$$d\Omega'=\sin\theta' d\theta' d\phi'=\frac{d\Omega}{\gamma^2(1-\beta\cos\theta)^2}$$

6.20 考虑一个质量为 m_1,能量为 E_1 的粒子射向另一质量为 m_2 的静止粒子的体系.通常在高能物理中,选择动量中心参考系有许多方便之处,在该参考系中,系统的总动量为零.

(1) 求动量中心相对于实验室系的速度 βc;

(2) 求动量中心参考系中每个粒子的动量、能量及总能量;

(3) 已知电子静止质量 $m_e c^2=0.511$ MeV.北京正负电子对撞机(BEPC)的设计能量为 2×2.2 GeV(1 GeV=10^3 MeV).估计一下若用单束电子入射静止靶,要用多大的能量才能达到与对撞机相同的相对运动能量?

【解】 在实验室参考系 Σ 中,粒子 m_1 的能量与动量为

$$E_1=\sqrt{p_1^2c^2+m_1^2c^4},\quad p_1=\frac{\sqrt{E_1^2-m_1^2c^4}}{c} \tag{1}$$

粒子 m_2 的动量 $p_2=0$.设系统的动量中心系 Σ′相对于实验室系 Σ 的速度为 βc,于是由

$$(E_1/c^2+m_2)\beta c=\frac{\sqrt{E_1^2-m_1^2c^4}}{c} \tag{2}$$

得

$$\beta c=\frac{c\sqrt{E_1^2-m_1^2c^4}}{E_1+m_2c^2} \tag{3}$$

在动量中心参考系 Σ′中,系统的总动量为零:

$$\boldsymbol{p}'=\boldsymbol{p}_1'+\boldsymbol{p}_2'=0,\quad 有\ \boldsymbol{p}_1'=-\boldsymbol{p}_2' \tag{4}$$

因此两粒子的动量数值和能量分别为

$$p_1'=p_2'=\frac{m_2}{\sqrt{1-(\beta c/c)^2}}\beta c=\frac{m_2\sqrt{E_1^2-m_1^2c^4}}{mc} \tag{5}$$

$$E_1'=\sqrt{p_1'^2c^2+m_1^2c^4}=\frac{m_1^2c^2+m_2E_1}{m} \tag{6}$$

$$E_2'=\sqrt{p_2'^2c^2+m_2^2c^4}=\frac{m_2^2c^2+m_2E_1}{m} \tag{7}$$

其中

$$m^2c^4=m_1^2c^4+m_2^2c^4+2E_1m_2c^2 \tag{8}$$

若用质量为 m_1 的单束粒子射向静止靶粒子 m_2,则要发生与对撞机(两束粒子反

向加速实现对撞)相同的能量效果,就意味着单束运动粒子的能量 $E_1>>m_1c^2$ 和 m_2c^2,于是从(6)式和(8)式,得

$$E'^2_1\approx\frac{E_1m_2c^2}{2},\quad 即\ E_1\approx\frac{2E'^2_1}{m_2c^2} \tag{9}$$

将 $m_2c^2=m_ec^2=0.511\ \text{MeV}$,以及对撞机中单束粒子的能量 $E'_1=2.2\ \text{GeV}$ 代入(9)式,得在静止靶加速器中,对单束粒子加速的能量必须为

$$E_1\approx1.9\times10^4\text{GeV} \tag{10}$$

这几乎是对撞机中单束粒子能量的 10^4 倍!

6.21 电荷量为 q,静止质量为 m_0 的粒子在均匀电场 $\boldsymbol{E}$ 内运动,初速度为零,试确定粒子的运动轨迹与时间的关系,并研究非相对论的情况.

【解】 令 $\boldsymbol{E}=E\boldsymbol{e}_z$,由方程 $\mathrm{d}\boldsymbol{p}/\mathrm{d}t=\boldsymbol{F}$,有

$$\mathrm{d}p=\mathrm{d}\left[\frac{m_0v}{\sqrt{1-(v/c)^2}}\right]=qE\mathrm{d}t \tag{1}$$

积分,并由 $t=0$ 时 $v_0=0$,得粒子的运动速度

$$v=\frac{qEt/m_0}{\sqrt{1+(qEt/m_0c)^2}} \tag{2}$$

由 $v=\mathrm{d}z/\mathrm{d}t$,并设 $t=0$ 时 $z_0=0$,对(2)式积分,得粒子的运动轨迹

$$z=\frac{m_0c^2}{qE}\left[\sqrt{1+\left(\frac{qE}{m_0c}t\right)^2}-1\right] \tag{3}$$

在非相对论情形下,由于 $qEt<<m_0c$,将(3)式中的根式展开,得

$$z=\frac{1}{2}\frac{qE}{m_0}t^2 \tag{4}$$

或者,由于在非相对论情形下方程(1)变为

$$\mathrm{d}(m_0v)=qE\mathrm{d}t,即\ \mathrm{d}v=\frac{qE}{m_0}\mathrm{d}t \tag{5}$$

积分,并由 $t=0$ 时,$v_0=0$,$z_0=0$,亦得(4)式的结果.

6.22 利用洛伦兹变换,试确定粒子在互相垂直的均匀电场 $E\boldsymbol{e}_x$ 和磁场 $B\boldsymbol{e}_y$ $(E>cB)$内的运动规律,设粒子的初速度为 $u=c^2B/E$ 而且沿着垂直于电场和磁场的 z 轴正向.

【解】 设 $\boldsymbol{E}$ 和 $\boldsymbol{B}$ 静止的参考系为 Σ,因 $\boldsymbol{E}\perp\boldsymbol{B}$ 且 $E>cB$,而粒子以初速 $u=c^2B/E$ 沿 z 方向运动,故由 6.13 题的结果知,在粒子静止的参考系 Σ' 中,只有电场 $\boldsymbol{E}'$,磁场 $\boldsymbol{B}'=0$.由相对论变换,Σ' 系中的电场为

$$E'_x=\gamma_u(E-uB)=E/\gamma_u,\quad E'_y=0,\quad E'_z=0$$

其中

$$u=c^2B/E,\quad \gamma_u=1/\sqrt{1-(u/c)^2}$$

于是 Σ'系中粒子运动方程为

$$\frac{\mathrm{d}p'_x}{\mathrm{d}t'}=qE'_x,\quad \frac{\mathrm{d}p'_y}{\mathrm{d}t'}=0,\quad \frac{\mathrm{d}p'_z}{\mathrm{d}t'}=0$$

第一个方程与 6.21 题方程(1)相似.从上述方程可解出

$$x'=\frac{m_0c^2}{qE'_x}\left[\sqrt{1+\left(\frac{qE'_x}{m_0c}t'\right)^2}-1\right],\quad y'=0,\quad z'=0$$

设 $t=0$ 时粒子位于 Σ 系原点,由洛伦兹变换

$$x'=x,\quad y'=y,\quad z'=\gamma_u(z-ut),\quad t'=\gamma_u\left(t-\frac{u}{c^2}z\right)$$

而 $E'_x=E/\gamma_u$,因此粒子在 Σ 系中的运动轨迹

$$x=\frac{m_0c^2\gamma_u}{qE}\left[\sqrt{1+\left(\frac{qE}{m_0c\gamma_u^2}t\right)^2}-1\right],\quad y=0,\quad z=ut$$

为 xz 平面的抛射线,这是因为 $\boldsymbol{E}\perp\boldsymbol{B}$ 且 $E>cB$,粒子受到的电力比磁力大所致.

6.23 已知 $t=0$ 时点电荷 q_1 位于原点,q_2 静止于 y 轴$(0,y_0,0)$上,q_1 以速度 v 沿 x 轴匀速运动,试分别求出 q_1 和 q_2 各自所受的力,如何解释两力不是等值反向?

【解】 由于 $t=0$ 时 q_1 位于原点,此时静止电荷 q_2 对 q_1 的作用力为

$$\boldsymbol{F}_{21}=q_1\boldsymbol{E}_2=-\frac{q_1q_2}{4\pi\varepsilon_0y_0^2}\boldsymbol{e}_y$$

运动电荷 q_1 在其静止的参考系 Σ'中,于 q_2 所在点产生的电磁场为

$$\boldsymbol{E}'_1=\frac{q_1}{4\pi\ \varepsilon_0y'^2_0}\boldsymbol{e}_y,\quad \boldsymbol{B}'_1=0$$

变换到 q_2 静止的参考系 Σ,并注意到 $y'_0=y_0$,有

$$E_{1x}=B_{1x}=0;\quad E_{1y}=\gamma E'_{1y}=\gamma\frac{q_1}{4\pi\varepsilon_0y_0^2},\quad B_y=0$$

$$E_{1z}=0,\quad B_{1z}=\gamma\frac{v}{c^2}E'_{1y}=\gamma\frac{v}{c^2}\frac{q_1}{4\pi\varepsilon_0y_0^2}$$

其中 $\gamma=1/\sqrt{1-(v/c)^2}$.因 q_2 静止,故运动电荷 q_1 产生的电磁场中,只有电场对其施加作用力

$$\boldsymbol{F}_{12}=q_2E_{1y}\boldsymbol{e}_y=\gamma\frac{q_1q_2}{4\pi\varepsilon_0y_0^2}\boldsymbol{e}_y$$

牛顿第三定律仅在 $v<<c$ 条件下才成立,而在高速运动情形,$\gamma\neq1$,因此 $\boldsymbol{F}_{12}\neq-\boldsymbol{F}_{21}$.

6.24 试比较下列两种情况下两个电荷的相互作用力:

(1) 两个静止电荷 q 位于 y 轴上相距为 l;

（2）两个电荷都以相同速度 v 平行于 x 轴匀速运动.

【解】（1）此情形下一个电荷对另一电荷施加的静电排斥力为

$$\boldsymbol{F}=\frac{q^2\boldsymbol{e}_y}{4\pi\varepsilon_0 l^2}$$

（2）在两个电荷静止的参考系 Σ' 中，两者的相互作用力仍如上式：

$$\boldsymbol{F}'=\frac{q^2\boldsymbol{e}_y}{4\pi\varepsilon_0 l^2}=\boldsymbol{K}'$$

$\boldsymbol{K}'$ 是四维力的空间分量.变换到静止参考系 Σ，由于力的方向与运动方向垂直，故有

$$\boldsymbol{K}=\boldsymbol{K}',\quad \boldsymbol{F}=\boldsymbol{K}/\gamma=\frac{q^2}{4\pi\varepsilon_0 l^2\gamma}\boldsymbol{e}_y$$

其中 $\gamma=1/\sqrt{1-(v/c)^2}$.

6.25 角频率为 ω 的光子（能量 $\hbar\omega$，动量 $\hbar\boldsymbol{k}$）撞在静止的电子上，试证明

（1）电子不可能吸收这个光子，否则能量和动量守恒定律不能满足；

（2）电子可以散射这个光子，散射后光子的频率比散射前的频率小（不同于经典理论中散射光频率不变的结论）.

【证】（1）在初态电子静止的参考系观察，该系统的能量和动量为

$$W_1=m_0c^2+\hbar\omega,\quad \boldsymbol{p}_1=\hbar\boldsymbol{k}=\hbar(\omega/c)\boldsymbol{k}_0$$

m_0 为电子的静止质量，$\boldsymbol{k}_0$ 是入射光子运动方向的单位矢量.若电子吸收了这光子，它将获得动量 $\boldsymbol{p}_2$，为使动量守恒满足，应有 $\boldsymbol{p}_2=\boldsymbol{p}_1$，于是末态电子的能量为

$$W_2=\sqrt{p_2^2c^2+m_0^2c^4}=\sqrt{\hbar^2\omega^2+m_0^2c^4}$$

显然 $W_2\neq W_1$，因此电子不可能吸收这光子.

（2）仍在初态电子静止的参考系观察，散射前系统的能量和动量仍为

$$W_1=m_0c^2+\hbar\omega,\quad \boldsymbol{p}_1=\hbar\boldsymbol{k}=\hbar(\omega/c)\boldsymbol{k}_0$$

如图 6.3，设散射后光子的频率为 ω'，能量为 $\hbar\omega'$，动量为 $\boldsymbol{p}_1'=\hbar\boldsymbol{k}'=\hbar(\omega'/c)\boldsymbol{k}_0'$，

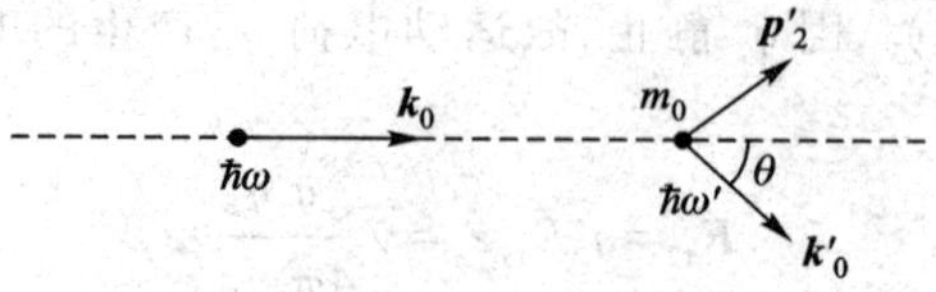

图 6.3 （6.25 题）

$\boldsymbol{k}_0'$ 是散射光子运动方向的单位矢量，$\boldsymbol{k}_0'$ 与 $\boldsymbol{k}_0$ 的夹角 θ 是光子的散射角.散射过

程电子受到冲击,其动量 $\boldsymbol{p}'_2 \neq 0$,能量为 $\sqrt{p'^2_2 c^2 + m_0^2 c^4}$.散射前后系统的能量和动量守恒

$$m_0 c^2 + \hbar\omega = \sqrt{p'^2_2 c^2 + m_0^2 c^4} + \hbar\omega'$$

$$\boldsymbol{p}_1 = \boldsymbol{p}'_2 + \boldsymbol{p}'_1, \quad 即\ \boldsymbol{p}'_2 = \boldsymbol{p}_1 - \boldsymbol{p}'_1$$

由此可解出散射后光子的角频率为

$$\omega' = \frac{\omega}{1 + \frac{\hbar\omega}{m_0 c^2}(1 - \cos\theta)}$$

这结果称为康普顿散射.可见散射后光子的频率 $\omega' < \omega$,只有能量 $\hbar\omega << m_0 c^2$(电子静止能量)的光子,被散射后才有 $\omega' \approx \omega$.第四章讨论电磁波在介质表面的反射与折射现象时,把反射波和折射波的频率看成与入射波的频率相同,这仅对频率较低的电磁波才近似成立.

6.26 动量为 $\hbar\boldsymbol{k}$,能量为 $\hbar\omega$ 的光子撞在静止的电子上,散射到与入射方向夹角为 θ 的方向上.证明散射光子的角频率变化量为

$$\omega - \omega' = \frac{2\hbar}{m_0 c^2}\omega\omega' \sin^2\frac{\theta}{2}$$

即散射光波长

$$\lambda' = \lambda + \frac{4\pi\hbar}{m_0 c}\sin^2\frac{\theta}{2}$$

$\lambda = 2\pi/k$ 为散射前光子波长,m_0 为电子的静止质量.

【提示】解法如上题(2).

6.27 一个总质量为 m_0 的激发态原子,对所选定的参考系静止,它在跃迁到能量比之低 ΔW 的基态时,发射一个能量为 $\hbar\omega$,动量为 $\hbar\boldsymbol{k}$ 的光子,同时受到光子的反冲,因此光子的角频率不可能正好是 $\omega = \Delta W/\hbar$,而是略低一些.证明这个角频率

$$\omega = \frac{\Delta W}{\hbar}\left(1 - \frac{\Delta W}{2m_0 c^2}\right)$$

【证】在激发态原子静止的参考系中,其能量 $W_0 = m_0 c^2$,动量 $\boldsymbol{p} = 0$,发射的光子能量为 $\hbar\omega$,动量为 $\hbar\boldsymbol{k} = (\hbar\omega/c)\boldsymbol{k}_0$,原子受到反冲将具有动量 $\boldsymbol{p}'$,能量变为 $\sqrt{p'^2 c^2 + m'^2_0 c^4}$,其中 $m'_0 = m_0 - \Delta W/c^2$ 为基态原子的静止质量.由跃迁前后能量和动量守恒

$$m_0 c^2 = \sqrt{p'^2 c^2 + m'^2_0 c^4} + \hbar\omega, \quad \boldsymbol{p} = \boldsymbol{p}' + \frac{\hbar\omega}{c}\boldsymbol{k}_0 = 0$$

解出发射的光子角频率为

$$\omega=\frac{\Delta W}{\hbar}\left(1-\frac{\Delta W}{2m_0c^2}\right)$$

6.28 一个处于基态的原子,吸收了能量为 $\hbar\omega$ 的光子跃迁到激发态,基态能量比激发态能量低 ΔW.求光子的频率.

【解】 在基态原子静止的参考系中,其能量 $W_0=m_0c^2$,动量 $\boldsymbol{p}=0$,吸收能量为 $\hbar\omega$,动量为 $(\hbar\omega/c)\boldsymbol{k}_0$ 的光子后,原子将具有动量 $\boldsymbol{p}'$,能量变为 $\sqrt{p'^2c^2+W_1^2}$,其中 $W_1=m_0c^2+\Delta W$ 是激发态原子的静止能量.由跃迁前后能量和动量守恒

$$m_0c^2+\hbar\omega=\sqrt{p'^2c^2+(m_0c^2+\Delta W)^2}$$

$$\boldsymbol{p}'+(\hbar\omega/c)\boldsymbol{k}_0=0$$

解出被吸收光子的角频率为

$$\omega=\frac{\Delta W}{\hbar}\left(1+\frac{\Delta W}{2m_0c^2}\right)$$

第七章　带电粒子和电磁场的相互作用

要 点 概 述

7.1　李纳-维谢尔势　任意运动带电粒子的电磁场

设电荷为 e 的粒子以任意速度 $\boldsymbol{v}$ 相对于参考系 Σ 运动，由于推迟势只与粒子的速度 $\boldsymbol{v}$ 有关而不依赖于其加速度，故可在粒子静止的参考系与 Σ 系之间，对四维势作洛伦兹变换，由此得李纳-维谢尔势：

$$\boldsymbol{A}=\frac{e\boldsymbol{v}}{4\pi\varepsilon_0c^2(r-\boldsymbol{v}\cdot\boldsymbol{r}/c)},\quad \varphi=\frac{e}{4\pi\varepsilon_0(r-\boldsymbol{v}\cdot\boldsymbol{r}/c)} \tag{7.1}$$

其中 $\boldsymbol{v}=\boldsymbol{v}(t')$ 是粒子发出辐射时刻 t' 的速度，此时它的位矢为 $\boldsymbol{x}_e(t')$，$\boldsymbol{r}=\boldsymbol{x}-\boldsymbol{x}_e(t')$ 是 t' 时刻粒子至场点 $\boldsymbol{x}$ 的矢径，r 是 t' 时刻粒子至场点的距离.由于推迟效应，场点在 $t=t'+r/c$ 时刻才观测到电磁场.由

$$\boldsymbol{E}=-\nabla\varphi-\frac{\partial\boldsymbol{A}}{\partial t}=-\frac{\partial\varphi}{\partial t'}\nabla t'-\frac{\partial\boldsymbol{A}}{\partial t'}\frac{\partial t'}{\partial t}$$

$$\boldsymbol{B}=\nabla\times\boldsymbol{A}=\nabla\times\boldsymbol{A}\,|_{t'=\text{常数}}+\nabla t'\times\frac{\partial\boldsymbol{A}}{\partial t'}=\boldsymbol{e}_r\times\boldsymbol{E}/c$$

得 Σ 系中观测到的电磁场为

$$\boldsymbol{E}=\frac{e}{4\pi\varepsilon_0}\left\{\frac{(1-v^2/c^2)(\boldsymbol{e}_r-\boldsymbol{v}/c)}{r^2(1-\boldsymbol{e}_r\cdot\boldsymbol{v}/c)^3}+\frac{\boldsymbol{e}_r\times[(\boldsymbol{e}_r-\boldsymbol{v}/c)\times\dot{\boldsymbol{v}}]}{c^2r(1-\boldsymbol{e}_r\cdot\boldsymbol{v}/c)^3}\right\}$$

$$\boldsymbol{B}=\boldsymbol{e}_r\times\boldsymbol{E}/c \tag{7.2}$$

其中 $\boldsymbol{e}_r$ 是 $\boldsymbol{r}$ 方向的单位矢量.$\boldsymbol{E}$ 的第一项仅与粒子速度 $\boldsymbol{v}$ 有关而与加速度 $\dot{\boldsymbol{v}}$ 无关，且 $\sim1/r^2$，这项是和粒子不可分离的自场，主要存在于粒子附近；第二项与粒子的速度和加速度均有关，且 $\sim1/r$，这项是粒子的辐射场.若粒子的加速度 $\dot{\boldsymbol{v}}=0$，则不会发生辐射，只有粒子的自场.

辐射场的瞬时能流密度为

$$\begin{aligned}\boldsymbol{S}&=\boldsymbol{E}\times\boldsymbol{B}/\mu_0=\varepsilon_0cE^2\boldsymbol{e}_r\\&=\frac{e^2}{16\pi^2\varepsilon_0c^3r^2}\frac{|\boldsymbol{e}_r\times[(\boldsymbol{e}_r-\boldsymbol{v}/c)\times\dot{\boldsymbol{v}}]|^2}{(1-\boldsymbol{e}_r\cdot\boldsymbol{v}/c)^6}\end{aligned} \tag{7.3}$$

以粒子辐射时刻 t' 表示的瞬时辐射功率为

$$P(t')=\oint \boldsymbol{S}\cdot\boldsymbol{e}_r\frac{\mathrm{d}t}{\mathrm{d}t'}r^2\mathrm{d}\Omega$$

$$=\frac{e^2}{16\pi^2\varepsilon_0c^3}\oint\frac{|\boldsymbol{e}_r\times[(\boldsymbol{e}_r-\boldsymbol{v}/c)\times\dot{\boldsymbol{v}}]|^2}{(1-\boldsymbol{e}_r\cdot\boldsymbol{v}/c)^5}\mathrm{d}\Omega \tag{7.4}$$

辐射功率角分布为

$$\frac{\mathrm{d}P(t')}{\mathrm{d}\Omega}=\frac{e^2}{16\pi^2\varepsilon_0c^3}\frac{|\boldsymbol{e}_r\times[(\boldsymbol{e}_r-\boldsymbol{v}/c)\times\dot{\boldsymbol{v}}]|^2}{(1-\boldsymbol{e}_r\cdot\boldsymbol{v}/c)^5} \tag{7.5}$$

(7.1)~(7.5)式是任意运动带电粒子辐射问题的基本公式.

低速运动粒子的辐射 当粒子速度 $v<<c$ 且作加速运动时,由(7.2)~(7.4)式,有

$$\boldsymbol{E}=\frac{e}{4\pi\varepsilon_0c^2}\frac{\boldsymbol{e}_r\times(\boldsymbol{e}_r\times\dot{\boldsymbol{v}})}{r},\quad \boldsymbol{B}=\boldsymbol{e}_r\times\boldsymbol{E}/c \tag{7.6}$$

$$\boldsymbol{S}=\frac{e^2\dot{\boldsymbol{v}}^2}{16\pi^2\varepsilon_0c^3r^2}\sin^2\theta\boldsymbol{e}_r \tag{7.7}$$

$$P=\frac{e^2\dot{\boldsymbol{v}}^2}{6\pi\varepsilon_0c^3} \tag{7.8}$$

θ 是辐射方向 $\boldsymbol{e}_r$ 与加速度 $\dot{\boldsymbol{v}}$ 的夹角,可见在与 $\dot{\boldsymbol{v}}$ 垂直的方向上辐射最强.由于粒子的电偶极矩为 $\boldsymbol{p}=e\boldsymbol{x}_e$,$\ddot{\boldsymbol{p}}=e\ddot{\boldsymbol{x}}_e=e\dot{\boldsymbol{v}}$,故低速运动粒子加速时的辐射是电偶极辐射.

高速运动粒子的辐射 当 $\dot{\boldsymbol{v}}\,/\!/\,\boldsymbol{v}$,即粒子作直线加速时,由(7.2)~(7.5)式,有

$$\boldsymbol{E}=\frac{e}{4\pi\varepsilon_0c^2r}\frac{\boldsymbol{e}_r\times(\boldsymbol{e}_r\times\dot{\boldsymbol{v}})}{(1-\boldsymbol{e}_r\cdot\boldsymbol{v}/c)^3},\quad \boldsymbol{B}=\boldsymbol{e}_r\times\boldsymbol{E}/c \tag{7.9}$$

$$\frac{\mathrm{d}P(t')}{\mathrm{d}\Omega}=\frac{e^2\dot{\boldsymbol{v}}^2}{16\pi^2\varepsilon_0c^3}\frac{\sin^2\theta}{(1-\beta\cos\theta)^5} \tag{7.10}$$

$$P(t')=\frac{e^2\dot{\boldsymbol{v}}^2}{6\pi\varepsilon_0c^3}\gamma^6=\frac{e^2}{6\pi\varepsilon_0m_0^2c^3}F^2 \tag{7.11}$$

(7.10)式中 θ 是辐射方向 $\boldsymbol{e}_r$ 与速度 $\boldsymbol{v}$ 的夹角,$\beta=v/c$.(7.11)式中 $\boldsymbol{F}=\mathrm{d}\boldsymbol{p}/\mathrm{d}t=\gamma^3m_0\dot{\boldsymbol{v}}$ 是粒子受到的作用力.r 为洛伦兹因子

当 $\dot{\boldsymbol{v}}\perp\boldsymbol{v}$,即粒子作圆周轨道运动时,令某瞬时 $\boldsymbol{v}$ 沿 z 方向,$\dot{\boldsymbol{v}}$ 沿 x 方向,(7.4)和(7.5)式给出

$$\frac{\mathrm{d}P(t')}{\mathrm{d}\Omega}=\frac{e^2\dot{\boldsymbol{v}}^2}{16\pi^2\varepsilon_0c^3}\frac{(1-\beta\cos\theta)^2-(1-\beta^2)\sin^2\theta\cos^2\phi}{(1-\beta\cos\theta)^5} \tag{7.12}$$

$$P(t')=\frac{e^2\dot{\boldsymbol{v}}^2}{6\pi\varepsilon_0 c^3}\gamma^4=\frac{e^2}{6\pi\varepsilon_0 m_0^2 c^3}\gamma^2 F^2 \tag{7.13}$$

(7.13)式表示在一定作用力下,圆周回旋加速器中粒子因辐射而损耗的功率,与其能量 $W=\gamma\ m_0c^2$ 的平方成正比,即粒子能量越高,辐射损耗越大,粒子加速能量受到限制.而(7.11)式表示在一定作用力下,直线加速器中粒子辐射而损耗的功率,与其能量无关,即加速能量不受限制.

7.2 带电粒子的辐射频谱

带电粒子加速时产生的辐射通常是脉冲式的.由傅里叶分析,脉冲波可表为各单色波的叠加.电场强度的傅里叶变换为

$$\boldsymbol{E}(\boldsymbol{x},t)=\int_{-\infty}^{\infty}\boldsymbol{E}_\omega(\boldsymbol{x})\mathrm{e}^{-\mathrm{i}\omega t}\mathrm{d}\omega \tag{7.14}$$

$$\boldsymbol{E}_\omega(\boldsymbol{x})=\frac{1}{2\pi}\int_{-\infty}^{\infty}\boldsymbol{E}(\boldsymbol{x},t)\mathrm{e}^{\mathrm{i}\omega t}\mathrm{d}t \tag{7.15}$$

其中 $\boldsymbol{E}(\boldsymbol{x},t)$ 为(7.2)式的第二项即粒子的辐射场.由上述变换,有

$$\int_{-\infty}^{\infty}|\boldsymbol{E}(\boldsymbol{x},t)|^2\mathrm{d}t=4\pi\int_0^{\infty}|\boldsymbol{E}_\omega(\boldsymbol{x})|^2\mathrm{d}\omega \tag{7.16}$$

以 R 表示坐标原点到场点的距离,$\boldsymbol{e}_r$ 表示这方向的单位矢量,在远处,粒子到场点的距离 $r\approx R-\boldsymbol{e}_r\cdot\boldsymbol{x}_e$,将(7.2)式第二项 $\boldsymbol{E}(\boldsymbol{x},t)$ 代入(7.15)式,得

$$\boldsymbol{E}_\omega(\boldsymbol{x})=\frac{e}{8\pi^2\varepsilon_0c^2}\frac{\mathrm{e}^{\mathrm{i}kR}}{R}\int_{-\infty}^{\infty}\frac{\boldsymbol{e}_r\times[(\boldsymbol{e}_r-\boldsymbol{v}/c)\times\dot{\boldsymbol{v}}]}{(1-\boldsymbol{e}_r\cdot\boldsymbol{v}/c)^2}\mathrm{e}^{\mathrm{i}\omega(t'-\boldsymbol{e}_r\cdot\boldsymbol{x}_e/c)}\mathrm{d}t' \tag{7.17}$$

单位频率间隔辐射的能量角分布为

$$\frac{\mathrm{d}W_\omega}{\mathrm{d}\Omega}=4\pi\ \varepsilon_0cR^2|\boldsymbol{E}_\omega|^2 \tag{7.18}$$

对 $\mathrm{d}\Omega$ 积分,得单位频率间隔辐射的能量:

$$W_\omega=4\pi\ \varepsilon_0c\oint|\boldsymbol{E}_\omega|^2R^2\mathrm{d}\Omega \tag{7.19}$$

若知道粒子的运动轨迹,速度 $\boldsymbol{v}$ 和加速度 $\dot{\boldsymbol{v}}$,由(7.17)式可给出 $\boldsymbol{E}_\omega$,再由(7.18)和(7.19)式便可计算辐射频谱.当粒子速度 $v<<c$,(7.17)式变为

$$\boldsymbol{E}_\omega(\boldsymbol{x})=\frac{e}{8\pi^2\varepsilon_0c^2}\frac{\mathrm{e}^{\mathrm{i}kR}}{R}\int_{-\infty}^{\infty}[\boldsymbol{e}_r\times(\boldsymbol{e}_r\times\dot{\boldsymbol{v}})]\mathrm{e}^{\mathrm{i}\omega t'}\mathrm{d}t' \tag{7.20}$$

例如,当带电粒子射向介质时,粒子与介质内的原子发生碰撞而减速所产生的辐射.设很短时间 τ 内粒子速度改变量为 $\Delta\boldsymbol{v}$,且频率 $\omega<<1/\tau$,则 $\mathrm{e}^{\mathrm{i}\omega t'}\approx 1$,此时有

$$\boldsymbol{E}_\omega(\boldsymbol{x})=\frac{e}{8\pi^2\varepsilon_0c^2}\frac{\mathrm{e}^{\mathrm{i}kR}}{R}[\boldsymbol{e}_r\times(\boldsymbol{e}_r\times\Delta\boldsymbol{v})] \tag{7.21}$$

$$\frac{dW_\omega}{d\Omega}=\frac{e^2}{16\pi^3\varepsilon_0c^3}|\Delta\boldsymbol{v}|^2\sin^2\theta \tag{7.22}$$

$$W_\omega=\frac{e^2}{16\pi^3\varepsilon_0c^3}|\Delta\boldsymbol{v}|^2 \tag{7.23}$$

(7.22)式中 θ 是辐射方向 $\boldsymbol{e}_r$ 与 $\Delta\boldsymbol{v}$ 的夹角.若 $\omega>>1/\tau$,则(7.20)式给出 $\boldsymbol{E}_\omega(\boldsymbol{x})\approx0$, $W_\omega\approx0$.上述结果在频率较低时,与 X 射线的实验结果有较好符合,但在高频段与实验结果不符.

7.3 切连柯夫辐射

在真空中,带电粒子加速时才发生辐射.但是在介质内,当带电粒子匀速运动且其速度 v 超过介质中的光速,即 $v>c/n$(n 为介质的折射率)时,会产生辐射——即切连柯夫辐射.这是由于运动粒子的电磁场使介质分子出现诱导电流,粒子的电磁场与诱导电流的电磁场互相干涉而形成的辐射.若介质磁导率 $\mu=\mu_0$,只要把(7.17)式相因子 $e^{i\omega(t'-\boldsymbol{e}_r\cdot\boldsymbol{x}_e/c)}$ 中的光速 c,换为介质中的光速 c/n,再由(7.18)式可以计算切连柯夫辐射频谱.

7.4 带电粒子的电磁场对粒子的反作用

电磁作用是自然界的基本相互作用之一.带电粒子的自场对粒子的反作用,通过质能关系表现为粒子具有电磁质量.由于粒子的自场总是和粒子不可分割地联系在一起,因此带电粒子的静止能量包含着它的自场能量,静止质量包含着它的电磁质量.

带电粒子的辐射场对粒子的反作用,表现为粒子受到辐射阻尼力.若粒子运动速度 $\boldsymbol{v}$ 较低,辐射阻尼力的周期平均值为

$$\boldsymbol{F}_s=\frac{e^2\ddot{\boldsymbol{v}}}{6\pi\varepsilon_0c^3} \tag{7.24}$$

7.5 电磁波的散射和吸收 介质的色散

外来电磁波作用到电子上时,电子将作受迫振动而产生辐射,入射波部分能量变为电子的辐射能量,这现象称为电子对电磁波的散射.

自由电子对电磁波的散射 这种散射称为汤姆孙散射.当电子速度 $v<<c$,其振幅远小于入射波长 λ,即 $vT<<cT=\lambda$,设入射波电场为 $\boldsymbol{E}_0e^{-i\omega t}$,略去入射波磁场的作用力,电子运动方程为

$$\ddot{\boldsymbol{x}}-\frac{e^2}{6\pi\varepsilon_0mc^3}\dddot{\boldsymbol{x}}=\frac{e}{m}\boldsymbol{E}_0e^{-i\omega t} \tag{7.25}$$

一般有 $\lambda>>r_e=e^2/4\pi\varepsilon_0mc^2$(电子"经典半径"),故可略去阻尼力,方程(7.25)

的近似解为

$$x=-\frac{eE_0}{m\omega^2}\mathrm{e}^{-\mathrm{i}\omega t} \tag{7.26}$$

将电子加速度 $\ddot{x}$ 代入(7.6)的第一式,得电子散射波电场——电偶极辐射场:

$$\begin{aligned}E&=\frac{e}{4\pi\varepsilon_0c^2r}[e_r\times(e_r\times\ddot{x})]\\&=\frac{e^2E_0}{4\pi\varepsilon_0mc^2r}\sin\alpha\mathrm{e}^{\mathrm{i}(k\cdot r-\omega t)}e_s\end{aligned} \tag{7.27}$$

α 是散射波矢方向 e_r 与入射波电场 E_0 偏振方向的夹角,e_s 是散射波电场偏振方向的单位矢量.

入射波平均能流密度(即入射波强度)为 $I_0=\bar{S}_0=\varepsilon_0cE_0^2/2$.由(7.27)式可计算出平均散射能流密度 $\bar{S}$ 和平均散射功率 $\bar{P}$:

$$\bar{S}=\frac{1}{2}\frac{r_e^2}{r^2}(1+\cos^2\theta)I_0e_r,\quad \bar{P}=\oint\bar{S}r^2\mathrm{d}\Omega=\frac{8}{3}\pi r_e^2I_0 \tag{7.28}$$

θ 是散射波矢与入射波矢的夹角.散射总截面定义为 $\bar{P}$ 与 I_0 之比:

$$\sigma_T=\frac{\bar{P}}{I_0}=\frac{8\pi}{3}r_e^2 \tag{7.29}$$

微分散射截面定义为单位立体角内的散射功率与 I_0 之比:

$$\frac{\mathrm{d}\sigma_T}{\mathrm{d}\Omega}=\frac{\mathrm{d}\bar{P}/\mathrm{d}\Omega}{I_0}=\frac{1}{2}r_e^2(1+\cos^2\theta) \tag{7.30}$$

束缚电子对电磁波的散射 经典物理把原子内的束缚电子看作固有角频率为 ω_0 的谐振子.当电磁波入射至振子时,将受到电场 $E_0\mathrm{e}^{-\mathrm{i}\omega t}$、辐射阻尼力和恢复力 $-m\omega_0^2x$ 的作用,运动方程为

$$\ddot{x}+\gamma\dot{x}+\omega_0^2x=\frac{e}{m}E_0\mathrm{e}^{-\mathrm{i}\omega t} \tag{7.31}$$

其中 $\gamma=e^2\omega^2/6\pi\varepsilon_0mc^3$ 为阻尼系数.这方程的解为

$$x=\frac{e}{m}\frac{1}{\sqrt{(\omega_0^2-\omega^2)^2+\omega^2\gamma^2}}E_0\mathrm{e}^{-\mathrm{i}(\omega t-\delta)} \tag{7.32}$$

其中

$$\tan\delta=\frac{\omega\gamma}{\omega_0^2-\omega^2} \tag{7.33}$$

从(7.32)式求出加速度 $\ddot{x}$ 并代入(7.6)式,得散射波电场:

$$E=\frac{e\omega^2E_0}{4\pi\varepsilon_0mc^2r}\frac{1}{(\omega_0^2-\omega^2)-\mathrm{i}\omega\gamma}\sin\alpha\mathrm{e}^{\mathrm{i}(k\cdot r-\omega t)}e_s \tag{7.34}$$

α 是散射波矢方向 e_r 与入射波电场 E_0 偏振方向的夹角.平均散射功率与散射截面为

$$\bar{P}=\frac{8\pi r_{e}^{2}I_{0}}{3}\frac{\omega^{4}}{(\omega_{0}^{2}-\omega^{2})^{2}+\omega^{2}\gamma^{2}} \tag{7.35}$$

$$\sigma=\frac{\bar{P}}{I_{0}}=\frac{8\pi r_{e}^{2}}{3}\frac{\omega^{4}}{(\omega_{0}^{2}-\omega^{2})^{2}+\omega^{2}\gamma^{2}} \tag{7.36}$$

当入射波频率 $\omega<<\omega_0$，$\sigma=\sigma_T(\omega/\omega_0)^4$，为瑞利散射（低频散射）；当 $\omega>>\omega_0$，$\sigma=\sigma_T$，即过渡到自由电子散射；当 $\omega=\omega_0$，$\sigma=\sigma_T(\omega/\gamma)^2$，即出现共振.

当含有众多频率的电磁波投射到原子中的束缚电子时，频率为 $\omega=\omega_0$ 的入射波能量被振子吸收，振幅增大，直到振子的散射能量等于吸收能量，振幅才达到稳定值.从量子力学的观点来看，“振子”的固有频率为 $\omega_0=\Delta E/\hbar$，ΔE 是原子两个相邻能级的能量差，入射光子频率 $\omega=\omega_0$ 时，原子吸收了这个光子，并从基态跃迁到激发态；反之，当原子从激发态跃迁回基态时，将放出一个频率为 $\omega\approx\Delta E/\hbar$ 的光子.

介质的色散 电磁波入射到介质内时，由大量电子散射波的叠加，形成介质内的电磁波.设介质单位体积的电子数为 N，其中故有频率为 $\omega_0=\omega_i$ 的电子数为 Nf_i，f_i 为分数，由(7.32)式，得介质的极化强度：

$$\boldsymbol{P}=\sum_{i}Nf_{i}e\boldsymbol{x}=\sum_{i}\frac{Ne^{2}}{m}\frac{f_{i}}{(\omega_{i}^{2}-\omega^{2})-\mathrm{i}\omega\gamma_{i}}\boldsymbol{E} \tag{7.37}$$

γ_i 是第 i 个振子的阻尼系数.由 $\boldsymbol{P}=\varepsilon_0\chi_e\boldsymbol{E}$，$\varepsilon=\varepsilon_0(1+\chi_e)=\varepsilon_0\varepsilon_r$，得电容率：

$$\varepsilon(\omega)=\varepsilon_{0}+\sum_{i}\frac{Ne^{2}}{m}\frac{f_{i}}{(\omega_{i}^{2}-\omega^{2})-\mathrm{i}\omega\gamma_{i}} \tag{7.38}$$

相对电容率的实部

$$\varepsilon_{r}'=1+\sum_{i}\frac{Ne^{2}}{m\varepsilon_{0}}\frac{f_{i}(\omega_{i}^{2}-\omega^{2})}{(\omega_{i}^{2}-\omega^{2})^{2}+\omega^{2}\gamma_{i}^{2}} \tag{7.39}$$

描写色散关系；相对电容率的虚部

$$\varepsilon''_{r}=\sum_{i}\frac{Ne^{2}}{2m\varepsilon_{0}}\frac{f_{i}\omega\gamma_{i}}{(\omega_{i}^{2}-\omega^{2})^{2}+\omega^{2}\gamma_{i}^{2}} \tag{7.40}$$

描写电磁波的吸收.利用(7.38)～(7.40)式讨论绝缘体、导体和等离子体对电磁波的色散与吸收现象时，存在着局限性.原因在于，经典振子模型不能反映原子的真实结构以及电磁作用的微观动力学机制，也无法给出合理的电子固有频率 ω_i.

习题与解答

7.1 电子的速度 $\boldsymbol{v}$ 与加速度 $\dot{\boldsymbol{v}}$ 的夹角为 α，证明 $\boldsymbol{v}$ 与 $\dot{\boldsymbol{v}}$ 平面内与 $\dot{\boldsymbol{v}}$ 的夹角为 β 的方向上无辐射，β 由以下方程决定：$\sin\beta=(v/c)\sin\alpha$.

【证】 由(7.2)式的第二项即粒子的辐射场

$$\boldsymbol{E}=\frac{e}{4\pi\varepsilon_0 c^2 r}\frac{\boldsymbol{e}_r\times[(\boldsymbol{e}_r-\boldsymbol{v}/c)\times\dot{\boldsymbol{v}}]}{(1-\boldsymbol{e}_r\cdot\boldsymbol{v}/c)^3}$$

可知，当

$$(\boldsymbol{e}_r-\boldsymbol{v}/c)\times\dot{\boldsymbol{v}}=0\text{，即 }\boldsymbol{e}_r\times\dot{\boldsymbol{v}}=\boldsymbol{v}/c\times\dot{\boldsymbol{v}}$$

时，$\boldsymbol{e}_r$ 方向无辐射.而

$$|\boldsymbol{e}_r\times\dot{\boldsymbol{v}}|=|\dot{\boldsymbol{v}}|\sin\beta,\quad |\boldsymbol{v}/c\times\dot{\boldsymbol{v}}|=(v/c)|\dot{\boldsymbol{v}}|\sin\alpha$$

即当 $\sin\beta=(v/c)\sin\alpha$ 时，$\boldsymbol{e}_r$ 方向无辐射.

7.2 一个在 10^{-4} 高斯的磁场中作圆周运动，能量达到 $10^{12}\,\text{eV}$ 的高速回转电子，试求它在单位时间内损失的能量.

【解】 电子在磁场中受到的力为 $F=evB$，据(7.13)式，由于圆周运动而辐射损耗的功率为

$$P(t')=\frac{e^2}{6\pi\varepsilon_0 m_0^2 c^3}\gamma^2F^2=\frac{e^4B^2}{6\pi\varepsilon_0 m_0^2c^3}\gamma^2v^2$$

电子动量 $p=\gamma m_0 v$，能量的平方 $W^2=p^2c^2+m_0^2c^4$，故上式中

$$\gamma^2v^2=\frac{W^2-m_0^2c^4}{m_0^2c^2}$$

由 $W=10^{12}\,\text{eV}$，$B=10^{-8}\,\text{T}$，$m_0c^2=0.51\ \text{MeV}$，有

$$P(t')=\frac{e^4B^2}{6\pi\varepsilon_0 m_0^2c}\frac{W^2-m_0^2c^4}{m_0^2c^4}=38\ \text{eV}\cdot\text{s}^{-1}$$

7.3 有一带电粒子 q 沿 z 轴作简谐振动 $z=z_0\text{e}^{-\text{i}\omega t}$.设 $z_0\omega<<c$，求：

(1) 它的辐射场和能流；(2) 它的自场.比较两者的不同.

【解】 粒子在 t' 时刻辐射的波，$t=t'+R/c$ 时刻才传至场点，故在场点上看粒子运动方程为 $z=z_0\text{e}^{-\text{i}\omega t'}=z_0\text{e}^{\text{i}(kR-\omega t)}$，其中 $k=\omega/c$.粒子的速度和加速度为

$$\boldsymbol{v}=-\text{i}z_0\omega\text{e}^{\text{i}(kR-\omega t)}\boldsymbol{e}_z,\quad \dot{\boldsymbol{v}}=-z_0\omega^2\text{e}^{\text{i}(kR-\omega t)}\boldsymbol{e}_z$$

由于 $z_0\omega<<c$，即粒子速度 $v<<c$，故其辐射场为电偶极场：

$$\boldsymbol{E}=\frac{q}{4\pi\varepsilon_0c^2}\frac{\boldsymbol{e}_R\times(\boldsymbol{e}_R\times\dot{\boldsymbol{v}})}{R}=\frac{-qz_0\omega^2\sin\theta}{4\pi\varepsilon_0c^2R}\text{e}^{\text{i}(kR-\omega t)}\boldsymbol{e}_\theta$$

$$\boldsymbol{B}=\boldsymbol{e}_R\times\boldsymbol{E}/c=\frac{-qz_0\omega^2\sin\theta}{4\pi\varepsilon_0c^3R}\mathrm{e}^{\mathrm{i}(kR-\omega t)}\boldsymbol{e}_\phi$$

$p_0=qz_0$ 为电矩振幅，θ 是辐射方向 $\boldsymbol{e}_R$ 与 z 轴的夹角.平均辐射能流为

$$\bar{\boldsymbol{S}}=\frac{1}{2\mu_0}\mathrm{Re}(\boldsymbol{E}^*\times\boldsymbol{B})=\frac{q^2z_0^2\omega^4}{32\pi^2\varepsilon_0c^3R^2}\sin^2\theta\,\boldsymbol{e}_R$$

由于 $v<<c$，由(7.2)式的第一项，得粒子的自场：

$$\boldsymbol{E}=\frac{q\boldsymbol{R}}{4\pi\varepsilon_0R^3},\quad \boldsymbol{B}=\frac{q\boldsymbol{v}\times\boldsymbol{R}}{4\pi\varepsilon_0c^2R^3}$$

即低速运动粒子自场的电场部分近似于一个静止点电荷激发的球对称库仑场，磁场部分近似于恒定电流激发的磁场.辐射场 $\sim1/R$，且是 TEM 波；自场 $\sim1/R^2$，故主要存在于粒子附近，可略去推迟效应.

7.4　带电荷 q 的粒子在 xy 平面上绕 z 轴作匀速圆周运动，角频率为 ω，半径 R_0.设 $\omega R_0<<c$，试计算辐射场和能流密度.讨论 $\theta=0,\pi/4,\pi/2$，及 π 处电磁场的偏振.

【**解**】将粒子在 xy 平面的圆周运动分解为两个独立的线振动：

$$\boldsymbol{x}_q=R_0(\boldsymbol{e}_x+\mathrm{i}\boldsymbol{e}_y)\mathrm{e}^{-\mathrm{i}\omega t'}$$

由此可求出粒子的加速度：

$$\dot{\boldsymbol{v}}=\ddot{\boldsymbol{x}}_q=-\omega^2R_0(\boldsymbol{e}_x+\mathrm{i}\boldsymbol{e}_y)\mathrm{e}^{-\mathrm{i}\omega t'}$$

由于粒子速度 $v=\omega R_0<<c$，故其辐射场是电偶极场：

$$\boldsymbol{E}=\frac{qR_0\omega^2}{4\pi\varepsilon_0c^2R}(\cos\theta\boldsymbol{e}_\theta+\mathrm{i}\boldsymbol{e}_\phi)\mathrm{e}^{\mathrm{i}(kR-\omega t+\phi)}$$

$$\boldsymbol{B}=\boldsymbol{e}_R\times\boldsymbol{E}/c=\frac{qR_0\omega^2}{4\pi\varepsilon_0c^3R}(-\mathrm{i}\boldsymbol{e}_\theta+\cos\theta\boldsymbol{e}_\phi)\mathrm{e}^{\mathrm{i}(kR-\omega t+\phi)}$$

其中 $p_0=qR_0$ 是电矩振幅，$k=\omega/c$.可以看到，任何半径 R 的球面都是波的等相面，但不是波的等振幅面，而且在同一球面的不同点上，电场(或磁场)有不同的偏振态.例如

$$\theta=0\text{ 处},\boldsymbol{E}=\frac{qR_0\omega^2}{4\pi\varepsilon_0c^2R}(\boldsymbol{e}_\theta+\mathrm{i}\boldsymbol{e}_\phi)\mathrm{e}^{\mathrm{i}(kR-\omega t+\phi)}$$

沿经线和纬线两个正交方向上，电场振幅相等，但纬线上的振动比经线上的振动相位滞后 $\pi/2$，因此在面对波传播方向的观察者看来，$\boldsymbol{E}$ 是左旋的圆偏振波.

$$\theta=\pi\text{ 处},\boldsymbol{E}=\frac{qR_0\omega^2}{4\pi\varepsilon_0c^2R}(-\boldsymbol{e}_\theta+\mathrm{i}\boldsymbol{e}_\phi)\mathrm{e}^{\mathrm{i}(kR-\omega t+\phi)}$$

$\boldsymbol{E}$ 是右旋的圆偏振波.

$$\theta=\pi/4\text{ 处},\boldsymbol{E}=\frac{qR_0\omega^2}{4\pi\varepsilon_0c^2R}\left(\frac{\sqrt{2}}{2}\boldsymbol{e}_\theta+\mathrm{i}\boldsymbol{e}_\phi\right)\mathrm{e}^{\mathrm{i}(kR-\omega t+\phi)}$$

沿经线振动的振幅比沿纬线振动的振幅小，$\boldsymbol{E}$ 是左旋的椭圆偏振波.

$$\theta=3\pi/4 \text{ 处}, \boldsymbol{E}=\frac{qR_0\omega^2}{4\pi\varepsilon_0c^2R}\left(-\frac{\sqrt{2}}{2}\boldsymbol{e}_\theta+\mathrm{i}\boldsymbol{e}_\phi\right)\mathrm{e}^{\mathrm{i}(kR-\omega t+\phi)}$$

$\boldsymbol{E}$ 是右旋的椭圆偏振波.

$$\theta=\pi/2 \text{ 处}, \boldsymbol{E}=\frac{\mathrm{i}qR_0\omega^2}{4\pi\varepsilon_0c^2R}\mathrm{e}^{\mathrm{i}(kR-\omega t+\phi)}\boldsymbol{e}_\phi$$

$\boldsymbol{E}$ 是沿纬线振动的完全偏振波.平均辐射能流为

$$\bar{\boldsymbol{S}}=\frac{q^2R_0^2\omega^4}{32\pi^2\varepsilon_0c^3R^2}(1+\cos^2\theta)\boldsymbol{e}_R$$

其中因子$(1+\cos^2\theta)$体现了辐射能量的角分布.

7.5 设有一各向同性的带电谐振子（无外场时粒子受弹性恢复力$-m\omega_0^2\boldsymbol{r}$ 作用），处于均匀恒定的外磁场 $\boldsymbol{B}$ 中，假设粒子速度$v\ll c$及辐射阻尼力可以忽略，求：

(1) 振子运动的通解；

(2) 利用上题的结果，讨论沿磁场方向和垂直于磁场方向上辐射场的频率和偏振.

【解】 令外磁场 $\boldsymbol{B}=B\boldsymbol{e}_z$，振子受到的磁力和弹性恢复力分别为

$$\boldsymbol{F}_B=q\dot{\boldsymbol{r}}\times\boldsymbol{B}=qB\dot{y}\boldsymbol{e}_x-qB\dot{x}\boldsymbol{e}_y \tag{1}$$

$$\boldsymbol{F}_\mathrm{e}=-m\omega_0^2\boldsymbol{r}=-m\omega_0^2(x\boldsymbol{e}_x+y\boldsymbol{e}_y+z\boldsymbol{e}_z) \tag{2}$$

ω_0 为振子固有角频率.因 $v\ll c$ 且辐射阻尼力可忽略，振子运动方程 $m\ddot{\boldsymbol{r}}=\boldsymbol{F}_\mathrm{e}+\boldsymbol{F}_B$ 的分量式为

$$\ddot{x}=-\omega_0^2x+\frac{qB}{m}\dot{y},\quad \ddot{y}=-\omega_0^2y-\frac{qB}{m}\dot{x},\quad \ddot{z}=-\omega_0^2z \tag{3}$$

其中 qB/m 为振子在磁场中的回旋频率，记 $\omega_\mathrm{L}=qB/2m$，并令

$$\boldsymbol{r}=u(\boldsymbol{e}_x+\mathrm{i}\boldsymbol{e}_y)+z\boldsymbol{e}_z,\quad u=x-\mathrm{i}y \tag{4}$$

则(3)的前两个方程可合写成

$$\ddot{u}-\mathrm{i}2\omega_\mathrm{L}\dot{u}+\omega_0^2u=0 \tag{5}$$

当磁场仅对振子引起轻微扰动，即 $\omega_\mathrm{L}\ll\omega_0$，方程(5)的近似解为

$$u=A\mathrm{e}^{-\mathrm{i}(\omega_0-\omega_\mathrm{L})t}+B\mathrm{e}^{\mathrm{i}(\omega_0+\omega_\mathrm{L})t} \tag{6}$$

A,B 为常数，由初条件确定.(3)的第三个方程的解为 $z=C\mathrm{e}^{-\mathrm{i}\omega_0t}$.于是振子运动的通解为

$$\boldsymbol{r}=A(\boldsymbol{e}_x+\mathrm{i}\boldsymbol{e}_y)\mathrm{e}^{-\mathrm{i}(\omega_0-\omega_\mathrm{L})t}+B(\boldsymbol{e}_x-\mathrm{i}\boldsymbol{e}_y)\mathrm{e}^{-\mathrm{i}(\omega_0+\omega_\mathrm{L})t}+C\mathrm{e}^{-\mathrm{i}\omega_0t}\boldsymbol{e}_z \tag{7}$$

由此看到，在平行于磁场的方向上观察到两个频率为 $\omega_0\pm\omega_\mathrm{L}$，旋转方向相反的圆偏振波；在垂直于磁场的方向上观察到频率为$\omega_0\pm\omega_\mathrm{L}$ 和 ω_0 三个线偏振波.这是量子理论和自旋概念提出以前，经典理论对塞曼效应给出的解释.

7.6 设电子在均匀磁场 $\boldsymbol{B}$ 中运动，取磁场沿 z 轴方向，已知$t=0$ 时，$x=R_0$，y

$=z=0,\dot{x}=\dot{z}=0,\dot{y}=v_0$，设非相对论条件满足，求：

(1) 考虑辐射阻尼力的电子运动轨道；

(2) 电子单位时间内的辐射能量.

【解】(1) 电子受到的磁场力为

$$\boldsymbol{F}_B=e\dot{\boldsymbol{r}}\times B\boldsymbol{e}_z=eB\dot{y}\boldsymbol{e}_x-eB\dot{x}\boldsymbol{e}_y \tag{1}$$

低速情形下电子受到的辐射阻尼力为

$$\boldsymbol{F}_s=\frac{e^2}{6\pi\varepsilon_0c^3}(\dddot{x}\boldsymbol{e}_x+\dddot{y}\boldsymbol{e}_y+\dddot{z}\boldsymbol{e}_z) \tag{2}$$

记

$$\omega_0=\frac{eB}{m},\quad \gamma=\frac{e^2\omega_0^2}{6\pi\varepsilon_0mc^3} \tag{3}$$

于是电子运动方程为

$$\ddot{x}=\omega_0\dot{y}+\frac{\gamma}{\omega_0^2}\dddot{x},\quad \ddot{y}=-\omega_0\dot{x}+\frac{\gamma}{\omega_0^2}\dddot{y},\quad \ddot{z}=\frac{\gamma}{\omega_0^2}\dddot{z} \tag{4}$$

令 $u=x+\mathrm{i}y$，则(4)的前两个方程可合写成

$$\ddot{u}+\mathrm{i}\omega_0\dot{u}=\frac{\gamma}{\omega_0^2}\dddot{u} \tag{5}$$

一般地，电子辐射波长远大于电子经典半径.例如，假设这电子在原子中运动，则辐射波长 $\lambda=2\pi c/\omega_0\sim10^{-7}\,\mathrm{m}$，而电子半径 $r_e=e^2/4\pi\varepsilon_0mc^2\sim10^{-15}\,\mathrm{m}$，因此 $\lambda>>r_e$，即 $\omega_0>>\gamma$，故方程(5)右方一项可作为微扰项，先由

$$\ddot{u}+\mathrm{i}\omega_0\dot{u}=0 \tag{6}$$

得零级近似解为

$$u=u_0\mathrm{e}^{-\mathrm{i}\omega_0t} \tag{7}$$

由此得 $\dddot{u}=-\omega_0^2\dot{u}$，并将它代回方程(5)，变成

$$\ddot{u}+(\mathrm{i}\omega_0+\gamma)\dot{u}=0 \tag{8}$$

此方程的通解为

$$u=u_0\mathrm{e}^{-\gamma t}\mathrm{e}^{-\mathrm{i}\omega_0t}+C \tag{9}$$

由 $\omega_0>>\gamma$，及 $t=0$ 时，$x=R_0,y=0,\dot{x}=0,\dot{y}=v_0$，得

$$x\approx\left(R_0-\frac{v_0}{\omega_0}\right)+\frac{v_0}{\omega_0}\mathrm{e}^{-\gamma t}\cos\omega_0t,\quad y\approx\frac{v_0}{\omega_0}\mathrm{e}^{-\gamma t}\sin\omega_0t \tag{10}$$

又由 $t=0$ 时，$z=\dot{z}=0$，得(4)的第三个方程的解为 $z=0$.即电子运动轨迹是一条 xy 平面上的螺线.

(2) 从运动方程(10)得电子加速度的平方：

$$\dot{\boldsymbol{v}}^2=\ddot{x}^2+\ddot{y}^2\approx v_0^2\omega_0^2\mathrm{e}^{-2\gamma t} \tag{11}$$

由于电子速度 $v<<c$，其辐射为电偶极辐射，平均辐射能流与辐射功率为

$$\bar{S}=\frac{e^2\dot{v}^2}{16\pi^2\varepsilon_0c^3r^2}\sin^2\alpha\boldsymbol{e}_r=\frac{e^2v_0^2\omega_0^2}{16\pi^2\varepsilon_0c^3r^2}\mathrm{e}^{-2\gamma t}\sin^2\alpha\ \boldsymbol{e}_r \tag{12}$$

$$\bar{P}=\oint_S\bar{S}r^2\mathrm{d}\Omega=\frac{e^2v_0^2\omega_0^2}{6\pi\varepsilon_0c^3}\mathrm{e}^{-2\gamma t} \tag{13}$$

α 是辐射方向 $\boldsymbol{e}_r$ 与加速度方向 $\dot{\boldsymbol{v}}$ 的夹角.电子的能量为

$$W\approx\frac{1}{2}mv^2=\frac{1}{2}mv_0^2\omega_0^2\mathrm{e}^{-2\gamma t} \tag{14}$$

它在单位时间内损失的能量

$$-\frac{\mathrm{d}W}{\mathrm{d}t}=\frac{e^2v_0^2\omega_0^2}{6\pi\varepsilon_0c^3}\mathrm{e}^{-2\gamma t} \tag{15}$$

与其辐射功率相等.从此例可见,原子中的电子不可能遵从经典运动规律,否则就不可能存在稳定的原子.

7.7 (1) 根据相对论协变的力学方程,证明相对论性加速带电粒子 q 的辐射场公式

$$\boldsymbol{E}=\frac{q}{4\pi\varepsilon_0c^2r}\frac{\boldsymbol{e}_r\times[(\boldsymbol{e}_r-\boldsymbol{v}/c)\times\dot{\boldsymbol{v}}]}{(1-\boldsymbol{v}\cdot\boldsymbol{e}_r/c)^3} \tag{1}$$

用作用力表示为

$$\boldsymbol{E}=\frac{q}{4\pi\varepsilon_0mc^2r}\left\{\frac{\delta^3}{\gamma}\boldsymbol{e}_r\times[(\boldsymbol{e}_r-\boldsymbol{\beta})\times\boldsymbol{F}-(\boldsymbol{\beta}\cdot\boldsymbol{F})(\boldsymbol{e}_r\times\boldsymbol{\beta})]\right\}_{\text{ret}} \tag{2}$$

其中 $\boldsymbol{\beta}=\boldsymbol{v}/c,\delta=(1-\boldsymbol{\beta}\cdot\boldsymbol{e}_r)^{-1}$,ret 表示时刻 $t'=t-r/c$ 时的值;

(2) 利用公式 $(\boldsymbol{A}\times\boldsymbol{B})^2=A^2B^2-(\boldsymbol{A}\cdot\boldsymbol{B})^2$,计算 $[(\boldsymbol{e}_r-\boldsymbol{\beta})\times\boldsymbol{F}]^2$ 和 $[\boldsymbol{F}\cdot(\boldsymbol{e}_r\times\boldsymbol{\beta})]^2$;

(3) 利用上述公式,证明带电粒子辐射功率的角分布公式

$$\frac{\mathrm{d}P(t')}{\mathrm{d}\Omega}=\frac{q^2}{16\pi^2\varepsilon_0c^3}\frac{|\boldsymbol{e}_r\times[(\boldsymbol{e}_r-\boldsymbol{v}/c)\times\dot{\boldsymbol{v}}]|^2}{(1-\boldsymbol{v}\cdot\boldsymbol{e}_r/c)^5} \tag{3}$$

用作用力表示为

$$\frac{\mathrm{d}P(t')}{\mathrm{d}\Omega}=\frac{q^2}{16\pi^2\varepsilon_0m^2c^3}\frac{\delta^3}{\gamma^2}\left[\boldsymbol{F}^2-(\boldsymbol{\beta}\cdot\boldsymbol{F})^2-\frac{\delta^2}{\gamma^2}(\boldsymbol{F}\cdot\boldsymbol{e}_r-\boldsymbol{F}\cdot\boldsymbol{\beta})^2\right] \tag{4}$$

【解】 (1) 由 $\gamma=(1-\beta^2)^{-1/2}$,相对论性力学方程可写成

$$\boldsymbol{F}=\frac{\mathrm{d}}{\mathrm{d}t'}(\gamma m\boldsymbol{v})=\gamma mc[\dot{\boldsymbol{\beta}}+\gamma^2(\boldsymbol{\beta}\cdot\dot{\boldsymbol{\beta}})\boldsymbol{\beta}]_{\text{ret}} \tag{5}$$

其中 $\dot{\boldsymbol{\beta}}=\dot{\boldsymbol{v}}/c$,于是有

$$\frac{1}{\gamma m}[(\boldsymbol{e}_r-\boldsymbol{\beta})\times\boldsymbol{F}-(\boldsymbol{\beta}\cdot\boldsymbol{F})(\boldsymbol{e}_r\times\boldsymbol{\beta})]=c[(\boldsymbol{e}_r-\boldsymbol{\beta})\times\dot{\boldsymbol{\beta}}]=(\boldsymbol{e}_r-\boldsymbol{\beta})\times\dot{\boldsymbol{v}} \tag{6}$$

故(1)式可写成(2)式.

(2) 由$(\boldsymbol{A}\times\boldsymbol{B})^2=A^2B^2-(\boldsymbol{A}\cdot\boldsymbol{B})^2$,有

$$[(\boldsymbol{e}_r-\boldsymbol{\beta})\times\boldsymbol{F}]^2=(\boldsymbol{e}_r-\boldsymbol{\beta})^2\boldsymbol{F}^2-[(\boldsymbol{e}_r-\boldsymbol{\beta})\cdot\boldsymbol{F}]^2$$
$$=[1-2(\boldsymbol{e}_r\cdot\boldsymbol{\beta})+\boldsymbol{\beta}^2]\boldsymbol{F}^2-[(\boldsymbol{e}_r\cdot\boldsymbol{F})^2+(\boldsymbol{\beta}\cdot\boldsymbol{F})^2-2(\boldsymbol{e}_r\cdot\boldsymbol{F})(\boldsymbol{\beta}\cdot\boldsymbol{F})] \tag{7}$$

$$[\boldsymbol{F}\cdot(\boldsymbol{e}_r\times\boldsymbol{\beta})]^2=\boldsymbol{\beta}^2\boldsymbol{F}^2-(\boldsymbol{\beta}\cdot\boldsymbol{F})^2-[\boldsymbol{\beta}^2(\boldsymbol{e}_r\cdot\boldsymbol{F})^2-2(\boldsymbol{\beta}\cdot\boldsymbol{F})(\boldsymbol{e}_r\cdot\boldsymbol{F})(\boldsymbol{e}_r\cdot\boldsymbol{\beta})+\boldsymbol{F}^2(\boldsymbol{e}_r\cdot\boldsymbol{\beta})^2] \tag{8}$$

(3) 由(6)式,并利用(7)式和(8)式,有

$$\delta^5[\boldsymbol{e}_r\times(\boldsymbol{e}_r-\boldsymbol{\beta})\times\dot{\boldsymbol{v}}]^2$$
$$=\frac{\delta^5}{\gamma^2m^2}\{\boldsymbol{e}_r\times[(\boldsymbol{e}_r-\boldsymbol{\beta})\times\boldsymbol{F}-(\boldsymbol{\beta}\cdot\boldsymbol{F})(\boldsymbol{e}_r\times\boldsymbol{\beta})]\}^2$$
$$=\frac{\delta^3}{\gamma^2m^2}[\boldsymbol{F}^2-(\boldsymbol{\beta}\cdot\boldsymbol{F})^2-\frac{\delta^2}{\gamma^2}(\boldsymbol{F}\cdot\boldsymbol{e}_r-\boldsymbol{F}\cdot\boldsymbol{\beta})^2] \tag{9}$$

故(3)式可写成(4)式.

7.8 应用导出介质色散的方法,推导等离子体折射率的公式

$$n(\omega)=\sqrt{1-Ne^2/\varepsilon_0m\omega^2}$$

【解】 设入射波电场为$\boldsymbol{E}=\boldsymbol{E}_0\mathrm{e}^{-\mathrm{i}\omega t}$,当电子速度$v<<c$,磁力可忽略,其运动方程为

$$\ddot{\boldsymbol{x}}-\frac{e^2}{6\pi\varepsilon_0mc^3}\dddot{\boldsymbol{x}}=-\frac{e}{m}\boldsymbol{E}_0\mathrm{e}^{-\mathrm{i}\omega t}$$

左方第二项为阻尼力项.稀薄等离子体中的电子受外场作用将以角频率ω作强迫振动,在考虑等离子体对不同频率入射波的折射率时,可略去阻尼力.于是上述方程有近似解:

$$\boldsymbol{x}=\frac{e\boldsymbol{E}_0}{m\omega^2}\mathrm{e}^{-\mathrm{i}\omega t}$$

设单位体积内的电子数为N,则等离子体的极化强度为

$$\boldsymbol{P}=-Ne\boldsymbol{x}=-\frac{Ne^2}{m\omega^2}\boldsymbol{E}$$

由$\boldsymbol{P}=\chi_e\varepsilon_0\boldsymbol{E}$,电容率$\varepsilon=\varepsilon_0(1+\chi_e)=\varepsilon_0\varepsilon_r$,于是相对电容率为

$$\varepsilon_r=1-\frac{Ne^2}{\varepsilon_0m\omega^2}$$

又稀薄等离子体中$\mu=\mu_0$,故折射率为

$$n(\omega)=\sqrt{\varepsilon_r}=\sqrt{1-\frac{Ne^2}{\varepsilon_0m\omega^2}}$$

其中$\omega_p^2=Ne^2/\varepsilon_0m$,$\omega_p$为等离子体的固有角频率.

7.9 一个质量为 m，电荷为 q 的粒子在一个平面上运动，该平面垂直于均匀静磁场 $\boldsymbol{B}$.

(1) 计算辐射功率，用 $m,q,\boldsymbol{B},\gamma$ 表示（$E=\gamma mc^2$）；

(2) 若在 $t=t_0$ 时 $E_0=\gamma_0 mc^2$，求 $E(t)$；

(3) 若初始时刻粒子为非相对论性的，其动能为 T_0，求时刻 t 粒子的动能 T.

【解】(1) 粒子受到磁力 $F=qvB$，因此 $\dot{\boldsymbol{v}}\perp\boldsymbol{v}$，由(7.13)式辐射功率为

$$P=\frac{q^2}{6\pi\varepsilon_0 m^2c^3}\gamma^2F^2=\frac{B^2q^4}{6\pi\varepsilon_0 m^2c}(\gamma^2-1)$$

(2) 任意时刻粒子的能量 $E=\gamma mc^2$，其能量减少率应等于辐射功率，即有

$$\frac{\mathrm{d}E}{\mathrm{d}t}=-\frac{B^2q^4}{6\pi\varepsilon_0 m^2c}(\gamma^2-1)=-\frac{B^2q^4}{6\pi\varepsilon_0 m^2c}\left(\frac{E^2}{m^2c^4}-1\right)$$

$$\frac{\mathrm{d}E}{(E^2/m^2c^4-1)}=-\frac{B^2q^4}{6\pi\varepsilon_0 m^2c}\mathrm{d}t$$

积分，并由 $t=t_0$ 时 $E_0=\gamma_0 mc^2$，得

$$E(t)=mc^2\frac{1+\dfrac{\gamma_0-1}{\gamma_0+1}\mathrm{e}^{-\eta}}{1-\dfrac{\gamma_0-1}{\gamma_0+1}\mathrm{e}^{-\eta}},\quad \eta=\frac{2B^2q^4(t-t_0)}{6\pi\varepsilon_0 m^3c^3}$$

(3) 若初始时刻粒子为非相对论性的，即 $E\approx T=mv^2/2$，$\gamma^2-1\approx v^2/c^2$，有

$$\frac{\mathrm{d}T}{\mathrm{d}t}=-\frac{B^2q^4}{6\pi\varepsilon_0 m^2c}(\gamma^2-1)\approx-\frac{B^2q^4}{3\pi\varepsilon_0 m^3c^3}T$$

积分，并由 $t=t_0$ 时 $T=T_0$，得时刻 t 粒子的动能

$$T=T_0\exp\left[-\frac{B^2q^4}{3\pi\varepsilon_0 m^3c^3}(t-t_0)\right]$$

补 充 题

7.10 带电粒子 q 在有限区域内运动，区域线度为 l，粒子速度 $v<<c$，求它的电磁场，准确到 v/c 及 $\dot{v}/c$ 的一次项. 估算自场与辐射场过渡区域的距离.

【解】由(7.2)式，任意运动带电粒子的场为

$$\boldsymbol{E}=\frac{q}{4\pi\varepsilon_0}\left\{\frac{(1-v^2/c^2)(\boldsymbol{e}_r-\boldsymbol{v}/c)}{r^2(1-\boldsymbol{e}_r\cdot\boldsymbol{v}/c)^3}+\frac{\boldsymbol{e}_r\times[(\boldsymbol{e}_r-\boldsymbol{v}/c)\times\dot{\boldsymbol{v}}]}{c^2r(1-\boldsymbol{e}_r\cdot\boldsymbol{v}/c)^3}\right\}$$

$$\boldsymbol{B}=\boldsymbol{e}_r\times\boldsymbol{E}/c$$

因 $v<<c$,故可将 $(1-\boldsymbol{e}_r\cdot\boldsymbol{v}/c)^{-3}$ 展开为关于 $\boldsymbol{v}\cdot\boldsymbol{e}_r/c$ 的幂级数:

$$(1-\boldsymbol{e}_r\cdot\boldsymbol{v}/c)^{-3}=1+3\frac{\boldsymbol{e}_r\cdot\boldsymbol{v}}{c}+6\left(\frac{\boldsymbol{e}_r\cdot\boldsymbol{v}}{c}\right)^2+\cdots$$

准确至 v/c 及 $\dot{v}/c$ 的一次项,粒子的场为

$$\boldsymbol{E}=\frac{q\boldsymbol{r}}{4\pi\varepsilon_0 r^3}+\frac{3q(\boldsymbol{e}_r\cdot\boldsymbol{v})\boldsymbol{r}}{4\pi\varepsilon_0 cr^3}-\frac{q\boldsymbol{v}}{4\pi\varepsilon_0 cr^2}+\frac{q\boldsymbol{e}_r\times(\boldsymbol{e}_r\times\dot{\boldsymbol{v}})}{4\pi\varepsilon_0 c^2 r}$$

$$\boldsymbol{B}=\frac{q\boldsymbol{v}\times\boldsymbol{e}_r}{4\pi\varepsilon_0 c^2 r^2}+\frac{q\dot{\boldsymbol{v}}\times\boldsymbol{e}_r}{4\pi\varepsilon_0 c^3 r}$$

电场 $\boldsymbol{E}$ 的前三项均 $\sim r^{-2}$,都属于粒子的自场,主要存在于粒子附近,其中第一项是粒子的库仑场,第二项和第三项均与粒子速度有关,有似稳性质,由于粒子速度 $v<<c$,故自场主要是库仑场.第四项与加速度有关而且 $\sim r^{-1}$,是辐射场.磁场 $\boldsymbol{B}$ 的第一项属于自场,有似稳性质,第二项属于辐射场.在自场与辐射场过渡区域内,两种场强应当有相同的数量级,设此处距离为 r_0,于是有

$$\frac{E_s}{E_r}=\frac{q/r_0^2}{q\dot{v}/c^2 r_0}\sim 1$$

粒子运动区域的线度为 l,故其加速度的数量级为 $\dot{v}\sim v^2/l$,于是得

$$r_0\sim l(c/v)^2$$

附　录

Ⅰ．三维空间中的矢量和二阶张量

在三维空间转动下，物理量按其变换性质可分为标量、矢量、二阶张量和高阶张量.坐标系基矢量 $\boldsymbol{e}_1,\boldsymbol{e}_2,\boldsymbol{e}_3$ 的正交性可表示为

$$\boldsymbol{e}_i\cdot\boldsymbol{e}_j=\delta_{ij}=\begin{cases}1 & (i=j)\\0 & (i\neq j)\end{cases}\qquad(Ⅰ.1)$$

一般矢量 $\boldsymbol{A}$ 有三个独立分量，可写成

$$\boldsymbol{A}=A_1\boldsymbol{e}_1+A_2\boldsymbol{e}_2+A_3\boldsymbol{e}_3=\sum_{i=1}^{3}A_i\boldsymbol{e}_i\qquad(Ⅰ.2)$$

两矢量的标积与矢积，三矢量的混合积与矢积满足：

$$\boldsymbol{A}\cdot\boldsymbol{B}=\boldsymbol{B}\cdot\boldsymbol{A}\qquad(Ⅰ.3)$$

$$\boldsymbol{A}\times\boldsymbol{B}=-\boldsymbol{B}\times\boldsymbol{A}\qquad(Ⅰ.4)$$

$$\boldsymbol{A}\cdot(\boldsymbol{B}\times\boldsymbol{C})=\boldsymbol{B}\cdot(\boldsymbol{C}\times\boldsymbol{A})=\boldsymbol{C}\cdot(\boldsymbol{A}\times\boldsymbol{B})\qquad(Ⅰ.5)$$

$$\boldsymbol{A}\times(\boldsymbol{B}\times\boldsymbol{C})=\boldsymbol{B}(\boldsymbol{C}\cdot\boldsymbol{A})-\boldsymbol{C}(\boldsymbol{A}\cdot\boldsymbol{B})\qquad(Ⅰ.6)$$

矢量 $\boldsymbol{A}$ 和 $\boldsymbol{B}$ 并置构成并矢量：

$$\begin{aligned}\boldsymbol{AB}&=(A_1\boldsymbol{e}_1+A_2\boldsymbol{e}_2+A_3\boldsymbol{e}_3)(B_1\boldsymbol{e}_1+B_2\boldsymbol{e}_2+B_3\boldsymbol{e}_3)\\&=\sum_{i,j=1}^{3}A_iB_j\boldsymbol{e}_i\boldsymbol{e}_j\end{aligned}\qquad(Ⅰ.7)$$

共有 9 个分量 A_iB_j 和 9 个基 $\boldsymbol{e}_i\boldsymbol{e}_j$，一般地 $\boldsymbol{AB}\neq\boldsymbol{BA}$.二阶张量的并矢量形式和矩阵形式分别为

$$\overleftrightarrow{T}=\sum_{i,j=1}^{3}T_{ij}\boldsymbol{e}_i\boldsymbol{e}_j\qquad(Ⅰ.8)$$

$$T=\begin{bmatrix}T_{11} & T_{12} & T_{13}\\T_{21} & T_{22} & T_{23}\\T_{31} & T_{32} & T_{33}\end{bmatrix}\qquad(Ⅰ.9)$$

张量的迹是其对角分量（元素）之和：

$$\mathrm{tr}T=T_{11}+T_{22}+T_{33}\qquad(Ⅰ.10)$$

$T_{ji}=T_{ij}$ 的张量称为**对称张量**，有 6 个独立分量，若对称张量的迹为零，则只有 5 个独立分量.$T_{ji}=-T_{ij}$ 的张量称为**反对称张量**，由于 $T_{11}=T_{22}=T_{33}=0$，反对称张

量只有3 个独立分量.**单位张量**的并矢量形式与矩阵形式分别为

$$\overleftrightarrow{I}=\boldsymbol{e}_1\boldsymbol{e}_1+\boldsymbol{e}_2\boldsymbol{e}_2+\boldsymbol{e}_3\boldsymbol{e}_3 \tag{Ⅰ.11}$$

$$I=\begin{bmatrix}1 & 0 & 0\\ 0 & 1 & 0\\ 0 & 0 & 1\end{bmatrix} \tag{Ⅰ.12}$$

(Ⅰ.1)式中的符号 δ_{ij},可看成单位张量的分量.

二阶张量与矢量的点乘,结果为矢量,由(Ⅰ.1)式,有

$$\boldsymbol{A}\cdot\overleftrightarrow{T}=\sum_k A_k\boldsymbol{e}_k\cdot\sum_{ij}T_{ij}\boldsymbol{e}_i\boldsymbol{e}_j=\sum_{k,i,j}A_kT_{ij}\delta_{ki}\boldsymbol{e}_j=\sum_{ij}A_iT_{ij}\boldsymbol{e}_j \tag{Ⅰ.13}$$

$$\overleftrightarrow{T}\cdot\boldsymbol{A}=\sum_{ij}T_{ij}\boldsymbol{e}_i\boldsymbol{e}_j\cdot\sum_k A_k\boldsymbol{e}_k=\sum_{i,j,k}A_kT_{ij}\boldsymbol{e}_i\delta_{jk}=\sum_{ij}A_jT_{ij}\boldsymbol{e}_i \tag{Ⅰ.14}$$

一般地 $\boldsymbol{A}\cdot\overleftrightarrow{T}\neq\overleftrightarrow{T}\cdot\boldsymbol{A}$.但单位张量与任何矢量的点乘,均给出原矢量:

$$\boldsymbol{A}\cdot\overleftrightarrow{I}=\overleftrightarrow{I}\cdot\boldsymbol{A}=\boldsymbol{A} \tag{Ⅰ.15}$$

并矢量与并矢量,或二阶张量与二阶张量的双点乘,结果为标量.运算规则是先将靠近的两个矢量点乘,再将另两个矢量点乘:

$$(\boldsymbol{AB}):(\boldsymbol{CD})=(\boldsymbol{B}\cdot\boldsymbol{C})(\boldsymbol{A}\cdot\boldsymbol{D}) \tag{Ⅰ.16}$$

Ⅱ. 算符运算

∇是对物理量作空间一阶偏导数运算的**矢量算符**,$\nabla\cdot\nabla=\nabla^2$ 是**标量算符**,即拉普拉斯算符.在直角坐标系中,

$$\nabla=\boldsymbol{e}_x\frac{\partial}{\partial x}+\boldsymbol{e}_y\frac{\partial}{\partial y}+\boldsymbol{e}_z\frac{\partial}{\partial z},\quad \nabla^2=\frac{\partial^2}{\partial x^2}+\frac{\partial^2}{\partial y^2}+\frac{\partial^2}{\partial z^2} \tag{Ⅱ.1}$$

标量函数 φ 的梯度$\nabla\varphi$ 是矢量;矢量函数$\boldsymbol{f}$ 的散度$\nabla\cdot\boldsymbol{f}$ 是标量,旋度$\nabla\times\boldsymbol{f}$ 是矢量,$\nabla\boldsymbol{f}$ 是二阶张量:

$$\nabla\boldsymbol{f}=\sum_{i=1}^{3}\boldsymbol{e}_i\frac{\partial}{\partial x_i}\sum_{j=1}^{3}f_j\boldsymbol{e}_j=\sum_{i,j=1}^{3}\frac{\partial f_j}{\partial x_i}\boldsymbol{e}_i\boldsymbol{e}_j \tag{Ⅱ.2}$$

二阶张量的散度是矢量:

$$\begin{aligned}\nabla\cdot\overleftrightarrow{T}&=\sum_{i=1}^{3}\boldsymbol{e}_i\frac{\partial}{\partial x_i}\cdot\sum_{j,k=1}^{3}T_{jk}\boldsymbol{e}_j\boldsymbol{e}_k\\&=\sum_{i,j,k=1}^{3}\frac{\partial T_{jk}}{\partial x_i}\delta_{ij}\boldsymbol{e}_k=\sum_{j,k=1}^{3}\frac{\partial T_{jk}}{\partial x_j}\boldsymbol{e}_k\end{aligned} \tag{Ⅱ.3}$$

φ 和 ϕ 是标量函数,$\boldsymbol{f}$ 和 $\boldsymbol{g}$ 是矢量函数,下述运算公式成立:

$$\nabla(\varphi\phi)=(\nabla\varphi)\phi+(\nabla\phi)\varphi \tag{Ⅱ.4}$$

$$\nabla\cdot(\varphi\boldsymbol{f})=(\nabla\varphi)\cdot\boldsymbol{f}+(\nabla\cdot\boldsymbol{f})\varphi \tag{Ⅱ.5}$$

$$\nabla\times(\varphi\boldsymbol{f})=(\nabla\varphi)\times\boldsymbol{f}+(\nabla\times\boldsymbol{f})\varphi \tag{Ⅱ.6}$$

$$\nabla\cdot(\boldsymbol{f}\times\boldsymbol{g})=(\nabla\times\boldsymbol{f})\cdot\boldsymbol{g}-(\nabla\times\boldsymbol{g})\cdot\boldsymbol{f} \tag{Ⅱ.7}$$

$$\nabla\times(\boldsymbol{f}\times\boldsymbol{g})=(\boldsymbol{g}\cdot\nabla)\boldsymbol{f}-(\nabla\cdot\boldsymbol{f})\boldsymbol{g}-(\boldsymbol{f}\cdot\nabla)\boldsymbol{g}+(\nabla\cdot\boldsymbol{g})\boldsymbol{f} \tag{Ⅱ.8}$$

$$\nabla(\boldsymbol{f}\cdot\boldsymbol{g})=\boldsymbol{g}\times(\nabla\times\boldsymbol{f})+(\boldsymbol{g}\cdot\nabla)\boldsymbol{f}+\boldsymbol{f}\times(\nabla\times\boldsymbol{g})+(\boldsymbol{f}\cdot\nabla)\boldsymbol{g} \tag{Ⅱ.9}$$

$$\nabla\cdot(\boldsymbol{f}\boldsymbol{g})=(\nabla\cdot\boldsymbol{f})\boldsymbol{g}+(\boldsymbol{f}\cdot\nabla)\boldsymbol{g} \tag{Ⅱ.10}$$

$$\nabla\times\nabla\varphi=0\text{(标量场的梯度为无旋场)} \tag{Ⅱ.11}$$

$$\nabla\cdot(\nabla\times\boldsymbol{f})=0\text{(矢量场的旋度为无散场)} \tag{Ⅱ.12}$$

$$\nabla\cdot\nabla\varphi=\nabla^2\varphi \tag{Ⅱ.13}$$

$$\nabla\times(\nabla\times\boldsymbol{f})=\nabla(\nabla\cdot\boldsymbol{f})-\nabla^2\boldsymbol{f} \tag{Ⅱ.14}$$

上述运算不必采用化成分量的方法进行，只要掌握算符∇的微分作用及其矢量性质，便能快捷准确地写出结果.必须注意的是，算符不能与其微分运算对象调换次序.

例如(Ⅱ.5)式，$\nabla\cdot(\varphi\boldsymbol{f})$是对矢量$\varphi\boldsymbol{f}$求散度，因此结果的每一项必须是标量，记$\nabla_\varphi$为作用于标量$\varphi$的算符，$\nabla_f$为作用于矢量$\boldsymbol{f}$的算符，便有

$$\nabla\cdot(\varphi\boldsymbol{f})=\nabla_\varphi\cdot(\varphi\boldsymbol{f})+\nabla_f\cdot(\varphi\boldsymbol{f})=(\nabla\varphi)\cdot\boldsymbol{f}+(\nabla\cdot\boldsymbol{f})\varphi$$

又如(Ⅱ.9)式，$\nabla(\boldsymbol{f}\cdot\boldsymbol{g})$是对标量$\boldsymbol{f}\cdot\boldsymbol{g}$求梯度，结果的每一项都必须是矢量.先把它写成

$$\nabla(\boldsymbol{f}\cdot\boldsymbol{g})=\nabla_f(\boldsymbol{f}\cdot\boldsymbol{g})+\nabla_g(\boldsymbol{f}\cdot\boldsymbol{g})$$

再利用三矢量的矢积公式(Ⅰ.6)，但结果中必须体现算符∇_f对$\boldsymbol{f}$的微分作用，以及∇_g对$\boldsymbol{g}$的微分作用，我们有

$$\nabla_f(\boldsymbol{f}\cdot\boldsymbol{g})=\boldsymbol{g}\times(\nabla\times\boldsymbol{f})+(\boldsymbol{g}\cdot\nabla)\boldsymbol{f}$$

$$\nabla_g(\boldsymbol{f}\cdot\boldsymbol{g})=\boldsymbol{f}\times(\nabla\times\boldsymbol{g})+(\boldsymbol{f}\cdot\nabla)\boldsymbol{g}$$

$$\nabla(\boldsymbol{f}\cdot\boldsymbol{g})=\boldsymbol{g}\times(\nabla\times\boldsymbol{f})+(\boldsymbol{g}\cdot\nabla)\boldsymbol{f}+\boldsymbol{f}\times(\nabla\times\boldsymbol{g})+(\boldsymbol{f}\cdot\nabla)\boldsymbol{g}$$

右方第二项实际上是$\boldsymbol{g}\cdot\nabla\boldsymbol{f}$，第四项是$\boldsymbol{f}\cdot\nabla\boldsymbol{g}$.

Ⅲ. 积分变换

$$\int_V(\nabla\cdot\boldsymbol{A})\,\mathrm{d}V=\oint_S\boldsymbol{A}\cdot\mathrm{d}\boldsymbol{S} \tag{Ⅲ.1}$$

$$\int_V(\nabla\cdot\overleftrightarrow{T})\,\mathrm{d}V=\oint_S\mathrm{d}\boldsymbol{S}\cdot\overleftrightarrow{T} \tag{Ⅲ.2}$$

$$\int_S(\nabla\times\boldsymbol{A})\cdot\mathrm{d}\boldsymbol{S}=\oint_L\boldsymbol{A}\cdot\mathrm{d}\boldsymbol{l} \tag{Ⅲ.3}$$

$$\int_V(\varphi\nabla^2\phi+\nabla\phi\cdot\nabla\varphi)\,\mathrm{d}V=\oint_S\varphi(\nabla\phi)\cdot\mathrm{d}\boldsymbol{S} \tag{Ⅲ.4}$$

$$\int_V(\varphi\nabla^2\phi-\phi\nabla^2\varphi)\,\mathrm{d}V=\oint_S(\varphi\nabla\phi-\phi\nabla\varphi)\cdot\mathrm{d}\boldsymbol{S} \tag{Ⅲ.5}$$

(Ⅲ.1)为高斯定理，(Ⅲ.3)为斯托克斯定理，(Ⅲ.4)和(Ⅲ.5)为格林公式.

Ⅳ. δ 函数

一维 δ 函数定义为

$$\delta(x-x')=\begin{cases}\infty & (x=x')\\ 0 & (x\neq x')\end{cases} \tag{Ⅳ.1}$$

$$\int_a^b \delta(x-x')\,\mathrm{d}x=1 \quad (a<x'<b) \tag{Ⅳ.2}$$

$\delta(x-x')$为偶函数,其导数是奇函数.若函数$f(x)$在$x=x'$连续,有

$$\int_a^b f(x)\,\delta(x-x')\,\mathrm{d}x=f(x') \quad (a<x'<b) \tag{Ⅳ.3}$$

这一性质可用中值定理证明.三维 δ 函数定义为

$$\delta(\boldsymbol{x}-\boldsymbol{x}')=\begin{cases}\infty & (\boldsymbol{x}=\boldsymbol{x}')\\ 0 & (\boldsymbol{x}\neq\boldsymbol{x}')\end{cases} \tag{Ⅳ.4}$$

$$\int_V \delta(\boldsymbol{x}-\boldsymbol{x}')\,\mathrm{d}V=1 \quad (\boldsymbol{x}'\text{在 } V \text{ 内}) \tag{Ⅳ.5}$$

位于$\boldsymbol{x}'$的点电荷q的密度,可表示为$\rho(\boldsymbol{x})=q\delta(\boldsymbol{x}-\boldsymbol{x}')$.性质(Ⅳ.3)可推广到三维情形,即当函数$f(\boldsymbol{x})$在$\boldsymbol{x}=\boldsymbol{x}'$连续,便有

$$\int_V f(\boldsymbol{x})\,\delta(\boldsymbol{x}-\boldsymbol{x}')\,\mathrm{d}V=f(\boldsymbol{x}') \quad (\boldsymbol{x}'\text{在 } V \text{ 内}) \tag{Ⅳ.6}$$

Ⅴ. 曲线正交坐标系

直角坐标系 当坐标(x,y,z)变化时,三个基矢$\boldsymbol{e}_x,\boldsymbol{e}_y,\boldsymbol{e}_z$的方向保持不变.常用的微分运算表达式为

$$\nabla\varphi=\frac{\partial\varphi}{\partial x}\boldsymbol{e}_x+\frac{\partial\varphi}{\partial y}\boldsymbol{e}_y+\frac{\partial\varphi}{\partial z}\boldsymbol{e}_z \tag{Ⅴ.1}$$

$$\nabla\cdot\boldsymbol{A}=\frac{\partial A_x}{\partial x}+\frac{\partial A_y}{\partial y}+\frac{\partial A_z}{\partial z} \tag{Ⅴ.2}$$

$$\nabla\times\boldsymbol{A}=\left(\frac{\partial A_z}{\partial y}-\frac{\partial A_y}{\partial z}\right)\boldsymbol{e}_x+\left(\frac{\partial A_x}{\partial z}-\frac{\partial A_z}{\partial x}\right)\boldsymbol{e}_y+\left(\frac{\partial A_y}{\partial x}-\frac{\partial A_x}{\partial y}\right)\boldsymbol{e}_z \tag{Ⅴ.3}$$

$$\nabla^2\varphi=\frac{\partial^2\varphi}{\partial x^2}+\frac{\partial^2\varphi}{\partial y^2}+\frac{\partial^2\varphi}{\partial z^2} \tag{Ⅴ.4}$$

曲线正交坐标系 任一点的坐标也可用曲线正交坐标系描述,沿三个坐标(u_1,u_2,u_3)增加方向的基矢量$\boldsymbol{e}_1,\boldsymbol{e}_2,\boldsymbol{e}_3$互相正交,但随着坐标变化,一般地三个基矢的取向将会改变.无限小线元矢量$\mathrm{d}\boldsymbol{l}$,坐标u_i的标度系数h_i,微分算符∇和∇^2分别为

$$\mathrm{d}\boldsymbol{l} = \mathrm{d}l_1\boldsymbol{e}_1 + \mathrm{d}l_2\boldsymbol{e}_2 + \mathrm{d}l_3\boldsymbol{e}_3 = h_1\mathrm{d}u_1\boldsymbol{e}_1 + h_2\mathrm{d}u_2\boldsymbol{e}_2 + h_3\mathrm{d}u_3\boldsymbol{e}_3 \quad (\text{V}.5)$$

$$h_i = \left[\left(\frac{\partial x}{\partial u_i}\right)^2 + \left(\frac{\partial y}{\partial u_i}\right)^2 + \left(\frac{\partial z}{\partial u_i}\right)^2\right]^{1/2} \quad (\text{V}.6)$$

$$\nabla = \boldsymbol{e}_1\frac{1}{h_1}\frac{\partial}{\partial u_1} + \boldsymbol{e}_2\frac{1}{h_2}\frac{\partial}{\partial u_2} + \boldsymbol{e}_3\frac{1}{h_3}\frac{\partial}{\partial u_3} \quad (\text{V}.7)$$

$$\nabla^2 = \frac{1}{h_1h_2h_3}\left[\frac{\partial}{\partial u_1}\left(\frac{h_2h_3}{h_1}\frac{\partial}{\partial u_1}\right) + \frac{\partial}{\partial u_2}\left(\frac{h_3h_1}{h_2}\frac{\partial}{\partial u_2}\right) + \frac{\partial}{\partial u_3}\left(\frac{h_1h_2}{h_3}\frac{\partial}{\partial u_3}\right)\right] \quad (\text{V}.8)$$

(Ⅴ.5)式中，$\mathrm{d}l_1 = h_1\mathrm{d}u_1$，$\mathrm{d}l_2 = h_2\mathrm{d}u_2$，$\mathrm{d}l_3 = h_3\mathrm{d}u_3$ 是沿三个基矢方向的线元.

球坐标系　$u_1 = r, u_2 = \theta, u_3 = \phi$；$h_1 = 1, h_2 = r, h_3 = r\sin\theta$.沿三个坐标增加方向的基矢量 $\boldsymbol{e}_1 = \boldsymbol{e}_r, \boldsymbol{e}_2 = \boldsymbol{e}_\theta, \boldsymbol{e}_3 = \boldsymbol{e}_\phi$，线元为 $\mathrm{d}l_1 = \mathrm{d}r, \mathrm{d}l_2 = r\mathrm{d}\theta, \mathrm{d}l_3 = r\sin\theta\,\mathrm{d}\phi$.基矢量与直角坐标系基矢的变换为

$$\begin{bmatrix}\boldsymbol{e}_r\\ \boldsymbol{e}_\theta\\ \boldsymbol{e}_\phi\end{bmatrix} = \begin{bmatrix}\sin\theta\cos\phi & \sin\theta\sin\phi & \cos\theta\\ \cos\theta\cos\phi & \cos\theta\sin\phi & -\sin\theta\\ -\sin\phi & \cos\phi & 0\end{bmatrix}\begin{bmatrix}\boldsymbol{e}_x\\ \boldsymbol{e}_y\\ \boldsymbol{e}_z\end{bmatrix} \quad (\text{V}.9)$$

$$\begin{bmatrix}\boldsymbol{e}_x\\ \boldsymbol{e}_y\\ \boldsymbol{e}_z\end{bmatrix} = \begin{bmatrix}\sin\theta\cos\phi & \cos\theta\cos\phi & -\sin\phi\\ \sin\theta\sin\phi & \cos\theta\sin\phi & \cos\phi\\ \cos\theta & -\sin\theta & 0\end{bmatrix}\begin{bmatrix}\boldsymbol{e}_r\\ \boldsymbol{e}_\theta\\ \boldsymbol{e}_\phi\end{bmatrix} \quad (\text{V}.10)$$

坐标变换为

$$x = r\sin\theta\cos\phi,\quad y = r\sin\theta\sin\phi,\quad z = r\cos\theta \quad (\text{V}.11)$$

立体角元，球面积元与体积元分别为

$$\mathrm{d}\Omega = \sin\theta\,\mathrm{d}\theta\,\mathrm{d}\phi \quad (\text{V}.12)$$

$$\mathrm{d}S_r = \mathrm{d}l_2\mathrm{d}l_3 = r^2\sin\theta\,\mathrm{d}\theta\,\mathrm{d}\phi = r^2\mathrm{d}\Omega \quad (\text{V}.13)$$

$$\mathrm{d}V = \mathrm{d}l_1\mathrm{d}l_2\mathrm{d}l_3 = r^2\sin\theta\,\mathrm{d}r\,\mathrm{d}\theta\,\mathrm{d}\phi \quad (\text{V}.14)$$

常用的微分运算表达式为

$$\nabla\varphi = \boldsymbol{e}_r\frac{\partial\varphi}{\partial r} + \boldsymbol{e}_\theta\frac{1}{r}\frac{\partial\varphi}{\partial\theta} + \boldsymbol{e}_\phi\frac{1}{r\sin\theta}\frac{\partial\varphi}{\partial\phi} \quad (\text{V}.15)$$

$$\nabla\cdot\boldsymbol{A} = \frac{1}{r^2}\frac{\partial}{\partial r}(r^2A_r) + \frac{1}{r\sin\theta}\frac{\partial}{\partial\theta}(\sin\theta A_\theta) + \frac{1}{r\sin\theta}\frac{\partial A_\phi}{\partial\phi} \quad (\text{V}.16)$$

$$\nabla\times\boldsymbol{A} = \frac{1}{r\sin\theta}\left[\frac{\partial}{\partial\theta}\left(\sin\theta A_\phi - \frac{\partial A_\theta}{\partial\phi}\right)\right]\boldsymbol{e}_r + \frac{1}{r}\left[\frac{1}{\sin\theta}\frac{\partial A_r}{\partial\phi} - \frac{\partial}{\partial r}(rA_\phi)\right]\boldsymbol{e}_\theta + \frac{1}{r}\left[\frac{\partial}{\partial r}(rA_\theta) - \frac{\partial A_r}{\partial\theta}\right]\boldsymbol{e}_\phi \quad (\text{V}.17)$$

$$\nabla^2\varphi = \frac{1}{r^2}\frac{\partial}{\partial r}\left(r^2\frac{\partial\varphi}{\partial r}\right) + \frac{1}{r^2\sin\theta}\frac{\partial}{\partial\theta}\left(\sin\theta\frac{\partial\varphi}{\partial\theta}\right) + \frac{1}{r^2\sin\theta}\frac{\partial^2\varphi}{\partial\phi^2} \quad (\text{V}.18)$$

柱坐标系 $u_1=r, u_2=\phi, u_3=z; h_1=1, h_2=r, h_3=1$.沿三个坐标增加方向的基矢量 $\boldsymbol{e}_1=\boldsymbol{e}_r, \boldsymbol{e}_2=\boldsymbol{e}_\phi, \boldsymbol{e}_3=\boldsymbol{e}_z$,线元为 $\mathrm{d}l_1=\mathrm{d}r, \mathrm{d}l_2=r\mathrm{d}\phi, \mathrm{d}l_3=\mathrm{d}z$.基矢量与直角坐标系基矢的变换为

$$\begin{bmatrix}\boldsymbol{e}_r\\ \boldsymbol{e}_\phi\\ \boldsymbol{e}_z\end{bmatrix}=\begin{bmatrix}\cos\phi & \sin\phi & 0\\ -\sin\phi & \cos\phi & 0\\ 0 & 0 & 1\end{bmatrix}\begin{bmatrix}\boldsymbol{e}_x\\ \boldsymbol{e}_y\\ \boldsymbol{e}_z\end{bmatrix} \tag{V.19}$$

$$\begin{bmatrix}\boldsymbol{e}_x\\ \boldsymbol{e}_y\\ \boldsymbol{e}_z\end{bmatrix}=\begin{bmatrix}\cos\phi & -\sin\phi & 0\\ \sin\phi & \cos\phi & 0\\ 0 & 0 & 1\end{bmatrix}\begin{bmatrix}\boldsymbol{e}_r\\ \boldsymbol{e}_\phi\\ \boldsymbol{e}_z\end{bmatrix} \tag{V.20}$$

坐标变换为

$$x=r\cos\phi,\quad y=r\sin\phi,\quad z=z \tag{V.21}$$

体积元为

$$\mathrm{d}V=\mathrm{d}l_1\mathrm{d}l_2\mathrm{d}l_3=r\mathrm{d}r\,\mathrm{d}\phi\,\mathrm{d}z \tag{V.22}$$

常用的微分运算表达式为

$$\nabla\varphi=\frac{\partial\varphi}{\partial r}\boldsymbol{e}_r+\frac{1}{r}\frac{\partial\varphi}{\partial\phi}\boldsymbol{e}_\phi+\frac{\partial\varphi}{\partial z}\boldsymbol{e}_z \tag{V.23}$$

$$\nabla\cdot\boldsymbol{A}=\frac{1}{r}\frac{\partial}{\partial r}(rA_r)+\frac{1}{r}\frac{\partial A_\phi}{\partial\phi}+\frac{\partial A_z}{\partial z} \tag{V.24}$$

$$\nabla\times\boldsymbol{A}=\left(\frac{1}{r}\frac{\partial A_z}{\partial\phi}-\frac{\partial A_\phi}{\partial z}\right)\boldsymbol{e}_r+\left(\frac{\partial A_r}{\partial z}-\frac{\partial A_z}{\partial r}\right)\boldsymbol{e}_\phi+\frac{1}{r}\left[\frac{\partial}{\partial r}(rA_\phi)-\frac{\partial A_r}{\partial\phi}\right]\boldsymbol{e}_z \tag{V.25}$$

$$\nabla^2\varphi=\frac{1}{r}\frac{\partial}{\partial r}\left(r\frac{\partial\varphi}{\partial r}\right)+\frac{1}{r^2}\frac{\partial^2\varphi}{\partial\phi^2}+\frac{\partial^2\varphi}{\partial z^2} \tag{V.26}$$

Ⅵ. 轴对称下拉普拉斯方程的通解

当函数 φ 有轴对称性,即 $\varphi=\varphi(r,\theta)$,由(Ⅴ.18)式,拉普拉斯方程为

$$\nabla^2\varphi=\frac{\partial}{\partial r}\left(r^2\frac{\partial\varphi}{\partial r}\right)+\frac{1}{\sin\theta}\frac{\partial}{\partial\theta}\left(\sin\theta\frac{\partial\varphi}{\partial\theta}\right)=0 \tag{Ⅵ.1}$$

其通解为

$$\varphi=\sum_{n=0}^{\infty}\left(a_nr^n+\frac{b_n}{r^{n+1}}\right)\mathrm{P}_n(\cos\theta) \tag{Ⅵ.2}$$

勒让德多项式为

$$P_n(\cos\theta)=\frac{1}{2^n n!}\frac{d^n}{d(\cos\theta)^n}[(\cos^2\theta-1)^n] \tag{Ⅵ.3}$$

$$P_0(\cos\theta)=1$$

$$P_1(\cos\theta)=\cos\theta$$

$$P_2(\cos\theta)=\frac{1}{2}(3\cos^2\theta-1)$$

……

读者意见反馈

为收集对教材的意见建议，进一步完善教材编写并做好服务工作，读者可将对本教材的意见建议通过如下渠道反馈至我社。

咨询电话　400-810-0598

反馈邮箱　hepsci@pub.hep.cn

通信地址　北京市朝阳区惠新东街4号富盛大厦1座

高等教育出版社理科事业部

邮政编码　100029